黑龙江省
鸡东县
耕地地力评价

高淑杰　申惠明　陈　然　主编

中国农业出版社
北　京

内 容 提 要

该书是对黑龙江省鸡东县耕地地力调查与评价成果的集中反映。在充分应用耕地信息大数据智能互联技术与多维空间要素信息综合处理技术并应用模糊数学方法进行成果评价的基础上，首次对鸡东县耕地资源历史、现状及问题进行了分析和探讨。它不仅客观地反映了鸡东县土壤资源的类型、面积、分布、理化性质、养分状况和影响农业生产持续发展的障碍性因素，揭示了土壤质量的时空变化规律，而且详细介绍了测土配方施肥大数据的采集和管理、空间数据库的建立、属性数据库的建立、数据提取、数据质量控制、县域耕地资源管理信息系统的建立与应用等方法和程序。此外，还确定了参评因素的权重，并通过利用模糊数学模型，结合层次分析法，计算了鸡东县耕地地力综合指数。这些不仅为今后改良利用土壤、定向培育土壤、提高土壤综合肥力提供了路径、措施和科学依据；而且也为今后建立更为客观、全面的黑龙江省耕地地力定量评价体系，实现耕地资源大数据信息采集分析评价互联网络智能化管理提供参考。

全书共六章。第一章：自然与农业生产概况；第二章：耕地地力评价技术路线；第三章：耕地土壤、立地条件与农田基础设施；第四章：耕地土壤属性；第五章：耕地地力等级划分；第六章：对策与建议。书末附 6 个附录，供参考。

该书理论与实践相结合、学术与科普融为一体，是黑龙江省农林牧业、国土资源、水利、环保等大农业领域各级领导干部，科技工作者，大中专院校教师和农民群众掌握和应用土壤科学技术的良师益友，是指导农业生产必备的工具书。

编写人员名单

总 策 划：王国良　辛洪生

主　　编：高淑杰　申惠明　陈　然

副 主 编：杨旭东　汪殿荣　姚国靖　宿长江

编写人员（按姓氏笔画排序）：

于亚君　王　坤　王丽军　王丽霞　王淑莲
叶青海　申惠明　曲云平　刘　波　刘大伟
刘淑芳　孙斌斌　李宝山　李恒仁　杨世花
杨旭东　邹喜忠　汪殿荣　宋欣华　张春艳
张智杰　张照顺　陈　然　陈国栋　苑淑芝
范春峰　林长石　罗仁哲　周　欣　孟桂珍
赵志龙　赵洪臣　郝艳娟　俞光哲　姜柏峰
祖丽娜　姚国靖　高淑杰　唐　颖　宿长江
潘振兴　薄玉斌　魏　强

序

农业是国民经济的基础；耕地是农业生产的基础，也是社会稳定的基础。中共黑龙江省委、省政府高度重视耕地保护工作，并做了重要部署。为适应新时期农业发展的需要、促进农业结构战略性调整、促进农业增效和农民增收，针对当前耕地土壤现状确定科学的土壤评价体系，摸清耕地的基础地力并分析预测其变化趋势，从而提出耕地利用与改良的措施和路径，为政府决策和农业生产提供依据，乃当务之急。

2009 年，鸡东县结合测土配方施肥项目实施，及时开展了耕地地力调查与评价工作。在黑龙江省土壤肥料管理站、黑龙江省农业科学院、东北农业大学、中国科学院东北地理与农业生态研究所、黑龙江大学、哈尔滨万图信息技术开发有限公司及鸡东县农业科技人员的共同努力下，2012 年鸡东县耕地地力调查与评价工作顺利完成，并通过了农业部组织的专家验收。通过耕地地力调查与评价的工作，摸清了鸡东县耕地地力状况，查清了影响当地农业生产持续发展的主要制约因素，建立了鸡东县耕地土壤属性、空间数据库和耕地地力评价体系，提出了鸡东县耕地资源合理配置及耕地适宜种植、科学施肥及中低产田改造的路径和措施，初步构建了耕地资源信息管理系统。这些成果为全面提高农业生产水平，实现耕地质量计算机动态监控管理，适时提供辖区内各个耕地基础管理单元土、水、肥、气、热状况及调节措施提供了基础数据平台和管理依据；同时，也为各级政府制订农业发展规划、调整农业产业结构、保证粮食生产安全以及促进农业现代化建设提供了最基础的科学评价体系和最直接的理论、方法依据；另外，还为今后全面开展耕地地力普查工作，实施耕地综合生产能力建设，发展旱作节水农业、测土配方施肥及其他农业新技术的普及工作提供了技术支撑。

《黑龙江省鸡东县耕地地力评价》一书，集理论基础性、技术指导性和实际应用性为一体，系统介绍了耕地资源评价的方法与内容，应用大量的调查分析资料，分析研究了鸡东县耕地资源的利用现状及存在问题，提出了合理利用的对策和建议。该书既是一本值得推荐的实用技术读物，又是鸡东县各级农业工作者必备的一本工具书。该书的出版，将对鸡东县耕地的保护与利用、分区施肥指导、耕地资源合理配置、农业结构调整及提高农业综合生产能力起到积极的推动和指导作用。

王国良

2018 年 10 月

前言

耕地作为农业生产的基本要素，是人类获取粮食及其他农产品最重要、无法替代的不可再生资源，也是农业发展必不可少的根本保证。新中国成立以来，我国先后进行了两次土壤普查，为国土资源的综合利用、施肥制度改革和粮食生产做出了重要贡献。然而，现代农业的发展对耕地资源的基础性数据提出了更高的要求，面对耕地数量锐减、土壤退化污染严重、水土流失等问题。从2005年开始，农业部启动了测土配方施肥项目，对促进农民节本增收、合理利用耕地资源、减少面源污染具有长远的战略意义。

鸡东县是全国第二批测土配方施肥财政补贴项目试点县，2006—2009年项目实施以来，产生了大量的田间调查、农户调查、土壤和植物样品分析测试和田间试验的观测记载数据。对这些数据的质量进行控制、建立标准化的数据库和信息管理系统，是保证测土配方施肥项目成功的关键。同时，充分利用这些数据并结合全国第二次土壤普查以来的历史资料，开展耕地地力评价工作，是测土配方施肥财政补贴项目的具体要求。

鸡东县耕地地力工作，是根据农业农村部、财政部和黑龙江省的有关文件精神，按照《耕地地力评价指南》《黑龙江省2007年测土配方施肥工作方案》的要求开展工作，并认真执行国家农业行业标准《耕地地力调查与质量评价技术规程》（NY/T 1634）的有关规定。

4年来，按照黑龙江省土壤肥料管理站的相关方案，通过对2 047个耕地地力采样点的调查地块化验分析，对鸡东县耕地地力进行了质量评价分级，基本摸清了县域内耕地肥力与生产潜力状况，为各级领导进行宏观决策提供可靠依据，为指导农业生产提供科学数据。4 年来全县测土配方实施面积 65 000 公顷，野外采集土壤农化样 10 500 个，测试化验分析数据 53 000 项次，制作了大量的图、文、表说明材料，整理汇编了 15 万字的技术专题工作报告。构建了测土配方施肥宏观决策和动态管理基础平台，建立了规范的鸡东县测土配方施肥数据库、区域土地资源空间数据库、属性数据库和耕地质量管理信息系统。并对耕地地力进行了质量评价分级，基本摸清了区域内耕地肥力与生产潜力状况，为宏观决策提供了可靠依据，为指导农业生产提供了科学数据，为农民种田增产增收提供了科学保障。

为了将本次评价成果更好地应用于生产实践，我们对鸡东县耕地地力评价成果进行了全面总结，并在专家指导下编写了《黑龙江省鸡东县耕地地力评价》一书。该书首次全面系统地阐述了鸡东县耕地资源类型、分布、地力基础和利用现状；并在 GIS 支持下，利用土壤图、土地利用现状图叠置划分法确定了区域耕地地力评价单元；建立了鸡东县耕地地力评价指标体系及其模型；运用层次分析法和模糊数学方法对耕地地力进行了综合评价；最后，就评价成果和地区现状提出种植业布局、中低产田改良和科学施肥的对策与建议等。

在该书的编写过程中，参阅了《鸡东县综合农业区划报告》《鸡东县土壤》《鸡东县志》《鸡东县统计年鉴》，并借鉴了黑龙江省土壤肥料管理站下发有关省、县的耕地地力评价材料。同时，得到了鸡东县县委、县政府的高度重视，鸡东县相关单位和有关专家也给予了大力配合与帮助，在此对他们的无私和关爱表示衷心的感谢。

由于编者水平有限，书中难免存在不当之处，敬请读者批评指正。

鸡东县农业技术推广中心

2018 年 10 月

目录

第一章　自然与农业生产概况

第一节　地理位置与行政区划

一、地理位置

鸡东县位于黑龙江省东南部，地理坐标为北纬 44°51′7″～45°40′58″、东经 130°40′39″～131°41′5″。东与密山市相连，北与七台河市、勃利县接壤，西与林口县、鸡西市、穆棱市为邻，南与俄罗斯搭界，陆地边界线长 111 千米。东西横距最长 78.5 千米，南北纵距最长 92 千米，总面积 3 243 平方千米，属鸡西市管辖。距省会哈尔滨市 500 千米，距鸡西市 16 千米。

鸡东县勘界工作是根据黑龙江省人民政府办公厅《关于勘定行政区域界线的通知》和黑龙江省勘界领导小组《1993 年勘定（地）市行政区域界线方案》的精神，于 1993 年成立勘界领导小组，遵照鸡西市勘界领导小组办公室计划，组建联合勘界人员，实地踏查了鸡东县与毗邻市、县、区边界 339.7 千米。勘察后县政府起草边界走向意见，毗邻市、县、区本着参照历史、尊重现实、实事求是、互谅互让的原则，团结协商，圆满地解决了边界走向的有关问题。毗邻双方草签了边界协议书，交给省测量队，由省测量队编写正式边界协议书及图纸。

1995 年 3 月，在七台河市正式签订了七台河市人民政府和鸡东县人民政府行政区域界线联合勘定协议书。确定了两市、县 33.2 千米边界线。

1998 年 4 月，在鸡西市正式签订了穆棱市人民政府和鸡东县人民政府行政区域界线联合勘定协议书。确定了两市、县 20 千米边界线。同时，林口县人民政府和鸡东县人民政府签订了两县行政区域界线联合勘定协议书，确定了两县 20 千米边界线。鸡东县人民政府又和勃利县人民政府签定了两县行政区域界线联合勘定协议书，确定了两县 27.5 千米边界线。

1999 年 4 月，在鸡西市正式签订了密山市人民政府和鸡东县人民政府行政区域界线联合勘定协议书，确定了两市、县 111 千米边界线。同时，鸡西市的 4 个区人民政府和鸡东县人民政府签订了区域界线联合勘定协议书，其中，鸡东县与滴道区边界线 34 千米、鸡东县与城子河区边界线 34 千米、鸡东县与鸡冠区边界线 6 千米、鸡东县与恒山区边界线 54 千米。

二、行政区划

1985 年，鸡东县设 1 镇、14 乡，即鸡东镇、银峰乡、永和乡、平阳乡、前卫乡、下亮子乡、综合乡、向阳乡、明德朝鲜族乡、永安乡、东海乡、新华乡、鸡林朝鲜族乡、哈达乡、兴农乡，178 个行政村。

为加强小城镇建设，根据国务院1984年11月下发的“国务院批转民政部关于调整建制镇标准的报告的通知”精神，经黑龙江省民政厅黑民字〔85〕14号文件批准，1986年1月，撤销平阳乡、向阳乡、永安乡建制，改建为平阳镇、向阳镇、永安镇。

1986年，撤销兴农乡兴安村，划归兴农乡兴农村；由永和乡德安村划出一个村民组，设立和安村（朝鲜族村）；由永和乡林安村划出一个村民组，设立和平村（朝鲜族村）；由东海乡发展村马场和东升副业点合并，设立东发村。

1986年末，鸡东县有4个镇、11个乡（其中2个朝鲜族乡），180个村、645个村民小组；6个街道办事处，42个居民委员会。

1995年1月12日，根据黑龙江省民政厅黑民行字〔1995〕3号文件批准，哈达乡、东海乡撤销乡建制，改建为哈达镇、东海镇；同年6月30日，根据黑龙江省民政厅黑民行字〔1995〕54号文件批准，兴农乡、永和乡撤销乡建制，改建为兴农镇、永和镇。

2001年3月6日，经黑龙江省政府同意，省民政厅黑民区〔2001〕54号文件批复，同意鸡东县撤销前卫乡，将其行政区域并入平阳镇，镇人民政府驻中村；撤销综合乡，将其行政区域并入下亮子乡，乡人民政府驻正乡村；撤销银峰乡，将其行政区域并入鸡东镇，镇人民政府驻鸡东镇；撤销新华乡，将其行政区域并入东海镇，镇人民政府驻东海村。鸡东县行政区划由原来8镇、7乡调整为8镇、3乡。

根据2001年4月30日，中共黑龙江省委、省政府办公厅印发的《关于切实做好全省行政村调整工作的通知》和同年鸡西市委、市政府办公室印发的《关于鸡西市行政村调整实施方案》的精神，中共鸡东县委、县政府2001年12月17日研究决定，全县共撤并55个行政村，由原180个行政村调整为125个行政村。县政府同时下发了关于撤并行政村的11个批复文件。

1. 鸡林朝鲜族乡（以下简称鸡林乡） 鸡政发〔2001〕78号文件批复：东林村与鸡林村合并，村委会设在原鸡林村，保留鸡林村名称；团结村与永光村合并，村委会设在原永光村，保留永光村名称；学模村与东明村合并，村委会设在原东明村，保留东明村名称。鸡林乡行政村由10个调整为7个。

2. 兴农镇 鸡政发〔2001〕79号文件批复：双山村与柳毛村合并，村委会设在原双山村，保留双山村名称；四海村与卫东村合并，村委会设在原四海村，保留四海村名称；兴东村与富强村合并，村委会设在原富强村，保留富强村名称；安平村与红旗村合并，村委会设在原红旗村，保留红旗村名称。兴农镇行政村由13个调整为9个。

3. 明德朝鲜族乡（以下简称明德乡） 鸡政发〔2001〕80号文件批复：永祥村与明德村合并，村委会设在原明德村，保留明德村名称；新光村与曙光村合并，村委会设在原曙光村，保留曙光村名称；三多村与五星村合并，村委会设在原五星村，保留五星村名称；明德乡行政村由11个调整为8个。

4. 永和镇 鸡政发〔2001〕81号文件批复：牧场与永胜村合并，村委会设在原永胜村，保留永胜村名称；德安村与新安村合并，村委会设在原新安村，保留新安村名称；和平村、和安村与东进村合并，村委会设在原东进村，保留东进村名称。永和镇行政村由16个调整为12个。

5. 东海镇 鸡政发〔2001〕82号文件批复：东发村与发展村合并，村委会设在原发展村，保留发展村名称；永富村与永泉村合并，村委会设在原永泉村，保留永泉村名称；新明村与东升村合并，村委会设在原东升村，保留东升村名称；新兴村、四合村、幸福村合并，村委会设在幸福村，保留幸福村名称；兴富村与兴隆村合并，村委会设在原兴隆村，保留兴隆村名称；兴胜村、新平村、兴国村合并，村委会设在原兴国村，保留兴国村名称；长胜村与长兴村合并，村委会设在原长兴村，保留长兴村名称。东海镇行政村由25个调整为16个。

6. 平阳镇　鸡政发〔2001〕83号文件批复：宝山村与永隆村合并，村委会设在原永隆村，保留永隆村名称；全胜村与金生村合并，村委会设在原金生村，保留金生村名称；胜利村与牛心山村合并，村委会设在原牛心山村，保留牛心山村名称；五排村、前卫村、边疆村合并，村委会设在原前卫村，保留前卫村名称；西村、中村、东村合并，村委会设在原东村，重新命名平阳村。平阳镇行政村由21个调整为14个。

7. 下亮子乡　鸡政发〔2001〕84号文件批复：亮鲜村、西北村、鲜华村、兴安村合并，村委会设在原亮鲜村，保留亮鲜村名称；复兴村与宏亮村合并，村委会设在原复兴村，保留复兴村名称；柳河村与兴民村合并，村委会设在原柳河村，保留柳河村名称；裕民村与平安村合并，村委会设在原裕民村，保留裕民村名称。下亮子乡行政村由20个调整为14个。

8. 鸡东镇　鸡政发〔2001〕85号文件批复：迎春村与银峰村合并，村委会设在原银峰村，保留银峰村名称；靠山村与石河北村合并，村委会设在原石河北村，保留石河北村名称；勇进村与勇建村合并，重新命名为勇鲜村；富民村与张家村合并，村委会设在原张家村，保留张家村名称；新胜村与红胜村合并，村委会设在原红胜村，保留红胜村名称；和兴村与明俊村合并，村委会设在原明俊村，保留明俊村名称。鸡东镇行政村由22个调整为16个。

9. 向阳镇　鸡政发〔2001〕86号文件批复：向前村与曲河村合并，村委会设在原向前村，保留曲河村名称；新建村与红星村合并，村委会设在原红星村，保留红星村名称；红卫村、城东村与古城村合并，村委会设在原古城村，保留古城村名称。向阳镇行政村由13个调整为9个。

10. 永安镇　鸡政发〔2001〕87号文件批复：永志村与永政村合并，村委会设在原永政村，保留永政村名称；永久村与永平村合并，村委会设在永平村，保留永平村名称；永强村与永丰村合并，村委会设在原永丰村，保留永丰村名称；永良村、永鲜村、永丽村合并，村委会设在原永丽村，保留永丽村名称。永安镇行政村由16个调整为11个。

11. 哈达镇　鸡政发〔2001〕88号文件批复：黎明村与杏花村合并，村委会设在原杏花村，保留杏花村名称；保国村与保合村合并，村委会设在原保合村，重新命名为双保村；普山村与先锋村合并，村委会设在原先锋村，保留先锋村名称；新义村与程家村合并，村委会设在原程家村，保留程家村名称。哈达镇行政村由13个调整为9个。

2002年4月16日，经鸡东县委、县政府研究决定，鸡政发〔2002〕27号文件批复：鸡东镇沿河村与石河北村合并，村委会设在石河北村，保留石河北村名称。鸡东镇行政村由16个调整为15个。

2002年10月22日，经县委、县政府研究同意，鸡政发〔2002〕66号文件批复：鸡林乡东光村与前进村合并，村委会设在前进村，保留前进村名称。鸡林乡行政村由 7 个调整为 6 个。

2002 年 12 月 31 日，经县委、县政府研究同意，鸡政发〔2002〕79 号文件批复：下亮子乡亮鲜村西北屯划归长庆村管辖。

到 2005 年末，全县共辖 8 个镇、2 个民族乡、1 个乡、1 个社区管理委员会，123 个村、645 个村民小组、20 个社区（表 1－1）。

表 1－1　2005 年鸡东县行政区划

乡（镇）名称	政府驻地	所辖村、社区	村数	村民小组数	社区数
鸡东镇	银峰村	银峰村　石河北村　保中村　勇鲜村　光荣村　红胜村　新峰村　荣华村　张家村　银东村　德胜村　鸡东村　古山子村　明俊村　银河村	15	84	0
平阳镇	平阳村	河南村　永兴村　金城村　新发村　永隆村　金生村　永发村　永长村　新城村　富国村　希贤村　前卫村　牛心山村　平阳村	14	56	0
永安镇	永平村	永东村　永生村　永新村　永平村　永政村　永安村　永宁村　永红村　永丰村　永乐村　永丽村	11	63	0
向阳镇	通街村	曲河村　向阳村　卫国村　通街村　古城村　东河村　忠信村　联合村　红星村	9	51	0
东海镇	东海村	东海村　群英村　发展村　高峰村　永泉村　东升村　建设村　永远村　新生村　幸福村　长山村　兴国村　长兴村　新华村　兴隆村　新泉村	16	104	0
哈达镇	先锋村	杏花村　程家村　太阳村　山河村　哈达村　青山村　先锋村　东风村　双保村	9	38	0
兴农镇	兴农村	四海村　兴林村　兴农村　双山村　红旗村　奋斗村　东保村　富强村　太平村	9	22	0
永和镇	永和村	永和村　公平村　永胜村　新和村　永庆村　新乐村　东安村　东进村　长安村　保安村　林安村　新安村	12	74	0
下亮子乡	正乡村	下亮子村　正乡村　西庄村　新立村　久泰村　长庆村　四排村　三排村　综合村　裕国村　裕民村　柳河村　亮鲜村　复兴村	14	67	0
明德乡	明德村	五星村　红火村　曙光村　立新村　建政村　更新村　明德村　北河村	8	42	0
鸡林乡	鸡林村	鸡林村　东兴村　进兴村　永光村　前进村　东光村　东明村	7	44	0
社区管委会	—	前进社区　东风社区　警民社区　镇中社区　振兴社区　新乡社区　北华社区　中心社区　城南社区　四海社区　保合社区　宝泉社区　永丰社区　永和社区　平阳社区　向阳社区　永安社区　东海社区　哈达社区　兴农社区	—	—	20
总计	—	—	123	645	20

第二节 自然与农村经济概况

一、土地资源概况

1. 耕地 鸡东县耕地面积为 99 701.33 公顷，占全县土地总面积的 30.97%。其中，基本农田 83 453.8 公顷，农垦八五一零农场 9 619.1 公顷。在耕地总面积中，旱田 78 652.92 公顷、水田 21 049.33 公顷。

2. 园地 面积 445.89 公顷，占土地总面积的 0.14%。

3. 林地 全县林地面积 179 641.91 公顷，占全县土地总面积的 55.81%。

4. 牧草地 954.76 公顷，占 0.3%。

5. 居民点及工矿用地 12 216.03 公顷，占 3.8%。

6. 交通用地 3 299.26 公顷，占 1.0%。

7. 水域用地 10 754.49 公顷，占 3.34%。

8. 未利用土地 14 864.91 公顷，占 4.61%。

鸡东县土地利用现状分类面积统计见表 1-2。

表 1-2 鸡东县土地利用现状分类面积统计

单位：公顷

土地分类		面积	比例（%）
耕地	小计	99 701.33	30.97
	灌溉水田	21 049.37	—
	旱田	78 645.92	—
	菜地	6.04	—
园地	小计	445.89	0.14
	果园	380.45	—
	其他园地	65.44	—
林地	小计	179 641.91	55.81
	有林地	174 428.4	—
	灌木林	3 989.93	—
	疏林地	251.9	—
	未成林造林地	863.94	—
	迹地	5.35	—
	苗圃	102.39	—
牧草地	天然草地	954.76	0.30

（续）

土 地 分 类		面 积	比例（%）
居民点及工矿用地	小计	12 216.03	3.80
	城镇	1 334.03	—
	农村居民点	8 933.58	—
居民点及工矿用地	独立工矿用地	1 735.15	—
	特殊用地	213.27	—
交通用地	小计	3 299.26	1.03
	铁路	220.89	—
	公路	320.53	—
	农村道路	2 757.84	—
水域	小计	10 754.49	3.34
	河流水面	2 419.17	—
	水库面积	1 220.68	—
	坑塘水面	1 019.79	—
	滩涂	3 892.49	—
	沟渠	1 706.75	—
	水上建筑物	495.61	—
未利用土地	小计	14 864.91	4.61
	荒草地	12 051.9	—
	沼泽地	2 605.23	—
	裸岩石砾地	2.49	—
	田坎	2.00	—
	其他	1 203.29	—
总计	—	321 878.58	100

二、自然气候

1. 气温 1989—2008 年，鸡东县的年平均气温 5.1 ℃（表 1-3）。全年有 5 个月的平均气温在 0 ℃以下。一年之中，7 月为最热，平均气温 21.35 ℃，极端最高气温 37.2 ℃，出现在 2000 年 7 月 10 日；1 月最冷，平均气温－15.3 ℃，极端最低气温－36.4 ℃，出现在 2001 年 1 月 11 日。3～5 月气温回升快，3 月上旬开始解冻，日平均气温稳定通过 0 ℃为 4 月 3 日至 9 日，稳定通过 7 ℃为 4 月 22 日至 27 日，稳定通过 10 ℃为 5 月 7 日至 11 日，终日在 9 月 23 日至 29 日，≥10 ℃活动积温为 2 400～2 600 ℃，无霜期为 125～136 天，9 月下旬至 10 月初出现早霜，4 月末至 5 月初终止，南北山区无霜期最短，在 120 天以下，中部无霜期可达 136 天。

表 1-3　1989—2008 年各月平均气温

单位:℃

年份	1月	2月	3月	4月	5月	6月	7月	8月	9月	10月	11月	12月	全年
1989	−13.5	−8.0	−0.9	8.4	12.9	18.4	21.9	21.4	14.2	6.4	−3.5	−12.5	5.4
1990	−18.9	−10.2	1.3	6.6	15.0	18.7	21.7	21.3	14.8	9.0	−1.7	−11.3	5.5
1991	−15.1	−11.3	−3.8	6.8	15.1	19.5	20.6	22.3	15.0	7.3	−3.3	−13.6	5.0
1992	−12.7	−9.8	−1.5	6.5	13.5	18.3	22.4	20.7	14.2	7.5	−6.1	−13.3	5.0
1993	−15.4	−8.5	−1.3	6.2	14.5	17.3	21.8	19.6	14.9	6.1	−4.2	−13.0	4.8
1994	−18.8	−9.3	−4.2	7.1	13.2	20.5	23.9	22.5	15.8	7.4	−2.4	−12.9	5.2
1995	−12.7	−9.3	−2.1	6.5	13.0	19.7	23.1	21.2	14.0	8.4	−2.6	−11.0	5.7
1996	−15.3	−10.1	−2.0	6.9	14.9	19.0	22.0	20.2	14.2	5.2	−4.8	−14.5	4.6
1997	−16.7	−9.4	−3.2	7.7	13.3	20.1	24.6	21.3	13.4	4.5	−2.6	−11.7	5.1
1998	−17.8	−8.0	−0.1	10.8	16.6	19.7	21.9	19.5	15.7	9.1	−7.3	−12.6	5.6
1999	−13.8	−11.1	−6.8	6.9	13.3	19.1	24.4	21.3	15.7	5.4	−3.5	−12.6	4.9
2000	−17.8	−12.7	−3.0	5.8	14.7	21.5	23.3	22.7	15.7	5.5	−6.6	−17.8	4.3
2001	−19.5	−14.2	−4.8	8.4	15.5	20.2	23.1	21.6	14.6	8.0	−2.0	−12.8	4.8
2002	−13.1	−7.2	0.3	7.8	15.9	18.0	21.5	19.5	15.1	4.1	−9.0	−14.6	4.9
2003	−14.9	−10.3	−0.7	9.2	15.4	20.8	20.4	20.9	16.1	7.0	−5.2	−11.2	5.6
2004	−15.2	−9.7	−2.4	6.8	14.9	21.3	21.7	20.9	16.5	7.9	−0.8	−14.8	5.6
2005	−14.8	−14.3	−3.5	6.5	12.5	21.6	22.1	21.7	16.1	7.3	−2.1	−14.9	4.9
2006	−16.3	−16.6	−3.6	4.3	16.0	18.4	22.8	22.8	16.2	6.7	−4.0	−11.5	4.6
2007	−10.2	−8.6	−3.8	6.4	13.6	21.7	21.6	22.5	16.0	6.8	−3.9	−10.4	6.0
2008	−14.1	9.5	1.7	10.2	12.0	20.6	2.1	21.0	15.8	7.7	−4.5	−11.2	4.3
平均	−15.3	−10.4	−2.22	7.29	14.29	19.72	21.35	21.25	15.2	6.9	−4.01	−12.9	5.1

2. 降水　1989—2008 年，年平均降水量 499.0 毫米。最长连续降水日数 15 天，降水量 127.0 毫米，出现在 1986 年 8 月 16 日至 30 日；最长无降水日数为 37 天，出现在 1996 年 2 月 9 日到 3 月 16 日；日最大降水量 74.4 毫米，出现在 1991 年 7 月 30 日。冬季降水量最少，为 29.3 毫米，仅占全年总降水量的 5.9%；春季降水量 75.8 毫米，占全年总降水量的 15.2%；降水多集中在夏季，降水量为 298.4 毫米，占全年总降水量的 59.8%；秋季降水多于春季，降水量 95.5 毫米，占全年总降水量的 19.5%。1989—2008 年降水量统计见表 1-4 和图 1-1。

表 1-4　1989—2008 年降水量

单位：毫米

年份	1989	1990	1991	1992	1993	1994	1995	1996	1997	1998
降水量	589.8	642.3	647	500.7	536.5	588.9	462.6	438	457.2	511.8
年份	1999	2000	2001	2002	2003	2004	2005	2006	2007	2008
降水量	356.4	593.1	399	602.7	380.9	423.7	453.6	401.1	469.4	525.4

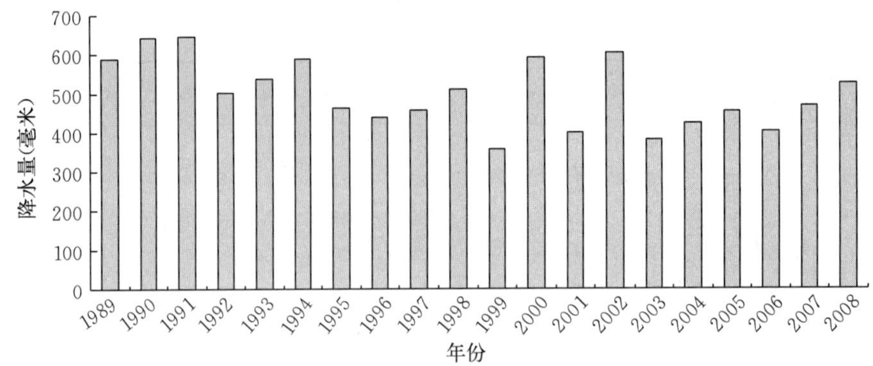

图 1-1　1989—2008 年降水量示意图

3. 日照　1989—2008 年，年均日照时数 2 232.9 小时。冬季日照时数 568.9 小时；春季日照时数 578.2 小时；夏季日照时数 604.8 小时；秋季日照时数 373.8 小时；作物生长季（5～9 月）日照时数 1 012.1 小时。1989—2008 年各月日照时数统计见表 1-5。

表 1-5　1989—2008 年各月日照时数

单位：小时

年份	1月	2月	3月	4月	5月	6月	7月	8月	9月	10月	11月	12月	全年
1989	122.8	183.2	192.6	229.0	230.6	208.3	193.3	242.7	172.9	197.3	134.0	112.8	2 219.5
1990	133.7	126.0	245.7	186.1	231.5	201.8	224.2	190.7	233.7	232.2	178.4	146.6	2 330.6
1991	150.0	180.2	214.1	186.0	239.8	232.3	154.8	212.7	238.8	186.8	155.9	129.6	2 281.0
1992	108.9	158.9	195.3	202.9	238.8	197.4	266.9	235.8	183.0	199.6	120.8	101.4	2 209.7
1993	122.5	159.3	226.5	217.6	256.5	146.3	194.6	182.9	204.9	195.0	123.6	138.0	2 167.7
1994	96.0	191.7	182.5	166.4	210.3	243.9	214.8	192.5	145.0	172.5	138.5	142.7	2 096.8
1995	158.3	169.8	165.6	215.7	222.6	266.9	234.3	194.2	196.5	141.7	141.8	93.5	2 200.9
1996	150.2	196.8	195.6	168.6	188.8	204.5	193.0	217.1	232.1	182.6	128.9	104.6	2 162.8
1997	131.6	179.4	208.3	223.6	182.4	223.8	245.7	176.3	224.0	105.7	144.9	139.9	2 185.6
1998	149.6	168.7	228.9	218.6	253.8	221.9	212.5	92.9	196.6	191.4	106.4	103.5	2 144.8
1999	157.8	178.9	223.2	259.6	248.5	236.2	229.0	230.4	223.5	202.8	170.9	143.5	2 504.3
2000	137.0	193.8	201.6	119.8	194.8	305.2	193.3	205.3	194.6	188.9	156.6	130.8	2 221.7
2001	165.3	202.3	144.6	191.2	232.1	271.4	202.7	213.5	209.3	187.1	180.9	150.2	2 350.6
2002	116.8	186.7	191.8	139.7	245.7	208.6	172.4	177.5	229.4	157.5	131.3	152.5	2 109.9
2003	128.3	171.6	238.9	206.3	201.6	165.0	180.1	242.2	253.7	152.2	166.5	172.3	2 278.7
2004	15.72	12.86	20.34	22.73	19.93	28.36	19.03	27.9	21.32	19.09	17.03	14.0	2 383.1
2005	127.2	168.1	222.2	121.8	160.7	238.7	149.6	221.8	233.7	204.9	176.9	135.2	2 160.8
2006	158.6	161.8	178.7	148.9	224.6	172.9	234.4	175.2	203.4	175.6	155.6	135.9	2 125.6
2007	149.7	136.8	185.2	195.9	176.1	214.2	217.6	210.9	178.7	176.6	160.5	109.1	2 111.3
2008	210.6	207.8	152.9	205.4	163.8	299.1	197.2	237.0	248.5	183.2	164.8	142.2	2 412.5
平均	141.6	172.5	199.9	191.5	215.1	227.1	205.0	206.5	210.8	181.2	150.4	131.2	2 232.9

4. 风　1986—2005 年，平均风速 3.0 米/秒，10 分钟最大风速 18.0 米/秒，出现在 1992 年 4 月 8 日。春季风速较大，3～5 月平均风速 3.6 米/秒。由于受大陆性季风气候影响，冬季盛行西风，夏季盛行东风。

5. 农业气候区划　按照热量、降水、无霜期、自然灾害等因素为指标，大致分成 3 个农业气候区。

（1）穆棱河冲积平原温和较湿润农业气候区：该区位于穆棱河两岸，地势比较低平，是以种植水稻为主的粮豆主产区。热量条件好，全年≥10 ℃积温 2 600 ℃，日平均气温稳定通过 7 ℃初日在 4 月 22 日至 23 日（80%保证率在 5 月 3 日），为大田播种始期。≥10 ℃初日在 5 月 7 日至 8 日，终日在 9 月 28 日至 29 日（80%保证率在 9 月 25 日）。酷霜（日最低气温 2 ℃，地面最低气温≤0 ℃）出现在 9 月 26 日至 29 日，无霜期 136 天。年降水量 520～530 毫米。适宜种植中、晚熟品种。

（2）丘陵漫岗半湿润易旱区：该区处于平原与山区过渡地带的丘陵漫岗及谷地，土壤以白浆土为主。热量条件较差，≥10 ℃积温在 2 400～2 600 ℃。日平均气温稳定通过 7 ℃初日在 4 月 23 日至 26 日，稳定通过 10 ℃终日在 9 月 23 日至 27 日。酷霜出现在 9 月 23 日至 26 日，无霜期在 125～130 天。年降水量南部丘陵漫岗为 510～520 毫米、北部丘陵漫岗为 530～540 毫米。春季风力大，易出现干旱和冰雹等自然灾害。适宜种植中熟或早熟品种。

（3）山间冷凉气候区：该区位于南北山区，多为森林覆盖，仅部分山间、岗地为耕地。热量条件差，≥10 ℃积温小于 2 400 ℃，稳定通过 7 ℃初日在 4 月 26 日，稳定通过 10 ℃终日在 9 月 23 日，酷霜期在 9 月 12 日至 16 日，无霜期在 120 天以下，低温冷害频率高。年降水量南部山区在 500～520 毫米、北部山区在 530～550 毫米。适宜种植小麦、早熟大豆和薯类作物。对发展林业、牧业及绿色食品极为有利。

各气候区的气候指标及所含乡（镇）村见表 1-6，最大、最小气象值统计见表 1-7。

表 1-6　各气候区的气候指标及所包括的乡（镇）村

区　　号	Ⅰ	Ⅱ	Ⅲ
区名	穆棱河冲积平原温和湿润农业气候区	丘陵漫岗半湿润易旱农业气候区	山间冷凉农业气候区
日平均气温≥10 ℃积温（℃）	≥2 600	2 400～2 600	≤2 400
初日（日/月）	7/5～9/5	10/5～12/5	13/5～17/5
终日（日/月）	27/9～29/7	23/9～26/9	18/9～22/9
日平均气温≥0 ℃初日	28/3～30/3	1/4～3/4	5/4～7/4
日平均气温≥5 ℃初日	14/4～16/4	17/4～19/4	20/4～22/4
日平均气温≥7 ℃初日	22/4～23/4	23/4～26/4	26/4～28/4
酷霜初日	28/9	23/9	18/9
温度生长期长度	162	157	153
年降水量（毫米）	520～530	510～540	500～530

（续）

区　　号	Ⅰ	Ⅱ	Ⅲ
所含乡（镇）村	鸡林乡所属7个村 明德乡所属8个村 鸡东镇除张家外的14个村 平阳镇：永发、金城、希贤、金生、富国、河南、永长、永隆、平阳村9个村 下亮子乡：新立、裕国、西庄、下亮子、正乡、宏亮、亮鲜、综合、三排、裕民、长庆11个村 向阳镇：除联合之外的8个村 哈达镇：山河、东风2个村 东海镇：幸福、东升、东海、永远、永泉、发展、新生、新华、兴国9个村 永安镇：永安、永丽、永乐、永生、永政、永新、永平、永东8个村； 永和镇：长安、保安、东安、东进4个村	鸡东镇：张家、1个村 平阳镇：永兴、新发、新城3个村 下亮子乡：复兴、久泰四排、柳河4个村 向阳镇：联合1个村 哈达镇：哈达、先锋、太阳、杏花、程家、双保、青山7个村 东海镇：群英、高峰、建设、新泉、长山、长兴、兴隆7个村 永安镇：永丰、永宁、永红3个村 永和镇：永和、公平、永胜、新乐、永庆、新和、新安、林安8个村	兴农镇：所属9个村 平阳镇：前卫、牛心山2个村

表1-7　最大、最小气象数值

项　　目	数　　值	地点	时　　间
最大年降水量	764.0毫米	鸡东	1981年
最小年降水量	303.3毫米	鸡东	1975年
最大月降水量	322.9毫米	鸡东	1991年7月
最小月降水量	0毫米	鸡东	1967年1月
最长降水日数及量	15天　127.0毫米	鸡东	1986年8月16日至30日
最大日降水量	97.3毫米	鸡东	1973年7月18日
最高年均气温	5.7℃	鸡东	1995年
最低年均气温	2.1℃	鸡东	1969年
最高≥10℃积温	3063.1℃	鸡东	2000年
最低≥10℃积温	2160.5℃	鸡东	1969年
最热月温度	24.6℃	鸡东	1997年7月

（续）

项　目	数　值	地点	时　间
最冷月温度	－20.1℃	鸡东	1970年1月
极端最高温度	37.2℃	鸡东	2000年7月10日
极端最低温度	－36.4℃	鸡东	2001年1月11日
最长无霜期	215天	鸡东	2005年
最短无霜期	116天	鸡东	1985年
最早初霜日	9月11日	鸡东	1967年、1972年
最晚终霜日	5月5日	鸡东	2004年、2005年
最多年日照时数	2 960.4小时	鸡东	1967年
最少年日照时数	2 080.3小时	鸡东	1987年
最大风速	180米/秒	鸡东	1992年4月8日
最早初雪日	9月26日	鸡东	1987年
最晚终雪日	5月7日	鸡东	2005年
最早积雪日	10月4日	鸡东	1994年
最晚终积雪日	4月10日	鸡东	2002年、2005年
最大积雪深度	35厘米	鸡东	1974年10月
最早初结冰日	9月21日	鸡东	1999年
最晚终结冰日	5月8日	鸡东	2003年
最早初雷日	3月11日	鸡东	1976年
最晚终雷日	11月4日	鸡东	2005年

三、水文地质条件

（一）地表水

鸡东县地表水总集水面积3 243平方千米，平均年降水量499毫米，全县平均径流总量为4.34亿立方米。其中低山丘陵区年径流量为3亿立方米，丘陵漫岗区为1亿立方米，穆棱河冲积平原区为0.34亿立方米。丰水年径流总量为7.5亿立方米，特旱年径流总量为1.98亿立方米，丰水年与枯水年水量相差悬殊，是年际间旱涝不均的重要原因之一。年内各月水量分配不均，多年平均降水量及年径流量的年内分配大体可分为5个时期，各时期水量占年总量的比例见表1-8。

表1-8　鸡东县各降水时期及占全年降水量比例

时期项目	4～5月	6月	7～9月	10月	11至翌年3月	全年
降水量（%）	13.7	14.3	57.1	7.2	7.7	100
径流量（%）	15.6	5.5	65.1	9.1	4.7	100

鸡东县有中型水库3座，小型水库和塘坝17座，净调节水量1.6亿立方米。

境内河流属乌苏里江水系，干流为穆棱河，有支流270多条，河溪总长1 136.5千米，密度为0.35千米/平方千米，形成河网。

1. 穆棱河 为境内干流，源于穆棱境内窝集岭，由西向东横穿境内中部。流至虎林境内虎北闸分两条水路：一条沿分洪河道穆兴水路流入兴凯湖；另一条向东流，汇入乌苏里江。河流全长834千米，集水总面积17 600平方千米。穆棱河流经鸡东县为河的中上游，境内河流长47千米，集水面积3 243平方千米。其主要一级支流有9条，在其主河道上建有3处永久性拦河工程，每年拦截水量2.45亿立方米。

2. 黄泥河 为穆棱河右岸一级支流，源于境内南部红叶山。河流从源处向西流至西南岔林场折北，在东海东升村附近入穆棱河。河流长77.5千米，集水面积772.4平方千米。河流下游有大、小石头河汇入。大石头河源于境外，境内河流长76.7千米，集水面积468.5平方千米。黄泥河中游建有中型八楞山水库和小型平阳水库；小石头河中游建有小型永胜水库。

3. 水曲柳河 为穆棱河右岸一级支流，源于牛心山双泉子。河流从源处向北折，东经明德莲花泡汇入穆棱河。河流从源处至正乡排水干渠相汇河段长12千米，集水面积134.7平方千米。河流天然河道弯曲，后经人工裁弯取直，河道缩短。河流中上游建有小型曲河水库。

4. 半截河 为穆棱河右岸一级支流，源于中俄边界附近松树顶子双叶山。河流向北流至明德永祥村附近汇入正乡排水干渠，在密山境内汇入穆棱河，集水面积324.3平方千米。河流天然河道长20千米，后来人工使河道延长27.6千米，河流中上游建有中型半截河水库。

5. 滴道河 为穆棱河左岸一级支流，源于境内北部滴道岭，河流从源处向南流经鸡西滴道区附近汇入穆棱河。河流长50.3千米，集水面积650平方千米。河流中上游属鸡东辖区，境内河流长38千米，集水面积427.3平方千米，境内上游支流仙洞沟建有小型卫东水库；滴道河下游鸡西境内建有中型团山子水库。

6. 哈达河 为穆棱河左岸一级支流，源于北部那丹哈达岭杨木峡。河流由西北流向东南，在新华村附近汇入穆棱河。河流长58千米，集水面积542平方千米。河流中游建有中型哈达水库；其下游汇入的支流山沟建有小型长山水库，河流中下游河道上建有永久性拦河工程一处。

7. 锅盔河 为穆棱河左岸一级支流，源于密山市境西北部，发源于那丹哈达山脉的煤窑西山西侧，自北曲折向南，下游为密山市、鸡东县交界河，在鸡东县永安镇永东村东南汇入穆棱河。河流长98.5千米，集水面积618平方千米。河流从上游小柳毛河末端至流入口为鸡东县与密山市界河。境内河流长24千米，集水面积134平方千米。

主要河流基本情况见表1-9。

（二）降水

境内降水多年平均变化在500毫米左右。总的分布趋势是山区大、平原区小，且面上分布不均匀。

表 1－9　主要河流基本情况

名　称	多年平均降水量（毫米）	多年平均径流量（立方米）	河道情况				河道安全泄量立方米/秒	最大泄洪流量（立方米/秒）
			平均河宽（米）	平均水深（米）	曲折系数	河道平均比降		
穆棱河	547	235 000	50～150	1.5～3	1.8	1∶11 500 1∶12 000	300	4 750
黄泥河	525.1	8 150	15	1.5	1.2	1∶1 400 1∶18 000	7.5	323
水曲流河	550	480	2.5	1.2	—	1∶1 300 1∶1 500	2	160
半截河	495	3 360	4～5	1.2	—	1∶1 500 1∶1 600	5	—
滴道河	549	1 181	15	1.2	—	1∶1 275	25～30	—
哈达河	554	4 540	8	1.3	1.2	1∶1 300 1∶1 500	—	—
锅盔河	523.3	3 170	15	—	1.3	1∶10 000	6	—

鸡东县降水年内分配不均匀，汛期（6～9 月）降水量占全年降水量的 71%，3～5 月降水量占全年降水量的 15%，10 月至翌年 2 月降水量占全年降水量的 14%（表 1－10）。

表 1－10　多年平均降水量年内分配

月	1	2	3	4	5	6	7	8	9	10	11	12	多年平均降水量
降水量（毫米）	5.7	6.9	9.2	22.8	46.9	81.9	115.3	113.8	61.4	36.9	15.2	9.1	525.1
占全年（%）	1.1	1.3	1.8	4.3	8.9	15.6	22	21.7	11.7	7.0	2.9	1.7	100

（三）蒸发

黄泥河中游设有新城水文站，常年观测水面蒸发，多年平均水面蒸发量为 721.5 毫米。水面蒸发量年内分配不均匀，其规律是秋、冬季蒸发量小，春、夏季蒸发量大。其中，4～9 月蒸发量占全年的 82.9%，其余 6 个月蒸发量仅占全年的 17.1%（表 1－11）。

表 1－11　水面蒸发年内分配（新城水文站）

月	1	2	3	4	5	6	7	8	9	10	11	12	多年平均蒸发量
蒸发量（毫米）	6.2	14.4	36.5	78.5	188.5	122.4	115.1	94.6	78.6	48.6	20.1	6.6	721.5
占全年（%）	0.8	2.0	5.0	1.5	17	17	16	13.1	10.9	5.6	2.8	8.9	100

（四）水文地质

1. 山地、丘陵区含水层分布及地下水类型　境内地下水形成与分布除受气象水文条件影响外，还受地层岩石性质及地质构造条件的控制，在基岩石区埋有风化裂隙水与构造裂隙水，且埋藏条件复杂，富水程度不均一。

2. 平原区含水层分布及地下水类型　第四系松散沙砾石孔隙潜水，主要分布在穆棱河河谷平原及支流河谷中。有 4 种富水级别。山前谷地亚黏土厚度在 18～28 米，含水层厚 1.46～4.30 米，地下水埋深 7.9～1.61 米，水力性强为潜水。第三系碎屑岩孔隙裂隙承压水主要分布在平阳-明德一带的第三组断陷盆地内及河谷平原与山前台地下部，地下水具有承压性质。

第三节　农业生产概况

一、行政变迁简史

鸡东县商、周时期为肃慎居地，秦、汉隶属辽东郡，东汉时肃慎改称挹娄，间接隶属玄菟郡。南北朝时期挹娄改称勿吉，形成七部，鸡东属号室部。隋代勿吉改称靺鞨，仍属号室部，唐属渤海都督府东平府，辽代改称女真，为东丹国属地，金代属上京速频路，元代隶属辽阳行省开元路，明代隶属奴儿干都司海西女真部麦兰河卫。清初隶属清廷和盛京双重领导的宁古塔牛录章京，后升为昂帮章京，康熙元年（1662 年）为宁古塔将军管辖，乾隆二十二年（1757 年）为吉林将军宁古塔副都统管辖。

1880 年清政府废除封禁，移民实边。光绪二十五年（1899 年）设蜂蜜山招垦局，为吉林将军依兰道绥芬厅管辖。

光绪三十四年（1908 年）设密山府，为密山府管辖。1913 年密山府改密山县，归密山县管辖。

1931 年“九·一八”事变，日本帝国主义侵略中国东北。该地属东安省密山县，伪康德八年（1941 年）从密山析置鸡宁县，该地属密山县、鸡宁县分管。1947 年设永安县，该地属密山县、永安县、鸡宁县，1948 年 4 月，属松江省密山县、鸡宁县，1949 年 9 月属鸡西县。

新中国成立后，该地属密山、鸡西两县，1957 年，撤销鸡西县设立鸡西市。原鸡西县的兴农乡划归勃利县，其余归密山县。该地分属密山县和合江地区勃利县。1960 年，从密山县划出银峰公社和哈达公社的 11 个大队归属鸡西市，银峰公社改称平阳公社。哈达公社另 13 个大队，设东海公社，归属密山县管辖。该区域分属牡丹江地区鸡西市、密山县及合江地区勃利县。1964 年 6 月，国务院决定设置鸡东县，将鸡西市的平阳公社（划属鸡东县后又恢复银峰公社名称）、哈达公社，密山县的平阳、永和、下亮子、综合、向阳、明德、永安、东海、兴隆（现新华公社）和鸡林公社，勃利县的兴农公社划归鸡东县管辖；1965 年 1 月 1 日，鸡东县正式成立。

鸡东县农作物种植制度为一年一熟制。主要栽培的农作物有玉米、大豆和水稻，还有部分杂粮和经济作物。

二、农业发展现状

鸡东县农业通过实施“稳粮、保烟、兴牧、上企”发展战略，取得了突破性进展，彻底打破了经济单一、农业单一的经济格局，一二三产业构成了农村经济的主要框架，走上了以粮食为主体，以畜牧业和乡镇企业为支柱，粮、牧、企三位一体，带动其他各业协调发展之路。以 2005 年为例，全县基本农田面积 83 453.8 公顷，粮豆薯种植面积 61 333 公顷，粮豆总产量实现 35.5 万吨，比 1986 年增长 144.6%；农村经济总收入 183 880.9 万元，人均收入 3 519 元，比 1986 年增长 633%。农业产业结构进一步优化，全县绿色食品面积 26 667 公顷，绿色食品产量 32.3 万吨，通过省级检查验证的无公害基地 52 个，无公害食品面积 66 667 公顷，有 7 个绿色食品商标品种得到认证。乡镇企业生产规模日趋合理，产品产量更加稳定。2005 年乡企收入实现 98 526.1 万元，实现利润 16 940 万元，实现税金 1 290 万元。畜牧业生产快速发展，2005 年畜牧业产值达 54 879 万元，占农业总产值的比重已由 1986 年的 6%提高到 32%；畜牧业收入 13 244.9 万元。农村劳动力已由体能型向技能型转变，2005 年共转移劳动力 3.2 万人，占劳动力总数的 42.7%，劳务收入 17 682 万元。

1986—2005 年，鸡东县林业共完成抚育采伐 16 102 公顷，多次被黑龙江省林业厅评为伐区先进县。于 1996 年基本消灭了县境内宜林“两荒”地，有 2 个乡、7 个村分别被评为全国造林“百佳乡”“千佳村”称号。凤凰山自然资源保护区已晋升为省级、国家级自然保护区。

1986 年以来，鸡东县粮食增产主要是依靠科技进步来实现的，物化技术投入已取代传统的农业生产手段，成为农业增产的决定因素。1986—2005 年，在种植业上实施标准化作业，以优化农业种植结构、积极发展粮食专用品种和无公害绿色食品、特色农产品为重点，以科技为先导、市场为导向、农业增收为目标，强化了农业技术推广体系建设，加快了科技成功转化，提高技术普及率和到位率，优质品种实现 98%，优质品率达 90%，科技贡献率达 46%。到 2005 年，粮经饲种植比例已调整到 48∶45∶7，全县粮食总产突破 3.5 亿千克，蔬菜总产 32 万吨；果类面积达到 2 600 公顷，农业总收入 84 700.7 万元，农民人均收入 3 519 元。

第四节 耕地改良利用与生产现状

一、主要耕地改良模式及效果

鸡东县土壤改良利用分区，是按照地貌类型、土壤类型组合、生产限制因素，以及改良利用方向的一致性进行分区的。根据当前生产管理体制的要求，分区界线尽量保持乡村的完整性。对于大区地貌大体一致，只是不相邻的地区，采用合并的办法，划为一个区，分区遵循改良与利用相结合的原则。在利用上，提倡高效、速效，以便尽快地把土壤普查成果应用到生产实践中去。

鸡东县土壤改良利用分区暂分两级。第一级为区，第二级为亚区。根据大区地貌、土类、土壤利用方向、农田基本建设主攻方向的一致性分区。在同一区内，根据中区地形、土壤组合、水文地质，以及反映在生产上的土壤问题和改良措施的一致性，划分亚区。区的命名突出自然景观和改良利用方向，采用地理位置、地貌、改良利用方向综合命名。亚区的命名以地貌、主要土壤类型进行命名。

根据上述原则和依据，将全县划分为南北低山丘陵林农区，南北丘陵漫岗农牧区和穆棱河冲积平原农渔区。

二、耕地利用程度与耕作制度

鸡东县耕作制度属于一年一熟制。1986 年，按照县委、县政府“发挥种植业优势，把农业和粮食生产提高到一个新水平。粮食面积不能少于 80%，相应扩大水稻、玉米面积，突出搞好玉米攻关。经济作物面积不能超过 20%，重点抓好烤烟、山葡萄、黑豆果和蔬菜、白瓜生产”的部署，鸡东县在 1986—1990 年作物种植面积做了调整。水稻面积由 1986 年的 10 667 公顷扩大到 1990 年的 11 632 公顷，玉米面积由 1986 年的 10 667 公顷扩大到 1990 年的 13 664 公顷，减少了大豆、小麦、谷子、高粱种植面积。大豆面积由 1986 年的 17 200 公顷减到 1990 年的 14 267 公顷，小麦由 3 333 公顷减到 1 767 公顷，谷子由 1 600 公顷减至零，高粱也由 3 333 公顷减到 1 800 公顷。到 1990 年，粮食作物面积占总耕种面积的比重由 86.5%调整到 80%，粮食作物的排序，由大豆、玉米、水稻、高粱、小麦、杂粮、谷子变为水稻、玉米、大豆、高粱、小麦、杂粮。使粮豆总产量上升到 1.75 亿千克，比 1985 年增加 47.7%。经济作物面积占总耕种面积的 20%，其中烤烟 4 000 公顷，比 1985 年增长 30%；浆果（山葡萄、黑豆果）定植 548 公顷，比 1985 年增加 65%；蔬菜面积增至 1 333 公顷，白瓜种植达到 1 333 公顷，甜菜 1 667 公顷，西香瓜 400 公顷，酒花 10.4 公顷。

1991—1995 年，为发展高产、优质、高效（二高一优）农业，走粮牧企、贸工农、农科教、城矿乡一体化路子，稳粮食作物、兴经济作物、上优质企业，逐步把粮、经种植比例调整到了 73∶27。到 1995 年，全县粮食总产量超过了 2 亿千克，经济作物种植 16 267 公顷，占总面积的 27.5%。其中，烤烟稳定在 4 000 公顷，占经济作物面积（以下同）的 24.6%；夏秋蔬菜 4 000 公顷，占 24.6%；油料作物（三籽）4 467 公顷，占 27.5%；甜菜 2 000 公顷，占 12.3%；仁核果（浆果已为零）361 公顷。

1996—2000 年，本着“米稻保总产、科技保发展、政策保稳定，千方百计提高农民生活质量”的思路，粮、经种植比例为 70∶30。水稻面积扩大到 19 990 公顷，占粮田的 40%；玉米面积 9 330 公顷，占 26.4%；大豆面积 16 000 公顷，占 24%；构成鸡东县三大主栽作物。经济作物仍稳定烤烟面积 4 000 公顷，油料作物（三籽）增加到 6 133 公顷，西香瓜 4 667 公顷，甜菜 1 333 公顷，果树面积发展到 2 600 公顷。既保证了全县粮食总产量 3.5 亿千克，又使种植业收入达 4.3 亿元，占农村经济总收入的 30%。

2001—2005 年，围绕绿色和特色农副产品，调精产业，调优结构。2001 年 1 月 11 日，县八届五次全委扩大会通过了《关于鸡东县经济结构调整的若干意见》，并由县委办公室、政府办公室下发《2001 年鸡东县农业和农村经济结构战略性调整实施方案》，把种植、养殖、加（加工业）比例调整到 40∶30∶30，种植业中，粮经作物比例调整到 50∶50，农产品优质品率达 90%，畅销品率达到 100%。2005 年粮、经、饲种植比例已调到 48∶45∶7。在黄泥河、大石河、半截河、哈达河无污染河流域及方虎公路沿线建成四大绿色种植基地，绿色种植面积达 26 667 公顷。2004 年国家实行农业“一免二补”（免除农业税、粮食直补、良种补贴）政策，粮田面积有所上升，粮食种植面积达 62 000 公顷，占总耕地面积的75%；经济作物与饲草面积20 667公顷，占25%。2005年，无公害食品面积66 667公顷，建成无公害食品基地52个（已通过省级检验），其中，绿色种植面积26 667公顷，有水稻、玉米、大豆、杂粮等7个绿色食品商标品种得到认证，认证面积14 667公顷。

三、不同耕地类型投入产出情况

（一）水稻种植

水稻是鸡东县的主要粮食作物，20年来已走出一条“稳定面积，优化结构，提高单产，稳定总产，改善品质，提高效益”的路子。通过改进耕作制度，依靠科技进步，使单产总产有了大幅度提高。1986—1990年，全县水稻面积从10 667公顷增加到13 333公顷，但由于耕作方法落后，主要采用漫撒的播种方法，每公顷产量只有4 500多千克。

1991年以来，引进旱育苗技术，推广普及“细整地、施磷肥、旱育苗、育壮苗、稀插秧”的高产栽培模式，使水稻的产量出现了一次飞跃，每公顷产量达到7 500千克以上。经1998年、1999年两年试验，示范证明大中棚钵体育苗秧苗素质好，免疫力强，分蘖力强，增产效果明显。2000年，水稻面积扩大到19 990公顷，占粮食作物种植面积的40%，并推广大中棚钵体育苗超稀植技术10 490公顷，占水稻面积的52.5%，平均每公顷增产7.6%。2001年，水稻大、中棚钵体育苗稀植摆栽技术应用面积13 400公顷，占水稻面积69.4%以上。2005年新增水稻标志性工程项目，面积747公顷，每公顷产量达到8 535千克，使水稻的产量和品质又上了一个台阶。1986—2005年鸡东县水稻主要生产技术及应用面积见表1-12。

表1-12　1986—2005年鸡东县水稻主要生产技术种植面积

单位：公顷

年份	水稻				
	种植面积	漫撒	旱育苗	旱育稀植	钵体育苗
1986	10 667	10 667			
1987	11 901	11 901			
1988	11 624	10 624	1 000		
1989	11 664	9 664	2 000		
1990	11 632	8 059	3 573		
1991	13 436	8 836	4 600		
1992	13 703	4 770	8 933		
1993	12 743	1 000	10 000	3 000	
1994	13 312	533	12 779	7 900	
1995	14 443	1 067	13 376	10 500	
1996	15 579	67	15 512	14 200	
1997	17 322		17 322	1 600	

（续）

年份	水稻				
	种植面积	漫撒	旱育苗	旱育稀植	钵体育苗
1998	19 000		19 000	17 600	
1999	19 990		19 990	18 500	
2000	19 990			9 500	10 490
2001	19 300			5 900	13 400
2002	19 006			5 100	13 906
2003	19 611			4 750	14 861
2004	21 747			5 000	16 747
2005	22 772			4 800	17 972

（二）玉米种植

玉米面积占粮食作物面积25%，产量占22.6%。自1987年实施黑龙江省“丰收计划”以来，面积稳定在13 200公顷左右。通过定面积、定单位、定技术方案，推广良种密植，埯种坐水，大肥细管，早种晚收，每公顷增产750千克以上。1994年开始普及玉米三大（大双覆、大双移、大双直）栽培模式；1996年，鸡东县玉米“三大”种植面积1万公顷，占玉米种植面积的48.5%，每公顷产量达12 750千克。但由于成本高，玉米价格回落及粮食企业转制等原因，1999年，玉米种植面积有所缩减，进而推广紧凑型玉米及配套增产技术10 000公顷，占玉米种植面积的46.2%，每公顷产量达8 700千克，每公顷增产1 500千克。2000年，试种玉米移栽及两垄一平台新技术2 400公顷，使每公顷增产870千克。2005年，玉米高产栽培技术应用面积为16 998公顷。1986—2005年全县玉米主要生产技术及应用面积见表1-13。

表1-13　1986—2005年鸡东县玉米主要生产技术种植面积

单位：公顷

年份	玉米						
	种植面积	传统	三大栽培	机播	通透栽培	紧凑型	甜玉米
1986	10 667	10 667					
1987	13 236	13 236					
1988	11 969	10 969		1 000			
1989	11 676	8 076		3 600			
1990	13 664	3 933		9 731			
1991	13 037	1 067		11 970			
1992	12 957	533		12 424			
1993	9 370	10	12	9 348			
1994	11 871		60	11 811			
1995	17 137		1 000	16 137			

（续）

年份	玉　米						
	种植面积	传统	三大栽培	机播	通透栽培	紧凑型	甜玉米
1996	20 624		10 000	10 624			
1997	19 327		9 000	10 327			
1998	22 102		6 000	16 102			
1999	21 622		1 500	20 122		10 000	
2000	9 330			9 330	2 400	4 000	
2001	18 333			18 000	3 333	667	333
2002	16 000			15 000	5 333	2 000	1 333
2003	11 510			10 000	6 666	3 333	2 000
2004	16 995			15 000	8 666	5 333	2 667
2005	16 998			15 000	10 000	7 333	3 334

（三）大豆种植

大豆面积一般占粮豆面积的23%左右，产量占粮豆总产量的10%～15%。自1990年参加黑龙江省“丰收计划”竞赛，普及“良种匀植，双肥深施，防治病虫，不重不迎”的大豆综合栽培模式以来，使大豆每公顷产量突破了2 250千克。1994年，推行3 000千克/公顷综合技术4 333公顷，平均每公顷产量超计划384千克。1996年推广大豆垄三栽培技术，种植面积达13 535公顷，占大豆总面积的100%，平均每公顷产量2 400千克，增产308千克/公顷。2001年以来，推广高油、高蛋白大豆品种栽培技术3 333公顷，占大豆面积的23.8%，实现大豆每公顷产量2 475千克。大豆密植技术全部采用精量播种深松，分层施肥，窄行等技术，使每公顷产量达2 533.9千克。2005年大豆重迎茬防治技术，应用面积3 333公顷，占大豆面积17.8%。1986—2005年全县大豆主要生产技术及应用面积见表1-14。

表1-14　1986—2005年鸡东县大豆主要生产技术种植面积

单位：公顷

年份	大　豆					
	种植面积	传统	垄三技术	大垄密技术	高油高蛋白品种	大豆重迎技术
1986	17 205	17 205				
1987	16 255	16 255				
1988	14 432	114 432				
1989	13 258	13 258				
1990	14 341	12 341	2 000			
1991	14 645	8 645	6 000			
1992	13 833	4 833	9 000			
1993	16 103	4 000	12 103			

（续）

年份	大豆					
	种植面积	传统	垄三技术	大垄密技术	高油高蛋白品种	大豆重迎技术
1994	14 425		14 425			
1995	13 022		13 022			
1996	13 535		13 535			
1997	17 543		17 000	543		
1998	17 208		16 208	1 000		
1999	15 000		14 533	467		
2000	16 000		15 600	400		
2001	14 000		13 000	500	3 333	667
2002	13 300		11 333	667	4 000	1 333
2003	12 897		11 333	1 333	3 333	2 667
2004	22 171		12 000	2 667	3 333	6 000
2005	18 733		10 667	3 333	3 333	3 333

（四）烤烟生产

鸡东县种植烤烟的历史较早，一度成为富民强县的主要产业，形成了“龙头”对接烟户，企业对接市场的产加销一条龙的产业链。1988 年烤烟面积发展到 4 000 公顷以上，仅烤烟一项为财政增加收入 741 万元。下亮子乡烤烟种植 600 公顷，占耕地面积的 19.2%，创烟税 140 万元，乡财政收入 15.4 万元。1994 年，全县计划种植烤烟 4 000 公顷，新建暖室育苗大棚 7 处，双棚标准化育苗大棚 2 714 个，“四新”育苗率接近 95%，优良品种覆盖率达到 90%以上。烤烟移栽期集中，做到了不栽 6 月烟。烤烟生产开始向“少种、精管、优质、高效”方向发展。1995 年推广韩式种烟经验，落实“韩式田”410.5 公顷，占烟田面积的 9.7%；“韩式户”578 户，占烟农总数的 17%，长势及效益都为烟农所认可。烤烟总产 12.3 万担，均价 1.76 元，公顷收入 5 400 元，实现税收超千万元，获黑龙江省均价、税收、产值、面积 4 个第一。1996 年烤烟种植达到高峰，面积达到 4 667 公顷，总产 829.8 万千克，产值 3 983 万元。1988—1998 年，年均种烟面积 4 000 公顷，已形成“优良品种，统育分植、大垄稀植（垄宽 1 米、株距 60～65 厘米）、地膜覆盖、常年防治病虫害、平顶抹杈、成熟烘烤、准确分级”的模式化烤烟生产，烟农累计收入年均 263.2 万元。烟草企业年均实现利税 700 万元。1999 年以来，受国家产业结构调整的影响，鸡东县外销烤烟受阻，烟款难以兑现，影响烟农积极性，烤烟种植面积锐减，2000 年降到 1 043 公顷，是最高年份的 20%，2001 年更降到 580 公顷。

2002—2004 年，鸡东县的烤烟种植形成农户自主生产、科技含量低、经济效益低的局面。2005 年，牡丹江烟叶公司在鸡东县成立烟叶生产经营站，对烟叶生产实行统一管理，实施优良品种，统育分植，母床离地，大垄密植，同时进行测土配方施肥等措施，烟叶总产达 106.25 千克，实现税收 105 万元。1986—2005 年全县烤烟生产状况见表 1 - 15。

表 1-15　1986—2005 年鸡东县烤烟生产一览

年度	种植面积（公顷）	单产（千克/公顷）	总产（万千克）	均价（元/千克）	总产值（万元）	特产税（万元）	增值税（万元）
1986	2 827	2 003	566.25	1.76	996.6	386	
1987	3 159	1 575	497.54	2.16	1 074.7	426	
1988	4 013	1 763	707.49	2.64	1 867.7	741	
1989	5 106	1 770	903.76	1.80	1 626.8	644	
1990	4 076	1 590	648.08	2.24	1 451.7	597	
1991	4 867	1 238	602.53	2.50	1 506.3	603	
1992	3 909	1 350	527.71	2.50	1 319.3	528	
1993	3 833	1 950	747.43	3.28	2 451.6	806	61
1994	4 000	1 530	612	3.52	2 154.2	710	300
1995	4 000	2 130	852	4.60	3 919.2	1 216	1 000
1996	4 667	1 778	829.79	4.80	3 893	1 281	1 400
1997	4 387	2 138	937.94	3.98	3 733	1 200	1 000
1998	2 333	1 628	379.81	3.60	1 367.3	775	600
1999	2 678	900	241	3.24	780.8	156	400
2000	1 043	713	74.37	4.12	306.4	55	200
2001	580	750	43.5	4.00	174	34.8	
2002	250	1 500	37.5	4.00	150	30	
2003	350	1 500	52.5	4.00	210	42	
2004	567	1 575	89.30	4.40	392.9	78.54	
2005	567	1 875	106.31	5.40	574	114.75	

（五）万寿菊生产

2000 年，引进万寿菊生产项目，当年在永和、永安、东海、哈达 4 个镇试种 100 公顷，每公顷收入 12 000～15 000 元，显示良好的经济效益。2001 年引资 1 200 万元，建成年加工万寿菊鲜花 3 万吨生产能力的永和万寿菊加工厂，安装颗粒生产线。2003 年万寿菊种植面积发展到了 1 333 公顷，永和加工厂达产达效，满负荷生产。2001—2004 年，全县有 8 个乡（镇）种植万寿菊，面积累计 5 333 公顷，总产 9.5 万吨，生产万寿菊颗粒 9 000 吨，实现产值 4 920 万元，户均增收 1.1 万元。2005 年，万寿菊种植面积达到 2 667 公顷，县政府与山东诸城连春公司共投资 1 200 万元，在鸡东县万寿菊主产区向阳镇建成年加工 3 万吨生产能力的万寿菊加工厂。2001—2005 年全县万寿菊生产情况见表 1-16。

表 1-16　2001—2005 万寿菊生产情况一览

年份	面积（公顷）	产量（万吨）	产值（万元）
2001	667	1	560
2002	1 000	1.5	840
2003	1 333	3	1 120
2004	2 333	4	2 400
2005	2 667	5	3 000

（六）其他经济作物生产

1. 西香瓜 鸡东县西香瓜种植面积 5 300 公顷，形成了方虎公路和鸡密公路两个西香瓜经济带，建成西香瓜批发市场 3 个（石河北、三棵树、兴国村），永和镇、平阳镇、向阳镇、鸡东镇的种植面积逾千公顷，种植 100 公顷以上的村有 9 个。并且从品种上向新、奇、特发展，应用高新技术和反季节生产。1998 年从宁安引进瓢葫芦嫁接西瓜栽培技术，2000 年嫁接面积已达 700 公顷。2005 年平阳镇希贤村二膜西香瓜面积达 40 公顷，全县西香瓜嫁接面积已达 1 350 公顷。

2. 白瓜子 鸡东县白瓜子生产历史较早，但因品种质差，产量低，发展缓慢。1995 年从桦南白瓜子公司引进优质大板少杈白瓜子，使白瓜子生产迅速发展。到 2005 年，白瓜子种植面积已达 6 000 公顷，产值 3 000 万元。已形成千公顷白瓜子乡（镇）4 个、百公顷村 8 个，优良品种达 100%。全为订单农业，产销一条龙。

3. 甜菜生产 1988 年，鸡东县种植甜菜 1 350 公顷，产量 4.5 万吨，产值 600 万元。1996—1997 年，甜菜的种植面积达到 2 670 公顷，并普及了纸筒育苗移栽技术。但 1998 年以来，受市场大环境和糖厂生产下滑以致破产倒闭的影响，甜菜滞销，种植面积逐年下降。2000 年，甜菜种植面积 667 公顷，是最高年份的 25%；到 2005 年，甜菜种植面积仅存 206 公顷。2001—2005 年甜菜种植面积及产量见表 1 - 17。

表 1 - 17 2001—2005 年甜菜种植面积及产量

年份	面积（公顷）	总产（吨）
2001	1 333	34 985
2002	890	40 871
2003	605	15 880
2004	396	10 296
2005	206	5 358

4. 蔬菜生产 1986 年，鸡东县蔬菜总面积 569 公顷，其中，陆地蔬菜面积 458.7 公顷，地膜覆盖 23.3 公顷，棚室蔬菜面积 10.6 公顷。

1990 年，鸡东县在建设菜园子，丰富“菜篮子”工程中，通过建立基地、引进新品种、加强技术指导等措施，改变了品种单一，上市时间晚，价格高的问题，不但满足了城镇居民的需求，而且蔬菜生产成为农民致富的一门产业。

1991 年，鸡东县棚室保护地只有 3 个乡（镇），5 个村屯，30 公顷。1995 年发展到 15 个乡（镇），138 个村屯，176 公顷，占蔬菜总面积的 5.9%，产量由 1991 年的 660 万千克发展到 1995 年的 3 840 万千克。到 2000 年面积发展到 301.8 公顷，专业村也由 1995 年 15 个发展到 27 个，其中有 9 个村已形成产业化格局。品种由黄瓜、韭菜、蒜苗老三样变为间混套复十几个品种，生产周期也由一年一茬次变为周期生产多茬次。既有抢前延后的保本菜，还有主栽的效益菜。随着棚室生产面积的扩大，栽培技术也不断提高。大棚黄瓜嫁接，二氧化碳施肥、烟雾剂、茄子老株再生，番茄定向栽培，洋（圆）葱秋育苗春覆膜定植，覆二层膜栽培香椿、芽菜等，配方施肥，新品种不断更新，南菜北引，山菜家种，联棚种植，大棚扣小棚，立体栽培等新技术的应用，使蔬菜的早春生产提前，夏季生产不断，延后生产新鲜。韩国金塔辣椒的引种推广，订单回收，效益显著，是目前提取色素和加工出口的优良品种。

1998 年，鸡东镇建起节能日光温室 20 栋、5 000 平方米，引进国内外 30 多个特色品种，每公顷比普通棚室效益提高一倍。使蔬菜保护地形成了日光节能温室，普通温室，塑料大、中、小棚的格局。

随着农业结构的调整，陆地蔬菜种植面积也在直线增长。到 2000 年达到 3 333 公顷。已建成以平阳镇、向阳镇、鸡东镇和方虎路沿线为重点的绿色蔬菜基地 2 000 公顷和 5 个蔬菜批发市场。2005 年，全县蔬菜面积 5 667 公顷，总产量 32 万吨，商品量 25.8 万吨，占 80%，调出省外 1.3 万吨，占 4.1%。1991—2005 年棚室蔬菜面积也在不断增加，见表 1－18。

表 1－18　1991—2005 年棚室蔬菜发展情况

年份	总面积（公顷）	大棚			温室			节能日光温室		
		面积（公顷）	产量（万千克）	效益（万元）	面积（公顷）	产量（万千克）	效益（万元）	面积（公顷）	产量（万千克）	效益（万元）
1991	30	20	360	396	10	300	360	—	—	—
1992	100	80	1 440	1 584	20	600	720	—	—	—
1993	120	95	1 710	2 052	25	700	840	—	—	—
1994	160	135	2 700	2 990	25	750	900	—	—	—
1995	176	144	2 880	3 168	32	960	115.2	—	—	—
1996	235	200	3 600	3 600	35	1 050	1 260	—	—	—
1997	225.4	185.4	3 337.2	3 337.2	40	1 200	1 200	—	—	—
1998	258.5	213.5	4 653	3 722.4	45	1 350	1 080	0.5	17.5	17.5
1999	288.5	240.5	4 810	4 810	48	1 440	1 440	1.5	60	72
2000	301.8	250	5 000	5 000	50	1 500	1 500	1.8	108	129.6
2001	360	358.5	2 540	4 098	—	—	—	1.5	12.4	18.5
2002	370	368	2 595	4 212	—	—	—	2	16.8	23.8
2003	380	377	2 652	4 311	—	—	—	3	23	33
2004	390.2	387	2 974	4 509	—	—	—	3.2	26	37
2005	400.4	397	2 885	4 990	—	—	—	3.4	29	41

（七）果类生产

1. 浆果生产　鸡东县浆果生产主要以山葡萄、黑豆果为主的小浆果生产。1986 年，全县浆果定植面积 27.2 公顷，比 1985 年增长 10.2%，产果 186 吨，比 1985 年增长 16.7%。到 1990 年，全县种植浆果的有 117 个村、1 688 户，总面积达 36.5 公顷。产品由横道河果酒厂、桦川浓缩汁厂、牡丹江温春浓缩汁厂收购。1992 年，由于市场大环境的原因，果酒、果汁滞销，导致厂家停产，鸡东县又没有收购和加工能力，出现卖果难和欠果农款的现象。经县领导研究决定，1993 年，允许农户毁园，到 1994 年，山葡萄、黑豆果园告罄。

2. 仁、核果生产 鸡东县是黑龙江省农业科学院果树园艺所梨树品种试验基地之一。从1987年开始，省园艺所在鸡东县区域试验的优良梨树品种如龙香、伏香、1273、456、430及李子、葡萄等30多个。先后同省园艺分院、东北农业大学，牡丹江农科所挂靠，引进优良果树品种25个。到2000年，仁、核果类面积发展2 600公顷。其中，梨树1 800公顷，苹果667公顷，李子、杏、葡萄133公顷。分布在12个乡（镇）、89个村，已建成千公顷果树带1条，百公顷果树村6个，十公顷果树园36个。每年培训果农1 000余人次。2002年引进山葡萄优良品种"双丰"和"双红"，到2005年发展面积50公顷。

3. 其他生产

（1）菌类生产：鸡东县菌类生产以黑木耳、菇类著称。到1990年，木耳段已发展3 000万段。发展生态农业，采取保护和利用并举方针，天然木耳段稳定在3 000万段，不再增加。从辽宁朝阳食用菌研究所引进地摆木耳生产技术，利用锯末、农作物秸秆生产木耳途径增加农民收入。到2000年，全县地摆木耳已发展到300万袋，产值300万元；各种菇类面积已达1.3万平方米。2005年，菌类生产已向多品种发展，有黑木耳、平菇、滑菇、金针菇等10多个品种，滑菇已达30万平方米，金针菇1.2万平方米。同时引进加工厂，进行产、加、销一条龙服务。

（2）药材生产：鸡东县除利用南北山区自然资源采集大量野生药材外，1988年从内蒙古、河北等地引进龙胆草、黄芪、甘草、黄芩、林下参、平贝母等药材品种11个，到2005年，种植面积已发展到233公顷。

（八）种子和肥料

1. 种子

（1）种子繁育：鸡东县良种场是优良品种的繁育基地，通过种性筛选繁殖，提纯扶壮，加速更新换代，每年生产出足量、高产优质、抗逆性强的优良品种100万千克。1986—1990年，繁育水稻品种4个，以合江19为主；大豆品种5个，以合丰25为主；玉米品种3个，以四早6为主。1991—1995年县内繁育水稻品种6个，以上育397、东农419为主；大豆品种6个，以黑农37为主；玉米品种6个，以白单9、四单19为主。1996—2000年繁育水稻品种8个，空育131占30%；大豆品种8个，黑农37、绥农14占45%。2001—2005年繁育水稻品种8个，五优C占35%，松粳6占15%；大豆以黑农43、合丰45为主；繁育玉米7个品种，以龙单13、龙单16为主。

（2）种子引进、串换和调剂：抓住了种子的试验、示范和推广几个环节，确保引入的种子高产质佳、适应性强、无病虫害。1986年经试验、示范，证明吉字号玉米、合丰25大豆品种优质高产，于1987年在鸡东县大面积推广，并参与了高产攻关。

（3）品种的合理布局：根据地域和积温条件，合理调整农作物品种布局。第一积温区（活动积温2 500～2 550℃）玉米当家品种为龙单20、龙单23、龙单25、吉单27、吉单522，搭配品种四单113、龙单16。水稻超稀植品种通系103，水稻直播当家品种松粳6号、五优稻3号，搭配品种龙稻7号、垦稻10。大豆当家品种合丰25，搭配品种绥农10号。高粱同杂2号是当家品种。第二积温区（活动积温2 450℃左右），玉米当家品种龙单30、庆玉1号，搭配品种绿单1号。水稻超稀植当家品种松粳10号，搭配品种普选17，直播品种龙粳3号、合江16。第三积温区，玉米品种主要是新合玉11，水稻插秧品种龙粳 3 号、合江 19，直播品种垦稻 5 号。大豆品种黑河 9 号、合丰 35、合丰 47。把引进新、奇、特品种与发展壮大本地优质品种结合起来。全县各积温区品种分布见表 1－19。

表 1－19　全县各积温区农作物种子品种安排

作物	主栽与搭配	第一积温区 2 500 ℃以上	第二积温区 2 300 ℃～2 500 ℃	第三积温区 2 300 ℃以下
玉米	主栽	龙单 20、龙单 23、龙单 25、吉单 27、吉单 522	龙单 30、龙单 21、庆玉 1 号、龙单 16	垦玉 6、哲单 37
	搭配	四早 113、龙单 16	绿单 1 号、龙单 13	绿玉 7、东农 248
大豆	主栽	黑农 37、黑农 38、黑农 41、新合丰 25	黑农 43、合丰 41、绥农 16、垦农 5 号	合丰 35、合丰 47
	搭配	绥农 10、绥农 14、黑农 44	垦鉴 23、垦鉴 34、垦农 18、垦农 19	合丰 39
水稻	主栽	松粳 6、五稻 3 号	松粳 10 号、垦稻 12 号	空育 131、绥粳 4
	搭配	龙稻 7 号、垦稻 10 号	龙粳 14、普伏 17	上育 397
高粱	主栽	敖杂 1 号	同杂 2 号	

（4）加速品种更新换代：鸡东县每五年更新二次品种，1996—2005 年大量推广的品种有：水稻富士光、东农 419、龙粳 8、莎莎尼；玉米龙单 16、龙单 13、四早 11、东农 248；大豆合丰 25、合丰 35、合丰 39、黑农 37 及紫花油豆角、日本元葱、以色列无限生长番茄、美丰 110 番茄、美国万寿菊与大叶苏子等优质特色品种，全县优质品种率达 75%。

2. 土肥

（1）化肥施用：鸡东县化肥施用面积，1986 年为 53 333 公顷，占总播种面积的 88%；2000 年施用面积达到 66 667 公顷，比 1986 年增加 25%，占总面积的 98%，增加 10 个百分点。化肥施用量，1986 年为 8 878 吨，2000 年施用总量达 18 867 吨，比 1986 年增长 112.5%。单位面积平均施用化肥量，1986 年为 166 千克/公顷，2000 年为 283 千克/公顷，增长 70%。施用化肥品种，氮肥 9 150 吨，折纯氮（N）3 568 吨；磷肥 4 699 吨，折纯磷（P_2O_5）1 645 吨；钾肥 2 339 吨，折纯钾（K_2O）1 052 吨；复合肥 2 679 吨。2001 年，化肥消费总量 2 万吨左右，而到 2005 年化肥消费总量达 2.6 万吨，年增长率 6%。2005 年氮肥消费量 0.91 万吨，占全年消费总量的 35%；磷酸二铵消费 1.17 万吨，占总量的 35%；钾肥消费 0.13 万吨，占总量的 5%；复合肥及生物肥消费 0.39 万吨，占总量的 15%。氮磷钾的投入比例为 1∶0.45∶0.25，配比基本趋于合理（表 1－20）。

表 1－20　鸡东县化肥施用情况

项　　目	1986 年	2000 年	2005 年
施用面积（公顷）	53 333	66 667	82 000
施用量（吨）	8 878	18 867	26 000

（续）

项　　目		1986 年	2000 年	2005 年
单位面积施用量（吨）		166	283	70
氮肥施用量（吨）		4 306	9 150	9 100
磷肥施用量（吨）		2 210	4 699	11 700
钾肥施用量（吨）		1 099	2 339	1 300
折纯量（吨）	N	1 679	3 568	
	P_2O_5	773	1 645	
	K_2O	495	1 052	
生物肥施用量（吨）		30	180	600
复合肥施用总量（吨）		1 263	2 679	3 300
其中折纯量（吨）	N	189	401	
	P_2O_5	189	402	
	K_2O	189	401	

（2）测土配方施肥：1990 年，鸡东县广泛推广应用测土配方施肥，玉米 12 000 公顷，达到了科学施肥增产 27%的效果；1991—1995 年，应用 24 000 公顷；1996—2000 年达到 30 000 公顷；2001—2008 年达到 66 667 公顷，比 2000 年增长了 122%。据 2008 年大豆、玉米、水稻三大作物区考测，配方施肥均比经验施肥增产，其中，大豆每公顷增产 266 千克，增产率为 10.3%；玉米每公顷增产 826 千克，增产率为 8.4%；水稻平均每公顷增产 985 千克，增产率为 9%。

（3）微肥的应用：1986 年以来，扩大植物生长调节剂和微量元素肥料应用，如多元液体复合肥、喷施宝、叶面宝、碧全植物健生素、多元微肥、锌宝、铜酸微复肥、有机肥等，皆显示了增产效果。1999 年全县应用美国惠满丰活性液肥 5 000 公顷，使玉米每公顷增产 730 千克，平均增产 10.16%；大豆每公顷增产 353 千克，增 16.4%；水稻每公顷增产 1 604 千克，平均增产 22.9%。总增产玉米 48.65 万千克、大豆 35.33 万千克、水稻 534.72 万千克。

（4）秸秆还田：2001 年，农作物秸秆、根茬还田面积 24 000 公顷，到 2005 年已达到 33 333 公顷，占耕地面积的 43%。

（九）植物保护

1. 主要病虫及发生程度　对鸡东县农作物为害最大的病虫害有水稻恶苗病、立枯病、稻瘟病，玉米丝黑穗病及玉米螟、大豆食心虫、水稻潜叶蝇、负泥虫与地下害虫。1988—2000 年玉米丝黑穗病为中等偏重发生，2000 年大豆蚜虫、稻瘟病为中等偏重发生，其他病虫害为中等偏轻发生。2004—2005 年稻瘟病、玉米烂心病、玉米丝黑穗病发生较重，其他病虫害为中等偏轻发生。

2. 病虫害的防治

（1）地下害虫：1986—2000 年，每年发生地下害虫为害面积在 33 333 公顷左右。1986—1995 年主要采取辛硫磷拌种，防治面积为发生面积的 20%，为害较重。1995 年后推广应用种子包衣技术，每年面积 20 000 公顷。到 2005 年使用种子包衣技术面积达 46 667 公顷。

（2）其他害虫：水稻潜叶蝇、负泥虫、大豆蚜虫、食心虫等虫害每年发生面积 4 000 公顷次，采取 40%氧化乐果与菊酯类农药混用，防治面积 26 667 公顷次。对玉米螟，1995 年以前采用辛硫磷颗粒剂，1996 年后采用高压汞灯诱杀办法，防治面积达 70%以上，防治效果达 76%。

（3）水稻恶苗病、立枯病：采用水稻旱育技术后，水稻恶苗病、立枯病成为水稻生产主要病害。1986 年以来，对水稻恶苗病采用多菌灵浸种，防效效果在 90%左右。1995 年病害抗药性增强，防效效果降到 50%左右。1996 年以来大面积推广使用恶苗灵，901 浸种技术，防效效果达 93%～95%，2001 年采用施宝克浸种技术，防效效果提高到 97%。到 2005 年 90%已被安全性好、防效效果高的咪鲜胺农药所代替。对水稻立枯病采用农用硫酸、敌克松防治，防效效果 70%。1996 年以后转为应用壮秧剂，克枯星、立枯一次净混用技术，防效效果达 95%。2000 年应用有机壮秧剂（生物制剂）5 333 公顷，到 2005 年，由苗床喷洒福·甲合剂防治立枯病技术被高营养壮秧剂（沃必达、沃地佳）所取代，更好地防治了立枯病的发生。

（4）水田化学除草：1986—1995 年主要采用丁草胺、农得时、禾大壮，除草防效达到 89%。1996 年采用神锄、马歇特与苄嘧磺隆混用，平均防效为 97%。1997 年以来，水田杂草谱遍发生变化，三棱草、稻李氏禾、葡萄剪股颖等一些恶性杂草发生较重，相应地采用了灭二水剂、丙草胺、阿罗津、稻杰、韩乐天等药剂防控，有效地防除了杂草。

（5）旱田化学除草：旱田化学除草面积逐步扩大、防除效果逐步提高。面积由 1986 年的 3 000 公顷，扩大到 2000 年的 40 000 公顷，2005 年发展到 50 000 公顷。防除效果由 82%增至 93%。防治药剂由以杂草焚、拿扑净等高成本的苗后除草剂，转变为乙草胺、嗪草酮、噻吩磺隆等高效的苗前封闭除草药剂。

（6）综合防治：1991 年以来推广病虫害综合防治办法，使病虫害减少了为害程度。草害每年发生面积 46 667 公顷次，防治 46 667 公顷次；病害每年发生 40 000 公顷次，防治 33 333 公顷次；虫害每年发生 40 000 公顷次，防治 30 000 公顷次。

第五节　耕地保养管理的简要回顾

历年来，鸡东县对耕地保养管理工作极为重视，1958 年和 1984 年开展过两次土壤普查工作，1989—2000 年开展了耕地培肥达标竞赛工作，2001 年，实施鸡东县耕地地力分等定点试验工作，并且在全县建有 30 户土壤长期定位监测点，对土壤养分变化动态进行监控。通过以上工作，摸清了全县耕地土壤理化性状，对指导当时当地农业生产和平衡施肥技术、中低产田的改善与改良、生态农业建设、商品粮基地建设、标准粮田建设；农业综合开发等重大项目起到了积极的促进作用。

2006 年，在农业部、黑龙江省土壤肥料管理站的支持下，鸡东县作为全国第二批耕地地力调查与质量评价工作试点单位。开展了耕地地力调查与质量评价工作。本次调查与第二次土壤普查相比，有如下特点：一是技术先进，二是布点合理，三是调查细致。

本次调查按照《耕地地力调查与质量评价规程》要求，制定了《耕地地力评价标准》《土壤环境评价标准》。编写了《鸡东县耕地地力调查与质量评价工作报告》《鸡东县耕地地力评价与土壤改良利用报告》《鸡东县耕地地力评价与平衡施肥报告》《鸡东县（大豆、玉米）作物适应性评价报告》《鸡东县耕地地力评价与土壤侵蚀状况及防治报告》《鸡东县耕地地力评价与种植业布局报告》等专题报告。

第二章　耕地地力评价技术路线

本次耕地地力评价是根据所在地区特定气候区域以及地形地貌、成土母质、土壤理化性状、农田基础设施等要素相互作用表现出来的综合特征，揭示耕地潜在生产能力的高低。通过耕地地力评价，可以全面了解鸡东县的耕地质量现状，合理调整农业结构；生产无公害农产品、绿色食品、有机食品；针对耕地土壤存在的障碍因素，改造中低产田，保护耕地质量，提高耕地的综合生产能力；建立耕地资源数据网络，对耕地质量实行有效的管理等提供科学依据。

第一节　资料准备

资料准备包括图件资料、文件资料和数字资料 3 种。

一、图件资料

本次耕地地力调查主要收集了《鸡东县行政区划图》《鸡东县土壤图》（第二次土壤图普查的制图）《鸡东县土地利用现状图》，由于鸡东县地形属于低山丘陵地带，所以又增加了《鸡东县地形图》用于对坡度、坡向和海拔高度等地力评价指标的提取。

二、文本资料

本次调查主要应用到了第二次土壤普查编写的《鸡东县土壤》《鸡东县农业区划》《黑龙江土壤》《黑龙江土种志》《鸡东县水资源报告》《鸡东县志》1989 年版和新版县志的初稿等。

三、数字资料

本次调查涉及了大量的调查数据和历史数据的统计分析，安排专人负责数据的收集整理工作。共涉及水利、气象、统计、农业、林业、国土等多个部门，同时也对第二次土壤普查的数据进行了系统的整理。水利方面主要调查了鸡东县河流分布、水资源现状、地下水位等相关数据；气象方面主要调查了近 20 年的日照时数、降水量、大风天气和气温的数据；统计方面主要调查了 1965 年以来的部分粮豆薯播种面积、产量和近几年的农业种养殖等方面的详细数据；农业方面主要调查了近 3 年粮食单产、总产、施肥量变化、土壤性状和近年试验等方面数据；林业方面主要调查了林地分布情况和退耕还林面积方面的数据；土地方面主要调查了耕地、园地、林地、牧草地、居民点及工矿用地、交通用地、水域用地、未利用土地等分布和面积等数据。

第二节　技术准备

一、确定耕地地力评价因子

耕地地力评价因子的选择应考虑到气候因素、地形因素、土壤因素、水文及水文地层和社会经济因素等；同时农田基础建设水平对耕地地力影响很大，也应当是构成评价的因素之一。本次评价工作侧重于为农业生产服务，同时遵循选择评价因素重要性原则、差异性原则、稳定性原则、易获取原则、必要性原则、精简性原则等，选取的因子对耕地生产力有较大的影响；选取的因子在评价区域内的变异较大，便于划分等级。基于以上考虑，根据全国耕地地力调查评价指标体系，结合鸡东县实际情况，组织专家进行选取，共选择4个层面、10个评价因子。土壤养分包括速效钾、有效磷；理化性状包括pH、质地、有机质；剖面性状包括剖面构型、耕层厚度；立地条件包括坡向、坡度、海拔。每一个指标的名称、释义、量纲、上下限等定义如下：

（1）速效钾：土壤中容易为作物吸收利用的钾素含量，量纲表示为毫克/千克，属于戒上型函数。

（2）有效磷：耕层土壤中能供作物吸收的磷元素的含量，量纲表示为毫克/千克，属于戒上型函数。

（3）pH：土壤酸碱度，代表土壤溶液中氢离子活度的负对数，无量纲，属于峰型函数。

（4）质地：土壤中各种粒径土粒的组合比例关系称为机械组成，根据机械组成的近似性，划分为若干类别，称之为质地类别。分为松沙土、紧沙土、沙壤土、轻壤土、中壤土、重壤土、轻黏土、中黏土、重黏土，无量纲，属概念型函数。

（5）有机质：土壤中除碳酸盐以外的所有含碳化合物的总含量，量纲表示为克/千克，属于戒上型函数。

（6）剖面构型：自地表向下直到土壤母质的垂直切面所显示出的土壤层次的组合形态，无量纲，属于概念型函数。

（7）耕层厚度：耕种土壤表层的厚度，该层土壤质地疏松、结构良好，有机质含量较多，是作物根系主要活动层，量纲表示为厘米，属于戒上型函数。

（8）坡向：地表坡面所对的方向，无量纲，属于概念型函数。

（9）坡度：山坡的倾斜角度，通常用坡面于水平面所形成的两面角来表示，量纲表示为度，属于戒下型函数。

（10）海拔：平均海平面以上的垂直高度，量纲表示为米，属于戒下型函数。

二、确定评价单元

耕地评价单元是由耕地构成因素组成的综合体。本次评价根据《测土配方施肥技术规范》的要求，用土地利用现状图、土壤图叠加形成的图斑作为评价单元。土地利用现状图、土壤图，先矢量化，然后叠加复合生成评价单元图斑，然后进行综合取舍，形成评价单元。这种方法的优点是考虑全面，综合性强，形成评价单元。同一评价单元内土壤类型相同、土地利用类型相同，既满足了对耕地地力和质量做出评价，又便于耕地利用与管理。本次鸡东县耕地地力调查共确定形成评价单元 3 741 个。

第三节 耕地地力评价

鸡东县耕地地力评价技术流程见图 2-1。

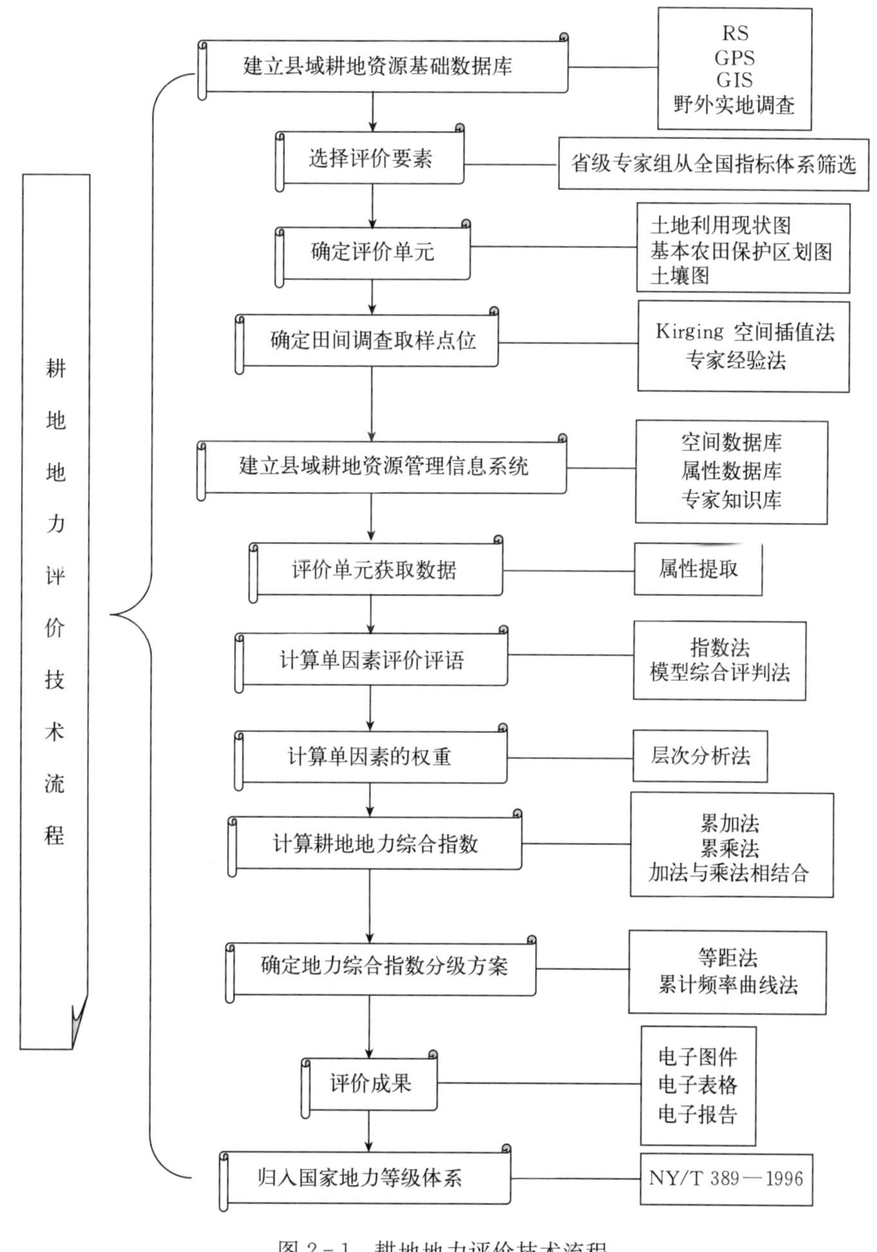

图 2-1 耕地地力评价技术流程

一、评价单元赋值

根据各评价因子的空间分布图或属性数据库，将各评价因子数据赋值给评价单元。

对点位分布图采用插值（或赋值）的方法将其转换为栅格图，再与评价单元图叠加，通过加权统计给评价单元赋值；对矢量分布图（如土壤质地分布图），将其直接与评价单元图叠加，通过加权统计、属性提取给评价单元赋值；对线形图（如等高线图），使用数字高程模型，形成坡度图、坡向图等，再与评价单元图叠加，通过加权统计给评价单元赋值。

二、确定各评价因子的权重

采用专家法（特尔斐法）对确定评价指标进行权重的评定，通过层次分析法进行一致性检验，目标层、准则层和总体检验均获得一致性通过，结果见图 2－2。层次分析结果见表 2－1。

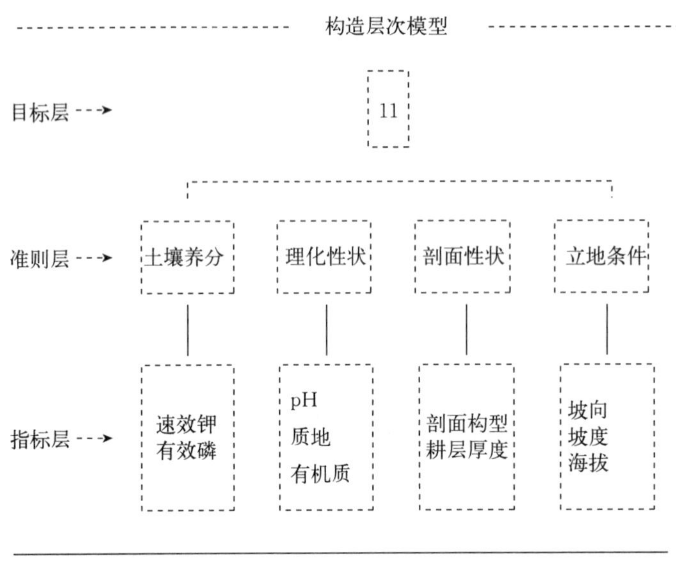

图 2－2　构造层次模型

表 2－1　层次分析结果

层次 A	层次 C				
	土壤养分 0.331 7	理化性状 0.278 5	剖面性状 0.120 1	立地条件 0.269 7	组合权重 $\sum C_iA_i$
速效钾	0.500 0				0.165 9
有效磷	0.500 0				0.165 9
pH		0.146 5			0.040 8

（续）

层次 A	层次 C				
	土壤养分 0.331 7	理化性状 0.278 5	剖面性状 0.120 1	立地条件 0.269 7	组合权重 $\sum C_iA_i$
质地		0.235 7			0.065 7
有机质		0.617 8			0.172 1
剖面构型			0.100 0		0.012 0
耕层厚度			0.900 0		0.108 1
坡向				0.337 7	0.091 1
坡度				0.320 5	0.086 4
海拔				0.341 8	0.092 2

注：本报告由《县域耕地资源管理信息系统 V3.2》分析提供。

三、确定各评价因子的隶属度

对定性数据采用特尔斐法直接给出相应的隶属度；对定量数据采用特尔斐法与隶属函数法结合的方法确定各评价因子的隶属函数，将各评价因子的值代入隶属函数，计算相应的隶属度。

（一）速效钾

1. 专家评估　速效钾隶属度评估见表 2-2。

表 2-2　速效钾隶属度评估

速效钾（毫克/千克）	10	90	100	120	150	180	210	250	300
隶属度	0.35	0.5	0.52	0.6	0.7	0.8	0.9	0.95	1

2. 建立隶属函数　土壤速效钾隶属函数见图 2-3。

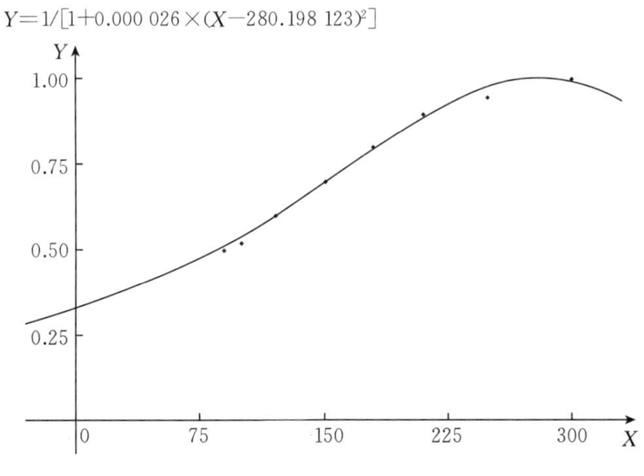

$Y=1/[1+0.000\ 026\times(X-280.198\ 123)^2]$

图 2-3　土壤速效钾隶属函数曲线

（二）有效磷

1. 专家评估　有效磷隶属度评估见表 2－3。

表 2－3　有效磷隶属度评估

有效磷（毫克/千克）	1	5	10	15	20	25	30	35	40	60	80
隶属度	0.5	0.55	0.6	0.65	0.7	0.75	0.8	0.85	0.91	0.99	1.00

2. 建立隶属函数　土壤有效磷隶属函数曲线见图 2－4。

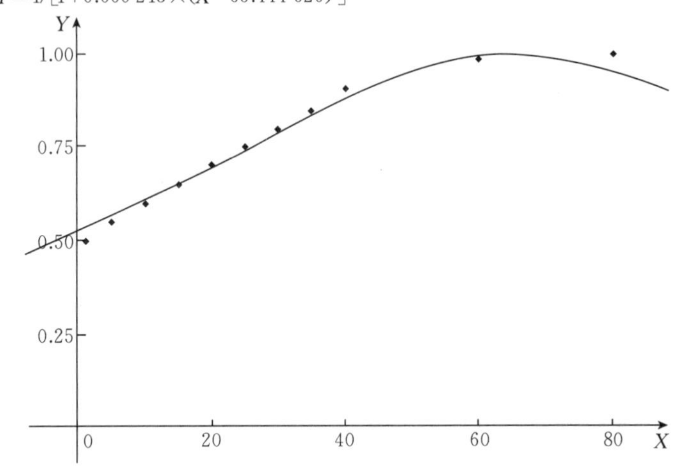

图 2－4　土壤有效磷隶属函数曲线

（三）pH

1. 专家评估　pH 隶属度评估见表 2－4。

表 2－4　pH 隶属度评估

pH	4.0	4.5	5.0	5.5	6.0	6.5	7.0	7.5	8.0	8.5	9.0
隶属度	0.40	0.50	0.60	0.75	0.88	0.95	1.0	0.97	0.90	0.78	0.63

2. 建立隶属函数　土壤 pH 隶属函数曲线见图 2－5。

（四）质地

土壤质地隶属度评估见表 2－5。

表 2－5　质地隶属度评估

质地	重壤土	轻黏土	中黏土	轻壤土	沙壤土
隶属度	1.00	0.90	0.85	0.80	0.70

（五）有机质

1. 专家评估　有机质隶属度评估见表 2－6。

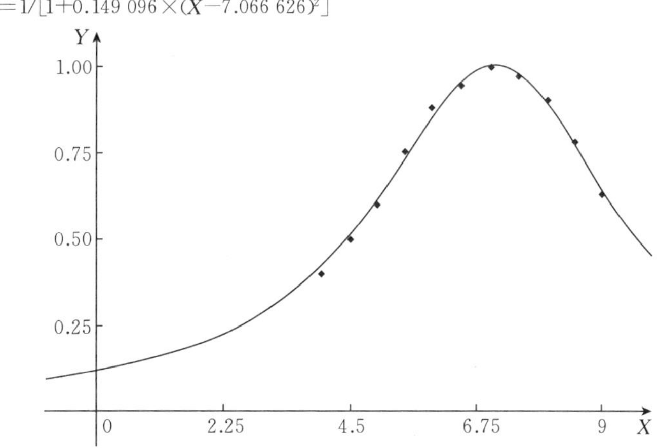

图 2-5　土壤 pH 隶属函数曲线

表 2-6　有机质隶属度评估

有机质（克/千克）	10	15	20	25	30	40	50	60	70	80
隶属度	0.78	0.83	0.84	0.88	0.90	0.93	0.95	0.97	0.98	1.00

2. 建立隶属函数　土壤有机质隶属函数曲线见图 2-6。

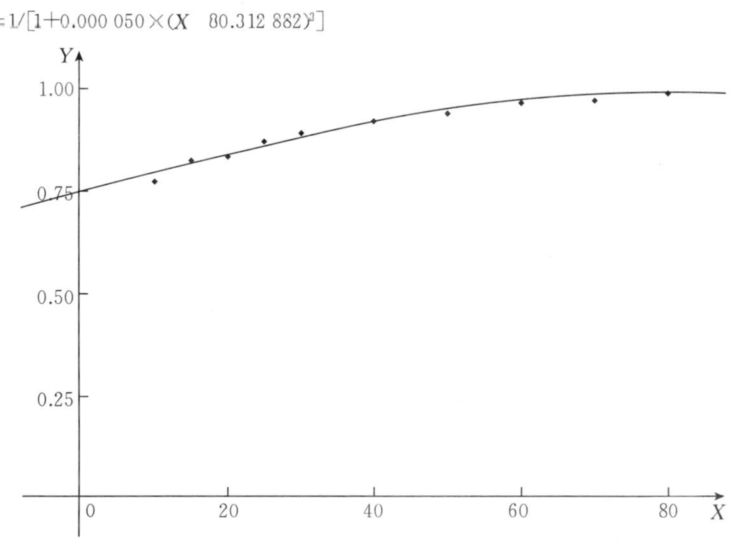

图 2-6　土壤有机质隶属函数曲线

（六）剖面构型

剖面构型及其评分见表 2-7。

表 2-7 剖面构型及其评分

剖面构型	评分	剖面构型	评分
Ap-BC-C	1.00	Aa-AC-C	0.75
A11-AC-B-C	0.99	A11-Ag-B-C	0.70
AT-A1-G	0.96	A11-B-D	0.65
AH-A-G	0.94	AH-A-G	0.60
AH-G	0.90	A-P-B1-B2	0.55
A-P-W	0.85	A11-B-BC-C	0.50
Aa-A1-B	0.80	A11-Am-B-C	0.45

(七) 耕层厚度

1. 专家评估 耕层厚度隶属度评估见表 2-8。

表 2-8 耕层厚度隶属度评估

耕层厚度（厘米）	10	14	18	22	24	26	28	34	38
隶属度	0.72	0.79	0.85	0.88	0.91	0.93	0.95	0.99	1

2. 建立隶属函数 土壤耕层厚度隶属函数曲线见图 2-7。

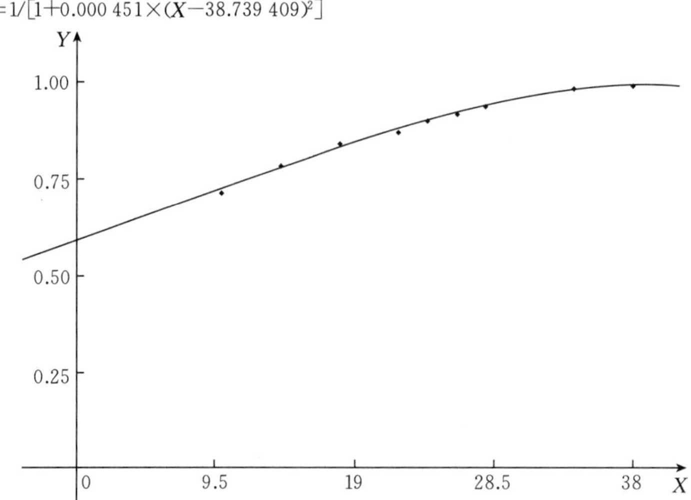

图 2-7 土壤耕层厚度隶属函数曲线

(八) 坡向

坡向隶属度评估见表 2-9。

表 2-9 坡向隶属度评估

坡向	南	东南	东 & 西南	东北	西 & 西北	北
隶属度	1.00	0.98	0.7	0.6	0.5	0.4

（九）坡度

1. 专家评估　坡度隶属度评估见表 2－10。

表 2－10　坡度隶属度评估

坡度（°）	4	3.2	2.8	2.4	2.0	1.6	1.2	0.8	0.4	0
隶属度	0.57	0.66	0.70	0.75	0.80	0.85	0.89	0.93	0.97	1.00

2. 建立隶属函数　坡度隶属函数曲线见图 2－8。

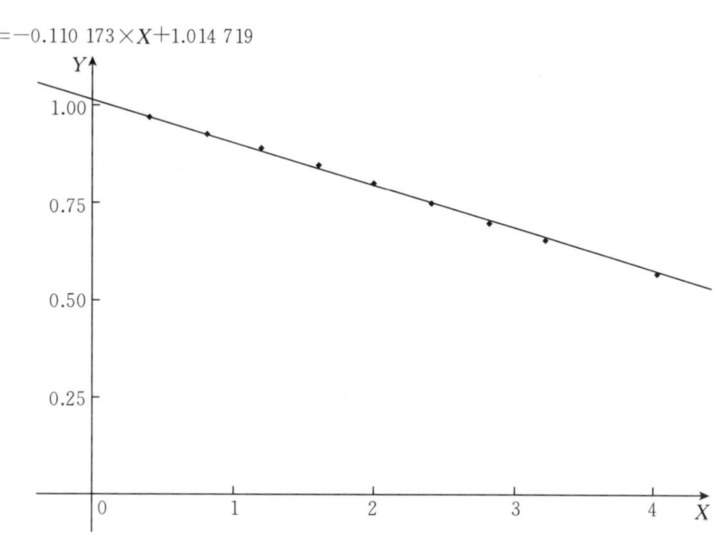

图 2－8　坡度隶属函数曲线

（十）海拔

海拔隶属度评估见表 2－11。

表 2－11　海拔隶属度评估

海拔（米）	142	167	192	217	242	267	293	340	370	398
隶属度	1.00	0.98	0.94	0.90	0.86	0.80	0.77	0.70	0.65	0.60

四、计算耕地地力综合指数

采用累加法计算每个评价单元的综合地力指数。

$$IFI = \sum (F_i \times C_i)$$

式中：IFI——耕地地力综合指数（Integrated Fertility Index）；

F_i——第 i 个评价因子的隶属度；

C_i——第 i 个评价因子的组合权重。

五、土壤样品化验项目及方法

分析项目：pH、有机质、全磷、全氮、全钾、碱解氮、有效磷、速效钾、有效铜、有效锌、有效铁、有效锰，分析方法见表 2－12。

表 2－12　土壤样本化验项目及方法

分析项目	分析方法
pH	酸度计法
有机质	浓硫酸-重铬酸钾法
全氮	消解蒸馏法
碱解氮	碱解扩散法
有效磷	碳酸氢钠-钼锑抗比色法
全钾	氢氧化钠-火焰光度法
速效钾	乙酸铵-火焰光度法
有效铜、有效锌、有效铁、有效锰	DTPA 提取原子吸收光谱法
全磷	氢氧化钠-钼锑抗比色法

第三章　耕地立地条件、土壤分类及农田基础设施

第一节　耕地立地条件

第二次土壤普查对鸡东县土壤的形成、分布和分类，以及从土类、亚类、土属和土种都做了系统的阐述，现小结如下：

一、土壤形成的因素

土壤是个历史自然体。它的形成和发育是生物因素和非生物因素相互作用的结果，其实质是生物有机体和岩石之间物质和能量的交换，这种交换使土壤有其自身的发生发展过程。土壤就是在气候、地貌、母质、植被以及人为因素的影响下，随着时间的推移，而形成和不断发展的。

二、地　　貌

鸡东县地处完达山支脉与老爷岭余尾相交处。地形南北狭长，似纺锤形。地势南北高，中间低洼。地貌可分为低山丘陵、丘陵漫岗和冲积平原 3 种类型，形成两山夹两岗，两岗夹平原的地貌特点。根据土壤普查统计数字计算，山地约占总面积的 66%，岗地约占 24%，平原约占 10%，全县地貌概括为“七山二岗一平地”。

鸡东县南部和北部地貌类型相同，为低山丘陵。山地面积 157 586 公顷，占全县总土地面积的 56.5%，是主要林业生产基地。北部最高峰为双芽山，海拔 763 米，附近有草帽顶子山、尖山、西大坡、西大埨；海拔 881 米附近有红叶山、老秃山、迎面山、万宝山、姜顶子山、洞子沟横背山、东道岭子南山、尖山子、兔老婆岭、象山等。

鸡东县丘陵漫岗位于南北低山丘陵与中部穆棱河冲积平原的中间地带，平均海拔高度 150～250 米，自然比降 1/100～7/30。该区岗平谷宽、坡岗缓长，农业开发早，耕地比较集中连片，是鸡东县主要旱作区。

穆棱河冲积平原位于鸡东县中部。地形开阔平坦，地势缓缓向东倾斜，平均海拔高度为 43～179 米，自然比降 1/1 500～1/1 000。该区土壤肥沃，水源充足，是鸡东县主要水稻产区。

上述不同的地貌类型可以在很大范围内，通过影响气候、生物条件的变化而影响土壤发生类型的地理分布。如低山丘陵区土壤，夏季降水较为充沛，植被覆盖度较高。在坡度较大，排水条件较好的情况下，受五大成土因素的综合影响，土体中具有较强的物质淋溶过程，成土的暗棕壤过程占主导地位，最终形成了各种类型的暗棕壤。而在穆棱河冲积平

原区，由于地质构造的变迁和河流泛滥堆积的作用，承受了丘陵漫岗区大量的冲积物质，形成了深厚的沉积层。土地平坦，水文条件好，草甸植物生长繁茂，因而分布着草甸河淤土和草甸土。

三、成土母质

鸡东县的低山丘陵、丘陵漫岗和冲积平原3种地貌类型，由于水热条件的不同，风化壳地球化学类型（属于饱和硅铝型风化壳）的不同，使成土母质形成残积和坡积、冲积-洪积、沉积和淤积等系列。

（一）残积物和坡积物

鸡东县山地土壤的成土母质主要是各种残积物和坡积物，是由火山侵入岩和喷出岩风化而成。

残积母质的特性受原生基岩的岩性影响很大。鸡东县原生基岩可分为两类。一类是酸性岩类，有花岗岩、片麻岩、流纹岩、安山岩等，其中以花岗岩分布最广，其次是片麻岩，流纹岩和安山岩分布较少。这类岩石的化学成分特点是SiO_2含量很高，出现过饱和的SiO_2-石英（含量大于20%）；在矿物组成中SiO_2一般占60%～70%，三氧化物占20%～30%，CaO、MgO含量小于5%，pH为5.0～5.7，盐基饱和度在40%左右，通常这类岩石风化物的黏粒（<0.001毫米）含量≤5%，物理黏粒（<0.01毫米）≤15%，机械组成也不均一。发育在这类母质上的土壤，质地粗糙，沙砾较多，养分缺乏，pH多为酸性。另一类是基性岩类，以玄武岩分布最广。这一类岩石酸碱反应近中性，盐基近饱和。矿物组成中，SiO_2含量较少，为40%～52%，基本上达到饱和，故不含石英；此外还有三氧化物，占25%～30%；CaO、MgO含量都在20%以上，微量元素含量也比较丰富。玄武岩风化物的质地细腻黏重，盐基性物质较多，营养丰富，多为砾质重壤土。

山坡及坡脚处的土壤母质多为坡积物，发育在这类母质上的土壤主要有沙石质暗棕壤和白浆化暗棕壤。

（二）冲积-洪积物

这类成土母质多分布于山麓地带和沟谷出口处，厚度2～12厘米，质地黏重，多为重壤土至轻黏土。其中粗粉沙平均占40%以上，略高于粉沙部分（平均35%以下）。黏粒含量30%左右，物理黏粒为60%～70%。1米以下的土壤母质层容重在1.40克/立方厘米以上，总孔隙度为42.6%～46.0%，透水性弱，持水性强，pH为6.0～6.5，盐基饱和度在90%以上。这类母质有的称为黄土状黏土，基本上不含$CaCO_3$，与松嫩平原黑土的黄土状黏土母质在成分和性质上有所不同。发育在这类母质上的土壤主要有草甸暗棕壤和白浆土。

（三）河湖相沉积物和近代河流淤积物

河湖相沉积物堆积十分深厚，一般为40～50米，大部分为黏土。上层厚1.5～3.0米，属轻黏土，物理黏粒为55%～70%，其中黏粒占35%～40%。在此深度以下，有时出现沙层。这类母质，质地黏重，透水性差，加之地势低洼，排水不畅，沼泽化和潜育白浆化比较发育，这类母质pH为5.0～6.0，盐基饱和度75%～85%，矿物全量组成中含有多量的胶体矿物，以无定型水铝英石为主，其余的有水云母、含水针铁矿，多水高岭石，稍显晶形的蒙脱石和石英等。

现代河流淤积物分布在穆棱河两岸。由于受母质来源和气候的影响，分布在鸡东县的河流淤积物属无碳酸盐淤积物。淤积厚度不等，层次错综复杂，具有明显的沙黏交替的层次。但化学性质相近，除个别例外，盐基皆近于饱和，pH 在 5.8～6.8，无石灰反应。在这类母质上发育着各种不同类型的河淤土。

四、地表水与地下水

鸡东县位于穆棱河中上游，境内河流较多，水资源丰富。主要河流有穆棱河及其一级支流黄泥河，哈达河、滴道河、大石头河、小石头河、半截河、锅盔河、水曲柳河等，各主要河流特征见表 3－1。

表 3－1　鸡东县主要河流特征

河流名称	流域面积（平方千米）	高差（米）	河长（千米）		平均比降	弯曲系数
			河段长	距河源		
穆棱河	324.3	33	48.0	—	1/1 430	0.55
滴道河	527.3	200	32.8	50.3	1/170	0.60
哈达河	542.7	231	48.0	48.0	1/210	0.60
锅盔河	245.0	207	24.0	42.0	1/116	0.70
石头河	468.5	200	76.7	76.7	1/380	0.70
黄泥河	772.4	200	77.6	77.6	1/380	0.70
水曲柳河	134.7	150	16.0	16.0	1/168	0.70
半截河	253.8	107	32.3	32.3	1/320	0.70

穆陵河发源于穆棱县窝集岭，流经穆棱、鸡西、鸡东、密山、虎林，注入乌苏里江，全长 334 千米，流域面积 17 600 平方千米。流经鸡东县境内河长 48 千米，流域面积 3 243 平方千米。穆凌河水系的 8 条一级支流合计长度 307.4 千米，流域面积 2 944.4 平方千米。受气候和地形的影响，鸡东县水系网较密，全县河流而积为 36.93 平方千米，多年平均径流总量达 4.34 亿立方米，多年平均径流深 140 毫米。

鸡东县水文地质条件受地质、地貌等自然因素的控制和影响，有不同的特点。

穆棱河冲积平原区，覆盖层平均厚度为 2.43 米，土质为沙壤土和亚黏土。以冲积孔含水层为主，厚度为 17～26 米。地下水 pH 为 6.76，水质为重硫酸钙镁水，矿化度 0.2 克/升。丘陵漫岗区，覆盖层 2～5.5 米。水文地质包括冲积孔含水层和煤系地层裂隙水水层，厚 3.5～94.8 米，地下水位年际变化幅度 2～3 米，一般洋井单井涌水量 6.34 立方米/时。水质为重碳酸钙、硫酸钙镁水，矿化度 0.165 克/升。低山丘陵区，受地质和地貌等自然因素的控制和影响，地下水埋藏条件比较复杂。沿河两岸以孔隙潜水层为主，含水层厚 3.5 米左右，洋井单井涌水量 20 立方米/时。山地斜坡地段以煤系地层沉积岩风化裂隙潜水层为主，地下水位埋深 7 米左右，洋井单井涌水量 10～20 立方米/时。山地岗梁地段以花岗岩风化裂隙潜水层为主，只在凹兜处有地下水存在，水量很少。根据黑龙江省煤炭工业管理局地质局一〇八地质勘探队水文钻孔资料和鸡东县打井资料，进行了初步估算，鸡东县地下水净储量为40.1亿立方米，可开采量每年2.16亿立方米，其中丘陵漫岗区0.72亿立方米，冲积平原区1.44亿立方米。全县总补给量每年4.8亿立方米，是开采量的2倍。由此可见，鸡东县地下水资源是非常丰富的。

五、植　　被

鸡东县的植物种类组成属于长白植物区系。由于该区气候温和，夏季多雨，植物生长期较长，自然条件较好。所以植物种类丰富，植被类型复杂多样，并伴随着地貌和地势的变化，由山区向平原区有明显的变化，一般低山区为云、冷杉-柞桦-灌丛草甸群落；丘陵漫岗为次生柞桦-疏林草甸-杂类草草甸群落；平原区则为疏林草甸-丛桦、沼柳-小叶樟杂草类群落。

鸡东县的南北低山丘陵区，由于在旧社会遭受破坏，加之新中国成立以后不合理的采伐，致使原始林木极少。目前所存多为柞、桦、杨次生林，林下主要进行着暗棕壤化过程，发育着不同类型的暗棕壤。该区主要树种有云杉、冷杉、柞树、椴树、山杨、黑桦、白桦、榆树、水曲柳、黄菠萝、核桃楸等，构成杂木林、柞木林和杨桦林。在沟川河溪两侧生长着小叶樟、薹草及杂草类。

鸡东县丘陵漫岗区可垦荒地大部分为农田，故原始植被已不多见。目前见到的荒地植被多为次生柞树-榛柴-蒿类群落。其中常见木本植物有柞树、丛桦、山杨、榛柴、胡枝子等。草本植物有小叶樟、蒿类等。在农田常见杂草有稗草、狗尾草、青蒿、苍耳、苣买菜、刺儿菜、问荆、苋菜、灰菜、蓼吊子、鸭舌草等。在这类植被上发育的土壤有白浆土和草甸土类。

鸡东县穆棱河冲积平原区的低洼地上生长着大量的沼泽植被，主要有乌拉薹草、塔头薹草、毛果薹草、漂筏薹草等。构成了薹草-小叶樟、乌拉薹草，毛果薹草、漂筏薹草群落。在这样植物群落的洼地上，由于常年积水，形成各种沼泽土壤。生长在河漫滩上的主要植被为杂草类草甸及湿生性小叶樟杂草类草甸。主要形成各种类型的草甸土。

上述情况表明，植被与土壤的形成是密切相关的，它是土壤形成的重要因素。不同土壤生长着不同的植被，不同植被反映着不同的土壤属性，并对土壤形成产生不同的影响。当茂密的原始森林被采伐后，疏林草甸和草甸植被随之侵入，草甸沼泽化过程得到了发展。随着原来林木下土壤腐殖质层的不断加厚，土壤蓄水能力的加强，在土壤长期处于过湿的状态下，还原过程占据优势，使土壤向白浆化、沼泽化方向发展。在相反的情况下，当沼泽植被为湿生或半湿生植被侵入或代替时，草甸沼泽化过程受到抑制，为桦、杨和落叶松等植物着生提供了条件，草甸将逐渐为森林所代替，使土壤随着生物排水过程的加强，又逐步向棕壤化方向发展。可见，植被类型的更替是土壤形成过程及类型更替的直接动力。这种以植被类型更替为动力所引起的土壤类型的变化，甚至可在几十年的较短时间内表现出来。

六、人为因素对土壤的影响

人为活动对土壤形成的影响是巨大的和多方面的。不少自然土壤在开垦之后，通过人类耕作活动，有目的的控制土壤，发展有益的一面，克服不利的方面，使之朝着有利于农业生产的方向发展。这种人为因素的影响，无论在速度或深度方面，都远远超过了自然因素的影响。反之，违背客观规律的人为活动，会使生态环境不断恶化，水土流失日趋严重，土壤资源遭受破坏，土壤理化性状变差，肥力降低，生产能力下降。

鸡东县自建县以来，兴建了大量的农田水利工程，对保护农田和人民生命财产安全，充分发挥土壤的生产能力都起到了重要作。1965—1981 年，鸡东县共兴修诸如水库、塘坝、灌区、堤防等各类水利工程 702 处，累计完成工程量 3 254 万立方米，总投资 1 601.1 万元，总投工 1 657 万个工日。

分布在鸡东县穆棱河冲积平原的水利工程主要有灌区工程和堤防工程。这些工程的收益效果较好，灌区工程以及机电排灌站、井设备工程，不仅能保证水田区的供水要求，而且为不断扩大水田面积提供了水利条件。堤防工程可以预防穆棱河水泛滥成灾，保护洪泛区的农田。除上述之外，人们在改造大自然的斗争中采取各种排水措施，减少或消除沼泽及沼泽化土地的积水，然后开垦为农田，造福于人民。然而，也有一些不合理的措施，对沼泽及沼泽化土地的形成反而起了促进作用。如有些地方修筑堤坝，破坏了原始地表，留下大量的取土洼坑，汇集水分，使湿生和沼生植物随之侵入，逐渐形成了沼泽化土壤。

分布在丘陵漫岗的水利工程主要有中小型水库和井站工程。修建水库的主要目标，一是防洪，二是灌溉。而打井建站的目的是发展旱灌，解决丘陵漫岗土壤易干旱缺水的问题。减轻干旱的威胁，提高土壤的生产能力，逐步摆脱农业生产依赖于自然的被动局面。

施肥是熟化土壤，提高土壤肥力的主要措施之一。鸡东县 20 世纪 50 年代农家肥数量很少；60 年代农家肥数量有所增加；70 年代以来，数量保持稳定，平均每公顷施农肥 15～30 立方米。鸡东县成立以来，推广化肥速度很快，这一点是农家肥所不能相比的。特别是水田生产，应用化肥很快得到了普及。但总的来说，鸡东县化肥施用量是比较低的。据 1981 年区划统计数字，全县平均每公顷施化肥 105 千克，是黑龙江省平均每公顷施化肥量的一半。此外化肥品种单一，氮肥多、磷肥少、氮磷施用比例失调等也是目前化肥施用技术上存在的比较突出的问题。据调查，1980 年氮、磷施用比例近 4∶1（按有效成分计算），1984 年近 2∶1，磷肥逐步有所增加。

轮作换茬是鸡东县广大农民在农业生产中的传统习惯，在用地中合理养地起到了重要作用。但 20 世纪 70 年代初期，由于片面强调粮食生产，盲目扩大耗肥量较大的作物玉米，压缩养地作物大豆，造成作物构成不合理，重迎茬现象比较严重，用地大于养地，土壤养分入不抵出，地力逐年下降；到 20 世纪 70 年代末期，这个问题已被认识，传统的合理轮作习惯逐步恢复。

植树造林能改变小气候条件，改善生态环境，同时对土壤肥力的发展将产生深刻的影响。一般来说，森林覆盖好，枯枝落叶多，土壤有机质积累就多，肥力较高，水土流失轻；反之，森林覆盖不好，枯枝落叶少，土壤有机质积累就少，肥力低，易产生水土流失。鸡东县山地较多，适宜发展林业。据统计，现有林业用地面积 157 586 公顷，占全县总面积的 56.5%，森林覆盖率达 41%。在造林方面，新中国成立以来，不仅绿化了历史遗留下来的荒山荒地，而且及时更新了 7 000 公顷采伐迹地，改造低产林 10 000 公顷。据统计，截至 1980 年，鸡东县造林累计面积 44 700 公顷，造林保存面积 27 888 公顷，其中已成林 16 441 公顷。因此，在大力开展植树造林的同时，如何提高保存率是当前森林经营管理工作中急需解决的问题之一。

七、土壤的成土过程

鸡东县地下岩石种类多种多样，地上植被类型丰富多彩，各地小气候条件差异较大，地形错综复杂，因此在上述种种因素的综合作用下，形成了种类繁多、性质不一的土壤。同时由于成土条件的复杂性，使土壤形成过程中总体的内容、性状，及其表现形式具有多样性。因此，鸡东县各种土壤的形成，可根据土壤形成中的物质（能量）迁移和转化特点，分为以下几个过程。

（一）棕壤化过程

该成土过程在鸡东县南北山区的地势高燥地带普遍存在。当岩石经过各种风化作用，进行风化时，岩石中的原生矿物便发生强烈的分解并形成了次生黏土矿物，出现了盐基的释放与淋溶，同时进行着黏化和棕壤化两个过程。黏化过程使土壤颗粒由粗变细，就地形成黏化层，并伴有轻度的淋溶黏化。棕化过程主要是铁、锰的释放与累积。该成土过程发生在阔叶林植被和夏季温和多雨的条件下，由于植物生长茂密，每年都有大量枯枝落叶覆盖地面，土壤水分状况往往是近地表的湿，而中、下层润，在这种情况下，使植物残体分解释放与矿物分解释放出的盐基多被淋失，只有铁、锰还原释放至下层后发生氧化，并附着于土粒表面，形成棕色包被胶膜。上述黏化和棕化相互作用的结果，便产生了棕壤化过程。但如果在森林残落物增厚而持水性加强或下层具有临时滞水层的情况下，铁、锰又因还原作用而脱膜，形成白色土层，并伴有黏粒的移动淀积，这就是所谓白浆化过程。棕壤化与白浆化两者之所以常常伴随发生，其原因也就是在这里。

（二）白浆化过程

该过程是白浆土的主要成土过程。过去国内许多土壤学者认为，白浆化过程是以潴育漂洗过程为主的一种独特的成土过程。其机理是：在有机质参与的还原条件下，加上侧渗水和直渗水活动，带走了被还原的铁、硫离子，使土壤基色变白。直到 1983 年，黑龙江八一农垦大学土壤教研室研究认为，白浆化过程是在特殊的母质条件下发生机械淋溶的过程。经过野外考察和室内模拟淋溶试验得出如下结论：

(1) 发生白浆化过程有其特殊的母质条件：研究人员选择黑龙江省内各地的黑土和白浆土，分别采集两米以下母质层的土样，进行比较研究，发现白浆土母质的酸碱反应是中性偏碱，含代换性钠、镁较高，而代换性钙较低，有明显的淀积胶膜并呈核块状结构。钠和镁多、钙少有利于胶体分散。有淀积现象说明地质淋溶较深，有地质分选过程。

(2) 白浆土母质易于水分渗漏：在室内对两种土壤的母质进行淋溶时发现，白浆土母质淋出混浊液，淋出物质多，渗漏快。在干湿交替的条件下，粉碎的白浆土母质易形成结构，结构间有裂隙，从而加快了水分的渗漏。

(3) 白浆化过程：从随着黏粒渗漏下去的有色矿物铁、锰不是还原态这一点来看，可以认为白浆化过程是在有机质的参与下亚表层黏粒机械淋溶的过程，淋溶的黏粒淀积在下部的结构面上，在干时土壤形成裂隙，第一次湿润时，分散的黏粒随渗漏水淋溶。

在鸡东县除沼泽土、泥炭土外的其他土壤均可见到白浆化现象。和白浆土相间分布的草甸暗棕壤、草甸土等土壤是成土母质的差异所造成的。

(三) 草甸化过程

主要在草甸植被下进行，它是草甸土的主要成土过程。该区夏季温和多雨，地下水充足并带有丰富的养料，养育着草甸植被，使其枝叶繁茂，根系多而致密。所以草本有机质年增长量和枯死的植被残体量都相当高。它们在湿润的条件下，易于进行嫌气分解而聚积腐殖质，形成团粒状结构，使土壤腐殖质层增厚，含量提高，这是有机质的累积过程。草甸化过程多发生在平地且地下水位浅的地形部位。受降水影响，地下水位经常交替升降，结果在土层下部便产生了干湿交替过程，导致氧化过程和还原过程交替发生，使土壤中变价的铁、锰物质在受水浸渍时还原，呈低价状态，并随水迁移；在土壤干燥时，这些还原态物质又被氧化，形成高价氧化物并在土壤中淀积。因此，在土壤中经常发生干湿交替的层段，并可以见到棕色胶膜和铁锰结核，这就是潴育化过程。总之，草甸化过程是土壤表层的腐殖质聚积过程和受地下水影响的下部土层的潴育化过程的重叠过程，在底部还可能有潜育化过程。

(四) 沼泽化过程

这一过程发生在沼泽植被下。由于地势低洼，长期积水，土壤同时进行着表层的泥炭聚积或腐殖质聚积过程和下部土层的潜育化过程。这两个过程是相辅相成的。

沼泽化初期阶段，由于大气降水或河流泛滥的影响，使地面积水或土壤过湿，在其上着生着草甸植物群落。由于植物种类繁多，夏、秋季节盛开各种鲜艳的花朵，人们称之为“五花草塘”。该区冷季气温低，延续时间长；暖季雨水多，土壤又过湿，在厌氧条件下，有机质分解缓慢，植物生长环境条件有了改变，原来生长的植物，因生活条件得不到满足而逐渐淘汰，随之喜湿的小叶樟等植物开始侵入，并逐渐增多，变成以小叶樟为主，伴生沼柳、丛桦的湿生草甸或沼泽化草甸。这些植物为了适应空气和养分不足的环境，一般都具有发达的根系或地下茎，并且相互交织，形成薄厚不一的草根层，进而增强了蓄水能力，进一步加强了地表湿润程度。随着地表层湿度的增大，某些薹草属的沼泽植物开始出现，并逐渐增多，使薹草植物成为优势种。由于乌拉薹草、塔头薹草有非常密实的草丘，使地面起伏不平，阻碍地表径流排泄，也促进了沼泽化的发展。

综上所述，全区这些主要成土过程是互为联系、互为渗透的。一种土壤的形成，并非单纯地只依赖于上述各种成土过程中的某一过程。实际上在一种土壤的形成过程中，往往存在着一种主要的成土过程，同时还存在着一种或几种次要的附加过程。例如，白浆化暗棕壤就是以棕壤化过程为主，辅以白浆化过程。因此主要的成土过程决定它的土类，辅加成土过程决定它属于哪个亚类。

（五）耕作熟化过程

上述成土过程是该区各种自然土壤的形成过程。然而，土壤不仅是一个历史自然体，也是人类劳动的产物。因为自然土壤一旦被人类开垦利用，就不仅受自然因素的影响，而且主要受人类生产活动所支配。在人为措施作用下，自然土壤不断得到改造、培肥，使生产力逐步提高，这就是土壤的熟化过程。实践表明，全区土壤熟化过程分为以下两个阶段：

1. 改造熟化　指的是土壤中存在的影响作物生长的障碍因素，在人为措施影响下，减轻或消除的过程。自然土壤在垦殖初期，往往存在着不利于作物生长发育的肥力特性，这时土壤水、热状况的有效性左右着作物的产量，人们为了谋求作物产量的不断提高，就必须在土壤的耕作熟化过程中加以改造与调剂。如潜育草甸土地下水位普遍较高，在雨季往往造成内涝，必须采取开沟排水、深耕晒垡等措施，以改变土壤冷湿状态，促进养分释放，充分发挥其增产效能。

2. 培肥熟化　经过多年耕种的土壤，生产能力能否维持和不断提高，关键在于土壤是否能不断地得到培肥，土壤肥力是否在不断提高。为了培肥土壤，提高地力，全县采取了大搞农田基本建设，改造土壤环境条件，培肥土壤；建立健全耕作制度，调解用地与养地的矛盾，达到用中有养、养蓄为用，土壤越种越肥；以及增肥改土，耕作改土等培肥措施，为作物增产提供了良好的土壤环境。

上述两个阶段，在土壤熟化的过程中并不是顺序上的排列，而是交替进行，同时开展，最终达到土壤高度熟化。总之，在上述成土过程中，由于物质迁移和转化，使土体发生分化，产生了一系列组成和性质互不相同的层次。土壤中物质迁移和转化的主要方式有淋溶和淀积、氧化和还原、冲刷和堆积、有机质的合成和分解。

土壤水分并不是纯水，而是含有各种可溶性的物质，称为土壤溶液。土壤溶液在土壤中是不断运动的，其结果使土体中某些层次或某一部分的物质组成和分布状况，发生相应的变化，存在于土壤溶液中的物质也随之迁移。如在降水的条件下，土壤溶液发生渗漏，把上部土层的物质带到下层，结果上层发生了淋溶，下层发生了淀积，并产生了相应的发生层次——淋溶层和淀积层。

在复杂的化学和生物化学变化过程中，在干湿交替的土壤条件下，普遍而又经常地进行氧化还原反应。如土体中形成的铁锰结核、锈斑等新生体就是铁、锰氧化的结果。而潜育层呈现蓝灰色，则是铁、锰在这一层发生了还原的表现。

鸡东县坡岗地较多，一经降水，地面便产生径流，携带大量泥沙，流往低处堆积起来，这就是水土流失现象。水土流失的结果，使高部位的土层变薄，养分元素减少，土壤肥力下降；而在低部位则产生堆积现象，结果使土层增厚，养分元素增多，土壤肥力提高。这种冲刷和堆积的现象是同时的、相对应存在的。

无论自然土壤，还是耕作土壤，它的有机质层都出现在表土层，存在土体构型（同一土体上下土层的组合）的最上部。土壤有机质层不仅对土体中物质和能量的转化具有重要作用，而且可使土体中某些矿物质产生酸性淋溶，还原漂失和螯合淋溶作用。所以，它对土层的分化有较强的影响。

总之，上述4对矛盾运动的结果，在土体中产生了不同层次。鸡东县主要层次及其代表符号如下：

A 层：凋落物层……A_{00}

半分解的枯枝落叶层……A_0

腐殖质层……A_1

泥炭层……A_t

耕作层……A_p

埋藏层……A_b

犁底层……P

白浆层……A_w

B 层：淀积层……B

淀积层亚层……B_1、B_2、B_3

潜育层……G

C 层：母质层……C

母质层亚层……C_1、C_2、C_3

沙层……S

D 层：母岩层：……D

八、土壤的分布规律

土壤是在气候、地形、母质、植被以及人为活动因素综合影响下形成的，因此在一定的成土条件下，必然会有一定的土壤类型出现，并表现出地理分布的规律性。

鸡东县南北山地丘陵区，地势较高，气候温凉，森林覆盖率较高，是鸡东县暗棕壤分布区。在暗棕壤分布区内，随着地形由山脉顶部，到山的裙部，再到山前岗地的高低变化，土层便由薄变厚，质地由粗变细，棕壤化程度逐渐减弱，土壤类型也由石质暗棕壤到草甸暗棕壤，进一步过渡到白浆土。在这个分布区河套地的低洼处，也有沼泽土的分布。由于受河谷发育的影响，水系多呈树枝状伸展，因此该区的沼泽土自丘顶到谷底沿水系形成了枝形土壤组合（图 3－1）。此外，在山间沟谷洼地也发现有泥炭土，其分布比穆棱河冲积平原区多。

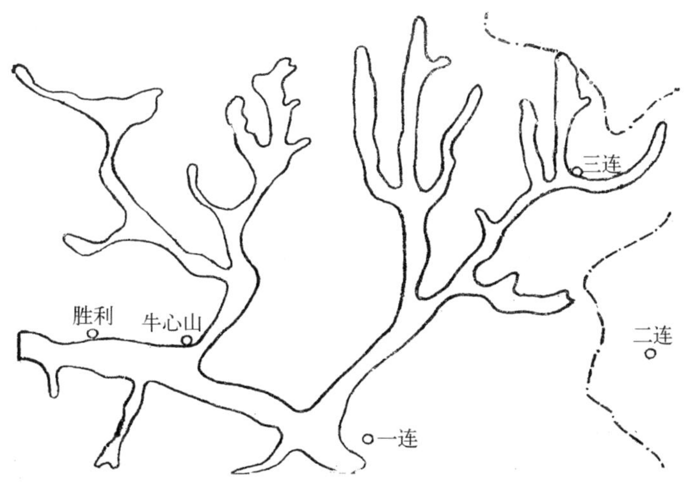

图 3－1 枝形土壤组合图

鸡东县南北丘陵漫岗区，以连片的白浆土为主，是鸡东县白浆土分布区。在白浆土分布区内，由于地形有岗、平、洼的区别，相应便有岗地白浆土、平地白浆土和低地白浆土 3 种不同的土壤类型。并且这 3 种土壤的连接是逐渐过渡的，没有明显的界线。在岗间沟谷的低平地上，由于地下水位较高，草甸植被繁茂，多分布着具有不同潜育化程度的草甸土。

鸡东县中部穆棱河冲积平原区，其泛滥地为河淤土分布区，其他地区为水稻土分布区。在平原区的沙岗地带，与水稻土或沼泽土镶嵌分布着沙质草甸暗棕壤。

纵观鸡东县土壤分布情况，随着鸡东县地形、气候、母质、植被等成土条件表现出南北向中间逐渐变化的趋势，土壤的分布也由南北向中间呈规律性的变化（图 3-2）。

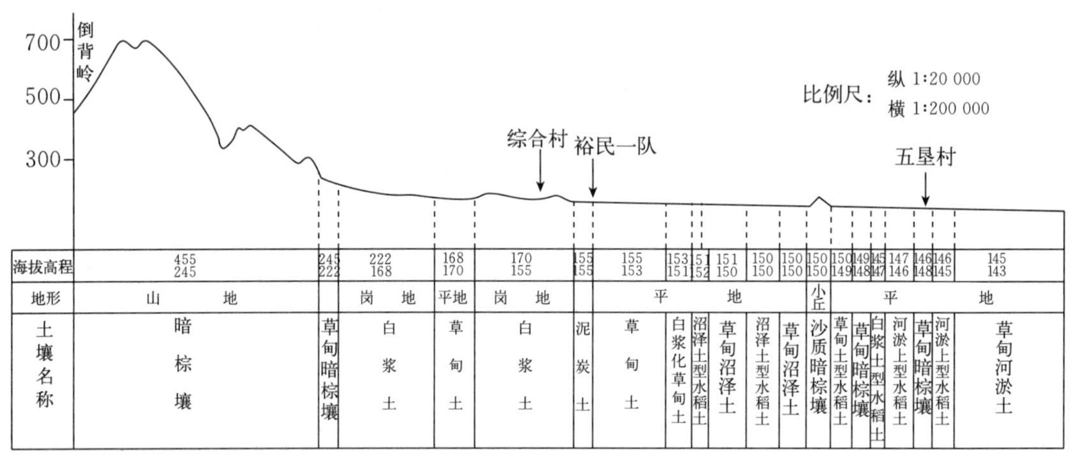

图 3-2　鸡东县土壤分布断面图

从鸡东县土壤分布断面图上可以看出，随着地形相对高差的变化，土壤并没有明显的分化，只是靠近分水岭处，山体越陡，土层越薄，地带性暗棕壤中的石质暗棕壤比重越大。

土壤是农业生产资料。耕作土壤不仅受自然因素所影响，而又受人为活动所支配。因此，它虽然与自然土壤分布规律有关，但又有不同。如鸡东县农家肥的施用，一般情况是近村地块施肥方便，施用粪肥数量较多，而边远地块则施肥少或者不施肥。长此以往，土壤的分布便形成同心圆式。又如在长期的农业生产中，形成了一块块自然耕作单元，由于培肥土壤的措施不同，其土壤的肥力水平和熟化程度也不相同，这样便形成了土壤分布的地块性。

九、土壤发生分类

土壤分类是土壤普查工作的基础。土壤分类的好坏标志着普查土壤工作质量的高低。其目的在于阐明土壤在自然因素和人为因素影响下发生、发展的规律；指出各种土壤发生演变的主导过程及次要过程；揭示成土条件、成土过程和土壤属性之间的必然联系，以此制订出土壤工作分类系统表，用以指导土壤普查的野外详查工作。一张好的土壤工作分类系统表，可为土壤利用、因土改良和合理布局提供科学依据，为充分发挥地力，提高农、林、牧业生产水平，指出明确的途径。

鸡东县土壤工作分类系统，是以土壤发生学分类理论及原则为基础，以自然土壤与耕作土壤统一分类为原则，通过学习全国和黑龙江省的土壤工作分类方案以及在普查工作中进行的大量野外调查和室内分析工作，制订了鸡东县土壤工作分类系统表。鸡东县土壤分七大土类，21 个亚类，23 个土属，27 个土种。

（一）分类原则

为了遵循土壤分类的发生学原则，以土壤的成土条件（包括自然条件和人为活动）和土壤属性作为土壤分类的主要依据。这样既考虑了土壤的成土条件和成土过程，又能把土壤属性作为土壤分类的基础来对待。

1. 要考虑成土条件和成土过程　鸡东县的地貌由北到南是低山丘陵-丘陵岗漫-冲积平原-低山丘陵相间排列。气候分区有北部山间温凉早霜气候区，东部平原及丘陵漫岗温和半湿润易涝气候区，西部平原及丘陵漫岗温和半干旱大风气候区和南部山间温凉早霜气候区。全县热量资源的分布和降水量的南北变化趋势是由中部平原区向南北低山丘陵区两个方向递减。从山区到平原，植被类型也由柞、桦次生林变化为疏林草甸或杂类草甸-中性类草甸-沼泽草甸。这些成土条件和土壤的分布特点是相联系的，所以不同的成土条件，有它相应的成土过程，形成相应的土壤类型。因此，在进行土壤分类时，必须考虑土壤的成土条件和成土过程。

2. 要以土壤属性为基础　土壤属性包括土壤剖面形态特征及其土壤的理化性状。它是在一定成土条件下、一定成土过程的产物。所以，在土壤分类工作中，只有充分了解土壤的属性，掌握土体中物质的迁移和分化情况，分析所存在的成土过程，才能正确地进行土壤分类。

此外，本次土壤普查工作以耕作土壤为主，其调查精度高于自然土壤。但考虑自然土壤和耕作土壤既有发生上的联系、又有发育阶段上的差异。因此，在进行土壤分类时，把耕作土壤和自然土壤作为一个统一的整体来处理，是比较妥当的。

（二）分类单元及命名

1. 分类单元　鸡东县土壤分类，采用土类、亚类、土属和土种 4 级分类系统。

（1）土类：是土壤高级分类单元。主要根据成土因素、成土过程和由此发生的土壤属性来划分。每一土类都具有独特的成土过程、相似的土壤属性和外部形态特征。土类之间在基本属性上具有质的差异，并与农、林、牧利用方向相联系。如鸡东县暗棕壤有机质含量比较丰富，但该土所处地势坡度较大，土层又薄，故其利用方向应发展林业。

（2）亚类：是土类的续分单元，是介于土类之间的过渡类型。主要根据主导成土过程以外的相伴随的附加次要成土过程进行划分的。如白浆化暗棕壤，以棕壤化过程为主导成土过程，白浆化过程为附加成土过程。每一亚类的剖面形态特征与理化性状基本一致。但各亚类之间亦具有质的差异。

（3）土属：是亚类的续分，又是土种的归纳，是一个从质量向数量的过渡，具有承上（亚类）启下（土种）意义的分类单元。主要根据成土母质的成因类型、属性及水文地质条件等地区性因素来划分。如暗棕壤、根据成土母质类型，划分出石质暗棕壤、沙石质暗棕壤和沙质暗棕壤 3 个土属。

（4）土种：是土壤分类的基本单元。主要根据土壤的发育程度或表层的熟化程度来划分。同一土种主要层次的排列顺序、厚度、质地、结构、颜色、有机质含量和 pH 等基本相似，只是在量上有些差异。如薄层岗地白浆土，A_1 层（自然土壤）厚度为 7 厘米或 9

厘米，只要不超过10厘米都属于薄层的。

2. 土壤命名 根据黑龙江省土壤分类草案规定，鸡东县的土壤分类命名采用连续命名法。就是将各级命名按照由土种-土属-亚类-土类的顺序排列起来（图3-3）。如各级分类名称力求把土壤形成过程、主要特征与属性都反映出来，以便于了解它在土壤分类系统中的位置，掌握在发生上的联系与规律，合理确定利用方向和制订改良培肥措施。

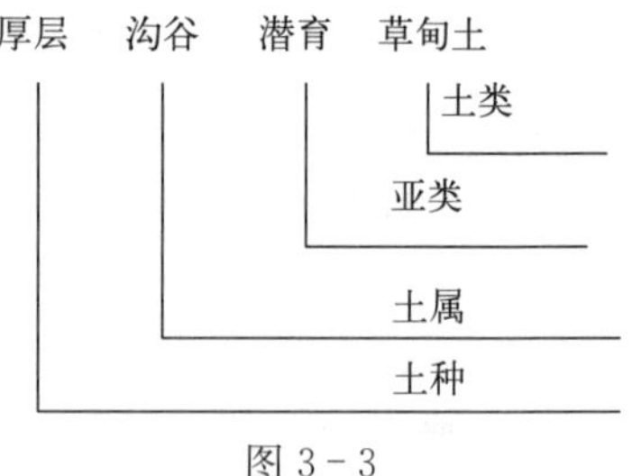

图3-3

第二节 耕地土壤类型及面积

鸡东县各乡（镇）不同地力等级面积分布统计见表3-2。

表3-2 各乡（镇）不同地力等级面积分布统计

单位：公顷

乡（镇）	鸡东镇	平阳镇	向阳镇	哈达镇	永安镇	永和镇	东海镇	兴农镇	鸡林乡	明德乡	下亮子乡
一级地	844.9	1 120.8	1 411.0	2 226.1	553.8	101.2	293.0	1.8	0	102.4	1 173.9
二级地	2 116.7	3 624.2	2 334.7	781.6	702.0	630.2	2 310.0	1 336.2	983.8	463.6	1 577.2
三级地	1 255.6	6 612.6	3 688.6	1 309.1	838.2	1 092.8	3 220.3	4 153.6	1 236.9	1 861.2	1 679.3
四级地	1 020.7	2 998.0	2 465.7	1 493.0	729.1	2 135.6	3 417.8	6 481.1	559.5	730.9	1 112.2
五级地	53.0	1 277.8	116.2	1 892.2	5.8	447.5	2 732.9	1 899.7	56.2	32.8	158.8
总计	5 290.9	15 633.4	10 016.2	7 702.0	2 828.9	4 407.3	11 974.0	13 872.4	2 836.4	3 190.9	5 701.4

一、新旧土类对照

本次调查对鸡东县第二次土壤普查的土类、亚类、土属、土种按黑龙江省土类检索表重新进行了归类。土类还是7类，原来的河淤土土类重新归纳为新积土土类。见表3-3。

表3-3 新旧土类对照

旧土类	暗棕壤	白浆土	草甸土	沼泽土	泥炭土	河淤土	水稻土
新土类	暗棕壤	白浆土	草甸土	沼泽土	泥炭土	冲积土	水稻土

鸡东县七大类土壤在各级地的分布面积统计见表3-4，七大土类在各级地的分布百分比见表3-5。

表3-4 本次调查各土类地力等级面积分布统计

单位：公顷

土类	暗棕壤	白浆土	草甸土	沼泽土	泥炭土	冲积土	水稻土
一级地	962.6	2 304.9	1 121.2	889.0	0	1 064.7	1 486.5
二级地	4 534.9	3 267.2	2 347.6	1 673.3	101.7	2 403.3	2 532.2

（续）

土类	暗棕壤	白浆土	草甸土	沼泽土	泥炭土	冲积土	水稻土
三级地	9 240.2	4 939.7	4 060.2	2 576.7	15.9	1 115.0	5 000.5
四级地	10 062.2	3 595.2	2 493.7	5 111.7	28.3	478.5	1 374.0
五级地	5 026	649.6	267.4	2 440.9	0	64.3	224.7
总计	29 825.9	14 756.6	10 290.1	12 691.6	145.9	5 125.8	10 617.9

表 3－5　本次调查各土类地力等级百分比分布统计

土类	暗棕壤	白浆土	草甸土	沼泽土	泥炭土	冲积土	水稻土
一级地	0.032	0.156	0.109	0.070	—	0.208	0.140
二级地	0.152	0.221	0.228	0.132	0.697	0.469	0.238
三级地	0.310	0.335	0.395	0.203	0.109	0.218	0.471
四级地	0.337	0.244	0.242	0.403	0.194	0.093	0.129
五级地	0.169	0.044	0.026	0.192	—	0.013	0.021
总计	29 825.9	14 756.6	10 290.1	12 691.6	145.9	5 125.8	10 617.9

二、新旧土壤亚类对照

新旧土壤归纳后，鸡东县土壤亚类由原来的 25 个归纳为 13 个。见表 3－6。

表 3－6　鸡东县新旧土壤亚类对照

旧亚类	新亚类
暗棕壤	暗棕壤
草甸暗棕壤	草甸暗棕壤
白浆化暗棕壤	
白浆土	潜育白浆土
潜育白浆土	
草甸白浆土	草甸白浆土
草甸土	草甸土
白浆化草甸土	白浆化草甸土
潜育草甸土	潜育草甸土
白浆化潜育草甸土	
草甸沼泽土	草甸沼泽土
泥炭腐殖质沼泽土	泥炭沼泽土
泥炭沼泽土	
低位泥炭土	低位泥炭土
草甸河淤土	冲积土
沼泽河淤土	

（续）

旧亚类	新亚类
白浆土型水稻土	淹育水稻土
草甸土型水稻土	
河淤土型水稻土	
沼泽土型水稻土	潜育水稻土
泥炭土型水稻土	

三、新旧土属对照

鸡东县土壤土属有原来的30重新归纳为25个，见表3-7。

表3-7　鸡东县新旧土属对照表

旧土属	新土属
石质暗棕壤	砾沙质暗棕壤
沙石质暗棕壤	沙砾质暗棕壤
沙质暗棕壤	
草甸暗棕壤	砾沙质草甸暗棕壤
沙质草甸暗棕壤	
白浆化暗棕壤	沙砾质白浆化暗棕壤
岗地白浆土	黏质潜育白浆土
低地白浆土	
平地白浆土	沙底草甸白浆土
平地草甸土	砾底草甸土
沟谷草甸土	沙砾底草甸土
白浆化草甸土	黏壤质白浆化草甸土
低平地潜育草甸土	黏壤质潜育草甸土
沟谷潜育草甸土	沙砾底潜育草甸土
白浆化潜育草甸土	白浆化潜育草甸土
草甸沼泽土	黏质草甸沼泽土
埋藏型泥炭腐殖质沼泽土	泥炭腐殖质沼泽土
泥炭沼泽土	泥炭沼泽土
草本低位泥炭土	芦苇薹草低位泥炭土
埋藏型泥炭土	埋藏型低位泥炭土
沙砾底草甸河淤土	黏壤质冲积土
层状草甸河淤土	层状冲积土
沙砾底沼泽河淤土	砾质冲积土
白浆土型水稻土	白浆土型淹育水稻土
沙底白浆土型水稻土	
草甸土型水稻土	石灰性草甸土型淹育水稻土

（续）

旧土属	新土属
草甸沼泽土型水稻土	沼泽土型潜育水稻土
泥炭沼泽土型水稻土	泥炭土型潜育水稻土
泥炭土型水稻土	
沙砾底草甸河淤土型水稻土	暗棕壤型淹育水稻土

四、新旧土种对照

鸡东县土种由原来的 39 个归纳为 32 个，见表 3－8。

表 3－8　鸡东县新旧土种对照表

原土种	新土种
石质暗棕壤	砾沙质暗棕壤
沙石质暗棕壤	沙砾质暗棕壤
沙质暗棕壤	
草甸暗棕壤	砾沙质草甸暗棕壤
沙质草甸暗棕壤	
白浆化暗棕壤	沙砾质白浆化暗棕壤
薄层岗地白浆土	薄层黏质潜育白浆土
中层岗地白浆土	中层黏质潜育白浆土
中层低地潜育白浆土	
厚层岗地白浆土	厚层黏质潜育白浆土
厚层低地潜育白浆土	
中层平地草甸白浆土	中层层沙底草甸白浆土
厚层平地草甸白浆土	厚层沙底草甸白浆土
薄层平地草甸土	薄层砾底草甸土
中层平地草甸土	中层砾底草甸土
厚层平地草甸土	厚层砾底草甸土
厚层沟谷草甸土	厚层沙砾底草甸土
厚层白浆化草甸土	厚层黏壤质白浆化草甸土
厚层低平地潜育草甸土	厚层黏壤质潜育草甸土
中层沟谷潜育草甸土	中层沙砾底潜育草甸土
厚层沟谷潜育草甸土	厚层沙砾底潜育草甸土
薄层白浆化潜育草甸土	薄层白浆化潜育草甸土
草甸沼泽土	厚层黏质草甸沼泽土
埋藏型泥炭腐殖质沼泽土	薄层泥炭腐殖质沼泽土
泥炭沼泽土	中层泥炭沼泽土
薄层草本低位泥炭土	薄层芦苇薹草低位泥炭土
中层草本低位泥炭土	中层芦苇薹草低位泥炭土
薄层埋藏型低位泥炭土	浅埋藏型低位泥炭土

（续）

原土种	新土种
壤质沙砾草甸河淤土	中层黏壤质冲积土
壤夹沙层状草甸河淤土	中层状冲积土
壤质沙砾底沼泽河淤土	中层砾质冲积土
中层白浆土型水稻土	
厚层白浆土型水稻土	白浆土型淹育水稻土
厚层沙底白浆土型水稻土	
厚层草甸土型水稻土	中层石灰性草甸土型淹育水稻土
草甸沼泽土型水稻土	厚层沼泽土型潜育水稻土
泥炭沼泽土型水稻土	薄层泥炭土型潜育水稻土
泥炭土型水稻土	
壤质沙砾底草甸河淤土型水稻土	厚层暗棕壤型淹育水稻土

本次调查不同地力等级各土种面积分布统计见表 3-9。

表 3-9　鸡东县不同地力等级在各土种中的面积分布统计

土　　种	一级地	二级地	三级地	四级地	五级地	总计
砾沙质暗棕壤	792.8	3 985.1	7 172.8	8 079.6	4 337.4	24 367.8
沙砾质暗棕壤	12.1	50.6	185.7	272.5	13.8	534.7
砾沙质草甸暗棕壤	67.9	279.8	640.2	664.5	3.1	1 655.5
沙砾质白浆化暗棕壤	89.7	324.3	1 241.4	963.7	629.1	3 248.2
薄层黏质潜育白浆土	403.0	369.6	465.7	656.3	26.1	1 920.7
中层黏质潜育白浆土	1 223.1	2 019.5	3 581.1	2 608.9	585.5	10 018.0
中层层沙底草甸白浆土	317.3	595.1	26.5	21.5	0	960.4
厚层沙底草甸白浆土	0	37.0	338.8	20.7	0	396.6
厚层黏质潜育白浆土	361.5	246.0	527.6	287.8	38.0	1 460.8
薄层砾底草甸土	0	0	42.2	0	0	42.2
中层砾底草甸土	0	0	12.7	17.6	0	30.3
厚层砾底草甸土	525.2	1 763.6	2 564.0	1 049.1	158.8	6 060.8
厚层沙砾底草甸土	147.2	346.4	754.2	1 065.2	19.8	2 332.8
厚层黏壤质白浆化草甸土	59.7	82.2	137.2	17.6	0	296.6
厚层黏壤质潜育草甸土	0	125.5	101.4	13.6	0	240.5
中层沙砾底潜育草甸土	1.2	5.8	443.6	80.0	3.1	533.7
厚层沙砾底潜育草甸土	387.9	24.1	4.9	123.2	0	540.1
薄层白浆化潜育草甸土	0	0	0	127.4	85.7	213.0
厚层黏质草甸沼泽土	814.5	1 620.6	2 558.2	5 084.9	2 335.0	12 413.2
薄层泥炭腐殖质沼泽土	0	41.1	3.4	24.2	0	68.7
中层泥炭沼泽土	74.5	11.6	15.1	2.6	105.9	209.7
薄层芦苇薹草低位泥炭土	0	101.7	15.9	1.9	0	119.5
中层芦苇薹草低位泥炭土	0	0	0	22.7	0	22.7

（续）

土　　种	一级地	二级地	三级地	四级地	五级地	总计
浅埋藏型低位泥炭土	0	0	0	3.7	0	3.7
中层黏壤质冲积土	1 064.7	2 209.2	1 114.3	459.6	59.9	4 907.6
中层状冲积土	0	4.3	0	0	0	4.3
中层砾质冲积土	0	189.8	0.7	18.9	4.4	213.8
白浆土型淹育水稻土	76.6	278.9	743.3	39.0	1.7	1 139.6
中层石灰性草甸土型淹育水稻土	834.5	1 102.3	1 688.5	261.8	37.5	3 924.6
厚层沼泽土型潜育水稻土	42.9	84.1	1 442.1	556.9	24.5	2 150.5
薄层泥炭土型潜育水稻土	9.5	0	0	66.8	5.6	81.9
厚层暗棕壤型淹育水稻土	523.0	1 066.9	1 126.6	449.5	155.4	3 321.5

鸡东县土壤分类系统见表 3－10。

表 3－10　鸡东县土壤分类系统

土类	亚类	土属	土种	上图号	成土过程	备　注
暗棕壤	暗棕壤	石质暗棕壤	未分	1	棕壤化过程	分布于山地陡坡，腐殖质层棕灰色或棕色，其上覆盖枯枝落叶，其下通常为基岩
		沙石质暗棕壤		2	棕壤化过程	分布于山地缓坡，母岩风化成沙石状，且棕化特征明显
		沙石质暗棕壤		3	棕壤化过程	分布于沉积物形成的小丘或丘陵地带，剖面质地均匀，富于沙性
	草甸暗棕壤	草甸暗棕壤		4	棕壤化附加草甸化过程	分布于山地裙部，坡度较缓，土层较厚，心土层暗棕色
		沙质草甸暗棕壤		5	棕壤化附加草甸化过程	分布于平原稍突起处，剖面通体含沙，棕化特征明显
	白浆化暗棕壤			6	棕壤化附加白浆化过程	腐殖质层下为白浆化层次，湿润时浅黄色，干时灰白色，结构微显片状，母质层为黄棕色砾质状
白浆土	白浆土	岗地白浆土	薄层（<10 厘米）	7	白浆化过程	分布于丘陵漫岗的缓坡与岗顶，全剖面无锈斑，层次过渡明显，具有白浆层和蒜瓣层
			中层（10～20 厘米）	8		
			厚层（>20 厘米）	9		
	草甸白浆土	平地白浆土	中层（10～20 厘米）	10	白浆化附加草甸化过程	所处地势平缓，淀积层核状结构，颜色发暗，母质层可见锈斑
			厚层（>20 厘米）	11		
	潜育白浆土	低地白浆土	中层（10～20 厘米）	12	白浆化附加潜育化过程	所处地势低洼，白浆层可见棕色锈斑
			厚层（>20 厘米）	13		

（续）

土类	亚类	土属	土种	上图号	成土过程	备注
草甸土	草甸土	平地草甸土	薄层（＜25 厘米）	14	草甸化过程	所处地势平坦，水分条件好，腐殖质积累多，具有暗灰色、团粒结构的腐殖质层
			中层（25～40 厘米）	15		
			厚层（＞40 厘米）	16		
		沟谷草甸土	厚层（＞40 厘米）	17	草甸化过程	分布于沟谷地带
	白浆化草甸土		厚层（＞40 厘米）	18	草甸化附加白浆化过程	表土层下具有白浆化层次
	潜育草甸土	低平地潜育草甸土	厚层（＞50 厘米）	19	草甸化附加潜育化过程	所处地势低洼，土体潜育特征明显，表土层下可见锈斑
		沟谷潜育草甸土	中层（25～40 厘米）	20	草甸化附加潜育化过程	分布于沟谷地带，黑土层深厚，剖面中锈斑多，土体下部潜育现象明显
			厚层（＞40 厘米）	21		
	白浆化潜育草甸土		薄层（＜25 厘米）	22	草甸化附加白浆化和潜育化过程	表土层下具有白浆化层次，底土可见潜育特征
沼泽土	草甸沼泽土		未分	23	沼泽化附加草甸化过程	分布于低阶地、洼地，表层为草根层，其下为腐殖质层，再下为潜育层
	泥炭腐殖质沼泽土	埋藏型泥炭腐殖质沼泽土	未分	24	沼泽化附加泥炭化和腐殖质化过程	分布于谷地、洼地，具有＜50 厘米厚的泥炭土层，其中上有客土覆盖，其下为腐殖质层，再下为潜育层
	泥炭沼泽土		未分	25	沼泽化附加泥炭化过程	分布于山间谷地、低地及洼甸子，表层为泥炭土（＜50 厘米），往下为潜育层
泥炭土	低位泥炭土	草本低位泥炭土	薄层（50～100 厘米）	26	泥炭化过程	泥炭层＞50 厘米，往下为潜育层
			中层（100～200 厘米）	27		
		埋藏型泥炭土	薄层（50～100 厘米）	28	泥炭化过程	泥炭层上有客土覆盖
河淤土	草甸河淤土	沙砾底甸河淤土	壤质沙砾底草甸河淤土	29	母质的淤积和腐殖质积累过程	分布于江河及支流两岸泛滥地，土层有分化，往下为沙砾层
		层状草甸河淤土	壤夹沙层状草甸河淤土	30		
	沼泽河淤土	沙砾底沼泽河淤土	壤质沙砾底沼泽河淤土	31	同上，还有沼泽化过程	表层显泥炭化，下部有锈斑

（续）

土类	亚类	土属	土种	上图号	成土过程	备 注
水稻土	白浆土型水稻土	白浆土型水稻土	中层（10～10厘米）	32	按先驱土种划分	各具其先驱土壤特征
			厚层（＞20厘米）	33	按先驱土种划分	各具其先驱土壤特征
		沙底白浆土型水稻土	厚层（＞20厘米）	34	按先驱土种划分	各具其先驱土壤特征
			厚层（＞40厘米）	35	按先驱土种划分	各具其先驱土壤特征
	草甸土型水稻土	草甸沼泽土型水稻土		36	按先驱土种划分	各具其先驱土壤特征
	沼泽土型水稻土	泥炭沼泽土型水稻土		37	按先驱土种划分	各具其先驱土壤特征
	泥炭土型水稻土			38	按先驱土种划分	各具其先驱土壤特征
	河淤土型水稻土	沙砾底草甸河淤土型水稻土	壤质沙砾低草甸河淤泥土型水稻土	39	按先驱土种划分	各具其先驱土壤特征

五、土壤类型概述

从上述土壤分类系统可见，鸡东县土壤类型主要有暗棕壤、白浆土、草甸土、沼泽土、泥炭土、河淤土和水稻土七大土类。这些不同的土壤类型，其肥力特点和生产性能各不相同。为了给土壤资源评价和合理利用与改良打下基础，有必要对各种类型土壤的属性作以阐述。现分述为下：

（一）暗棕壤土类

暗棕壤是与当地生物气候条件相适应的一种地带性土壤，群众称石垃子地。面积160 821.6公顷，是鸡东县最大的一个土类。其中基本农田29 825.9公顷，占全县基本农田面积的35.7%。暗棕壤分布较广，遍及全县各乡（镇）。鸡东县暗棕壤各乡分布情况见图3-4。

暗棕壤在山地、丘陵及平原区的孤独林下均有分布，分布规律与地形有密切关系。据统计，南北低山丘陵区分布最多，达151 569.6公顷；丘陵漫岗区次之，为8 006.3公顷；平原区最少，仅1 245.7公顷。

暗棕壤适于林木生长，是鸡东县林业建设基地。该类土壤是在森林长期作用下形成和发育的，剖面构造的基本特点是，剖面层次呈逐渐过渡状态，无明显的淀积层次。剖面上部受腐殖质的影响，色泽较深，呈暗棕色；下部颜色较浅，一般呈棕色；整个剖面无石灰反应。

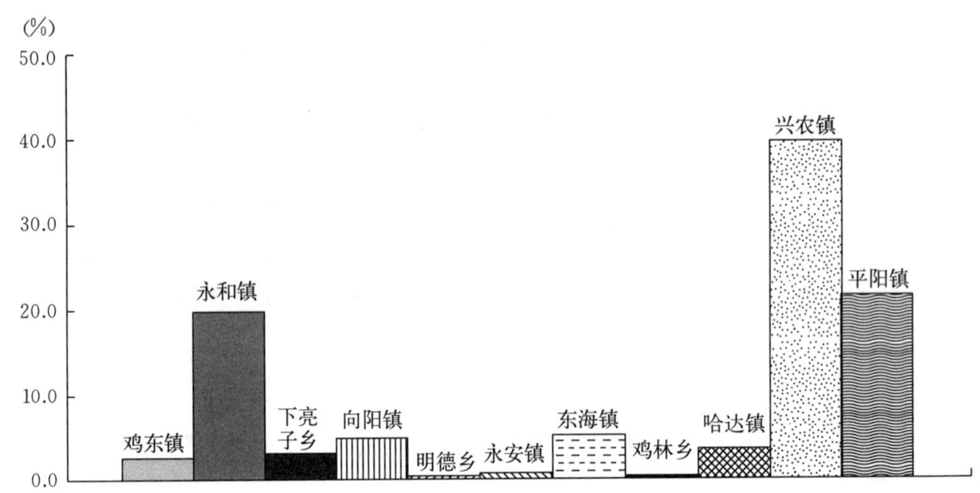

图 3-4　鸡东县暗棕壤各乡（镇）分布示意图

土壤的形成具有弱酸性腐殖质积累和轻度的淋溶黏化过程。该类土壤由于水热条件和植被类型随着地形高低的变化而变化，使土壤在形成过程中增加了新的内容，如草甸化作用、白浆化作用参与成土过程的结果，形成了草甸暗棕壤和白浆化暗棕壤。

1. 暗棕壤亚类　面积 146 600 公顷，占暗棕壤土类面积的 91.2%。根据成土母质类型和风化程度的不同，又分为石质暗棕壤、沙石质暗棕壤和沙质暗棕壤 3 个土属。基本农田面积 24 922.2 公顷，占全县基本农田面积的 2.99%。

（1）石质暗棕壤土属：该土属在土壤图上是 1 号。面积 143 682.7 公顷，其中基本农田面积 24 387.5 公顷，占全县基本农田面积的 29.2%。石质暗棕壤在暗棕壤土类中是面积最大的一个土属，分布面积广，除明德和鸡林 2 个乡外，其他各乡（镇）均有分布。其中面积较大的有兴农、永和、平阳 3 个乡（镇）。

石质暗棕壤是山地土壤，成土母质为岩石风化残积物，自然植被为次生柞木林或杂木林。这种土壤分布在山地的陡坡或山的顶部，坡陡容易产生土壤侵蚀，不宜开垦，但却是良好的林业用地。土壤质地较粗，土层薄，平均厚度为 13.6 厘米，厚而松散，层次分化比较简单。自然剖面表现为地面覆盖 3 厘米厚的枯枝落叶层，其下为棕灰色或棕色腐殖质层，再往下为基岩层。石质暗棕壤由于是自然土壤，表土的有机质含量较高，平均 70.48 克/千克，最高可达 177.66 克/千克。全氮含量很丰富，在该亚类土属中名列第一（表 3-11）。全磷、全钾含量也较高；速效养分含量，碱解氮 83.83 毫克/千克、有效磷 11.44 毫克/千克、速效钾 391.90 毫克/千克，pH 近中性。

表 3-11　暗棕壤亚类 3 个土属有机质和全氮统计

土属名称	有机质（克/千克）					全　氮（克/千克）				
	平均值	标准偏差	最大	最小	极差	平均值	标准偏差	最大	最小	极差
石质暗棕壤	70.48	3.320	177.66	19.93	15.77	3.23	1.46	8.51	0.95	0.76
沙石质暗棕壤	69.99	2.82	123.33	28.34	9.50	2.94	1.11	5.73	1.37	0.44
沙质暗棕壤	32.40	1.004	39.77	25.00	1.48	1.58	0.07	1.63	1.53	0.01

代表剖面12号，采于哈达水库大堤西头山坡顶部，海拔为230米，自然植被为杂木林，剖面形态特征如下：

A_0层：0～2厘米，灰棕色，处半分解状态。

A_1层：2～20厘米，浅灰色，团块状结构，疏松，干，植物根系极多，过渡明显。

D层：20～80厘米，石块。

（2）沙石质暗棕壤土属：该土属在土壤图上是2号土，面积为2 403.5公顷，主要分布在平阳、哈达、永和3个乡（镇）。该土属通常分布在山地的缓坡上，母岩风化的程度比石质暗棕壤要好。自然植被为柞木林或杂木林，成土母质为风化残积和坡积物、黑土层比石质暗棕壤厚，平均20厘米左右，往下是棕色淀积层，厚约45厘米。

代表剖面33号，采于平阳镇八楞山水库办公室南500米、海拔为216米处，剖面形态特征如下：

A_1层：0～20厘米，灰棕色，团块状结构，松，润，植物根系多，过渡较明显。

AB层：20～38厘米，灰棕色，块状结构，松，润，植物根系较多，过渡明显。

B层：38～68厘米，黄棕色，紧，润，植物根系少，过渡明显。

D层：68～85厘米，棕色，半风化的碎石层。

该土属基本性质如下：

① 有机质在剖面的分布以表层最多，主要集中在20厘米以内土层（图3-5），向下明显下降，A1层与AB层的比值为2.5∶1。

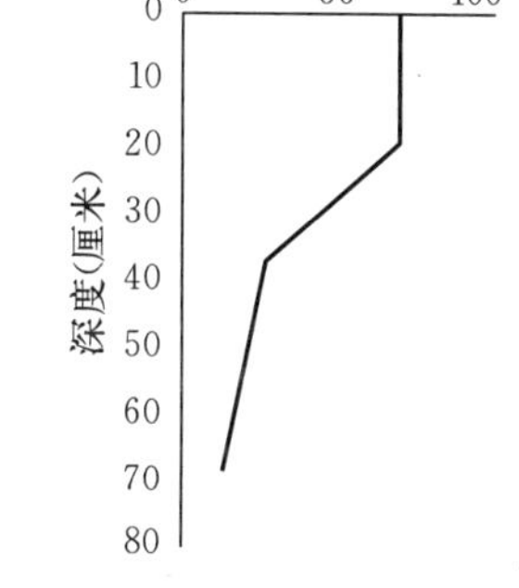

图3-5　沙石质暗棕壤有机质垂直分布有机质

② 沙石质暗棕壤表土层有机质平均含量为69.99克/千克，含量较高，但变幅较大。速效性养分具有钾丰、磷缺、氮居中的特点。见表3-12。

表3-12　沙石质暗棕壤农化样统计

项　目		平均值	标准偏差	最大值	最小值	极差	样品数
有机质（克/千克）		69.99	2.882	123.33	28.34	9.499	19
全氮（克/千克）		2.94	0.111	5.73	1.37	0.436	19
速效养分（毫克/千克）	碱解氮	79.6	47.082	189.4	10.5	178.9	19
	有效磷	20.3	30.702	141.00	2.19	138.8	19
	速效钾	461.1	256.488	1 016.70	200.50	816.2	19

③ 土壤呈微酸性反应，土壤表层水浸液pH为5.8，底土层pH6.3，向下有增高趋势。

④ 土壤表层阳离子代换量不高，一般在13～19 me/100克土。

⑤ 土壤机械组成为<0.01毫米颗粒含量由表层向下明显减少，>0.01毫米颗粒含量则明显增加。说明沙石质暗棕壤越往下层质地越粗，沙性越强。见表3-13。

表 3-13　沙石质暗棕壤机械组成分析结果

剖面号	采样地点	取土深度（厘米）	颗粒组成（%）	
			<0.01 毫米	>0.01 毫米
53	八楞山水库办公室南 500 米	0～20	56.33	43.67
		24～34	33.47	66.53
		48～58	16.97	83.03

沙石质暗棕壤表层疏松，上壤下沙，通透性好，土质热潮，一经垦殖，土壤易于熟化。但由于该土属处在山坡地，加之表土层疏松，容易产生土壤侵蚀，因此应做林业用地。

（3）沙质暗棕壤土属：该土属在土壤图上是 3 号土，面积 514 公顷。该土壤分布面比较少，仅在明德乡、永和镇、下亮子乡 3 个乡（镇）有分布。分布于沉积物形成的小丘或丘陵地带，土壤剖面上下质地比较均匀，富于沙性，适于作为林业用地。

代表剖面为 1-10 号，剖面采于明德乡明德村北山 400 米处，海拔高度 177 米。采样土壤当年种植烤烟。剖面形态特征如下：

A_p 层：0～20 厘米，灰色，不明显的团块状结构，紧，干，植物根系较多，向下逐渐过渡；

AC 层：20～95 厘米，棕灰，结构不明显，紧，润，无植物根系。

该土属基本性状如下：

① 有机质在剖面的分布主要集中在表土层，A_p 层与 AB 层有机质含量之比为 7.4∶1，说明有机质含量随深度下降的陡度比沙石质暗棕壤大得多。

② 沙质暗棕壤表土层有机质平均含量为 32.4 克/千克，全氮平均 1.58 克/千克，属中等水平。速效养分中碱解氮和有效磷含量低，速效钾含量非常丰富。见表 3-14。

表 3-14　沙质暗棕壤农化样统计

项　　目		样 1	样 2	平均值
有机质（克/千克）		25.00	3.977	32.4
全氮（克/千克）		1.53	0.163	1.58
速效养分（毫克/千克）	碱解氮	70	90	80
	有效磷	1.02	8.72	4.87
	速效钾	157.59	167.04	162.32

③ 土壤水浸液 pH 为 6.6，近中性反应。且土体上下层酸碱反应无明显差别。土壤表层阳离子代换量比沙石质暗棕壤还低，为 9～12 me/100 克土。

④ 土壤机械组成为>0.01 毫米颗粒含量较高，通体均在 70%以上，质地粗，且上下比较均匀（表 3-15）。通透性较好，土性发暖，但不保水保肥，可作为林业用地。

表 3-15　沙质暗棕壤机械组成分析结果

剖面号	采样地点	取土深度（厘米）	颗粒组成（%）		
			<0.01 毫米	>0.01 毫米	质地
1～10	明德村北山 400 米	5～15	19.89	80.11	轻壤土
		55～65	28.07	71.93	沙壤土

2. 草甸暗棕壤亚类　分草甸暗棕壤和沙质草甸暗棕壤 2 个土属。草甸暗棕壤分布于山地裙部，坡度较缓，土层较厚，质地较黏，心土层暗棕色。沙质草甸暗棕壤分布在平原区的沙岗上。该亚类零星分布，面积不大，为 3 855.1 公顷，基本农田面积 1 655.5 公顷，占全县基本农田面积的 2%。

（1）草甸暗棕壤土属：草甸暗棕壤土属在土壤图上是 4 号土，面积为 2 749.7 公顷。主要分布在永安、平阳、下亮子等乡（镇），面积最多的不到 533.3 公顷，最少的仅仅几公顷。该土属所处地势比较平缓，质地黏重，植被为次生阔叶林-草甸，成土受草甸化过程影响，黑土层较厚，土体呈灰棕色，有铁子结核。

代表剖面为 8-11 号，采于鸡东镇银东村原五队西南 300 米，剖面形态特征如下：

A_p 层：0～24 厘米，棕灰色，团块状结构，较松，润，有铁子，植物根系多，层次过渡不明显；

AB 层：24～61 厘米，棕灰色，团块状结构，稍紧，润，有铁子，植物根系较多，层次过渡较明显；

B 层：61～85 厘米，灰棕色，核状结构，紧，润，有铁子，无植物根系。

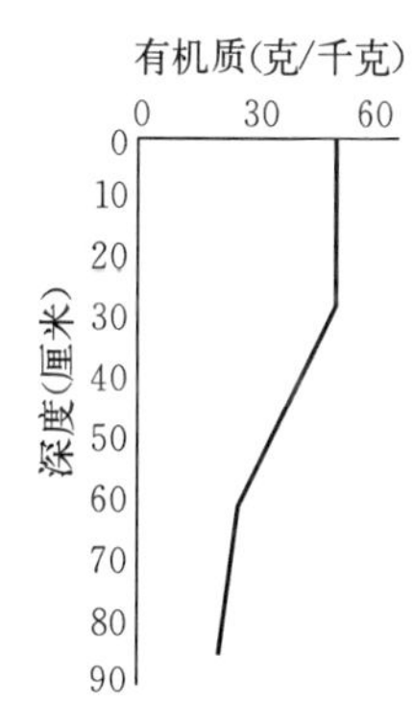

图 3-6　草甸暗棕壤有机质垂直分布

该土属基本性质是：

① 表层有机质含量 48.3 克/千克，自表层向下逐渐减少（图 3-6），A_p 层与 AB 层比值为 2.1∶1。

② 土壤养分元素比较丰富。表土层全氮平均含量 2.45 克/千克，全磷 3.50 克/千克，全钾 23.44 克/千克。速效养分状况，碱解氮平均含量 127.9 毫克/千克、有效磷 13.4 毫克/千克、速效钾 278.1 毫克/千克，表现为氮、钾丰富，磷缺乏。

③ 土壤表土层水浸液 pH 为 6.8，底土层 pH 为 6.5，土壤呈中性反应。土壤表土层阳离子代换量较高，一般为 35～45 me/100 克土，说明土壤保肥性能较强。

④ 土壤表土层容重 0.99 克/立方厘米，心土层 1.34 克/立方厘米。总孔隙度表土层高于心土层，表土层为 62.64%，心土层 49.43%，土壤上松下紧。

⑤ 土壤机械组成为土体上下颗粒组成比较相近，质地为轻黏土-中黏土，物理性黏粒（<0.01 毫米）大于 60%，最高达 74%。<0.001 毫米黏粒，表土层 26.8%，心土层 39.47%，随深度有增高趋势。见表 3-16。

该土属土壤既适于做林业用地，又适于做农业用地。但该土壤因处在下坡地，开垦之后土壤易产生水土流失，因此作为农业用地时，应搞好水土保持，以保土、保肥。

表 3-16 草甸暗棕壤机械组成分析结果

剖面号	取样地点	取土深度（厘米）	各颗粒含量（%）								质地
			1.0～0.25毫米	0.25～0.05毫米	0.05～0.01毫米	0.01～0.001毫米	0.005～0.001毫米	<0.001毫米	物理黏粒	物理沙粒	
8-11	鸡东镇银东五队西南300米	0～22	4.82	5.57	27.21	14.66	20.94	26.80	62.40	37.60	轻黏土
		40～50	4.70	1.90	23.73	12.93	20.49	36.24	69.69	30.31	中黏土
		70～80	3.97	2.63	19.41	11.87	22.65	39.47	73.99	26.01	中黏土

（2）沙质草甸暗棕壤土属：沙质草甸暗棕壤在土壤图上是5号土，面积为1 105.4公顷。主要分布在穆陵河冲积平原的沙岗上，零星而又镶嵌分布，面积很小，在土壤图上最大图斑面积仅118.7公顷，分布面积千公顷以上的有鸡林、下亮子和明德3个乡（镇）。土壤成土母质为沙性冲积物，植被为草甸-阔叶林杂木林。该土属土体构型为 A_1（或 A_P）、B、BC、C，与河淤土土体构型相似。表土层厚度平均值为26.6厘米（23～30厘米），棕灰色至灰色，团块状结构，土层夹杂沙粒，多为轻壤土。B层厚度平均24.7厘米（75～40厘米），灰棕色，结构不明显，中壤土。BC过渡层，厚度平均值为31.5厘米（24～40厘米），褐棕色。再往下和黄沙层相接。黄沙层以上的土层厚度，根据7个点的调查结果发现，黄沙层最少43厘米、最多20厘米，平均值为31.5厘米。

该土属选择26号剖面为代表剖面，采于下亮子乡长庆村西北300米处。剖面形态特征如下：

A_p 层：0～25厘米，灰色，团块状结构，紧，干，植物根系多，层次过渡明显。

B层：25～46厘米，暗棕色，结构不明显，紧，润，有锈斑，植物根系少，逐渐过渡到下层。

BC层：46～80厘米，黄棕色，结构不明显，紧，润，植物根系极少，向下逐渐过渡。

C层：80～100厘米，黄沙层。

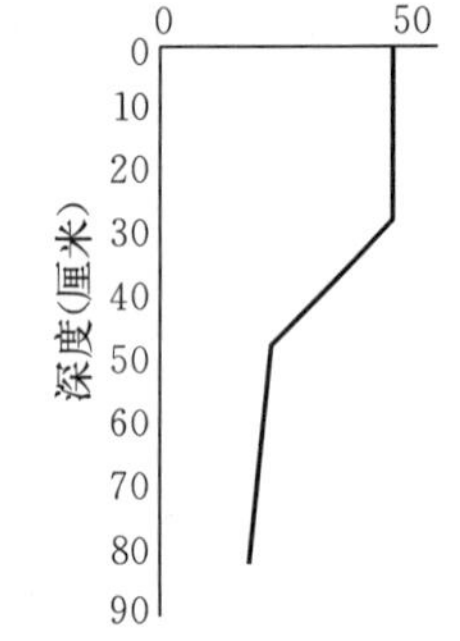

图 3-7 沙质草甸暗棕壤有机质垂直分布

该土属基本性状如下：

① 土壤表土层有机质平均含量44.5克/千克±1.572克/千克。自表土层向下急剧降低（图3-7）。速效养分状况（表3-17），钾含量丰富，氮、磷属中等水平。

表 3-17 沙质草甸暗棕壤农化样统计

项目		平均值	标准偏差	最大值	最小值	级差	样品数
有机质（克/千克）		44.5	1.572	60.98	29.68	3.130	3
全氮（克/千克）		1.83	0.051	2.38	1.39	0.099	3
速效养分（毫克/千克）	碱解氮	103.3	15.275	120.0	90.0	30.00	3
	有效磷	10.68	10.862	23.19	3.65	19.54	3
	速效钾	110.88	31.536	146.97	88.65	58.32	3

② 表土层水浸液 pH 为 6.3，呈微酸性反应，往下层 pH 为 7.0～6.8，呈中性反应。土壤表土层阳离子代换量不高，一般为 14 me/100 克土左右。

③ 从机械组成分析结果（表 3－18）可以看出，<0.001 毫米黏粒含量从表土层到淀积层有所增加，说明淀积层有黏化现象。再往下到 BC 过渡层，黏粒含量和表土层相差不多。土壤质地为轻壤土-中壤土。

表 3－18　沙质草甸暗棕壤机械组成分析结果

剖面号	取样地点	取土深度（厘米）	各颗粒含量（%）								质地
			1.0～0.25 毫米	0.25～0.05 毫米	0.05～0.01 毫米	0.01～0.001 毫米	0.005～0.001 毫米	<0.001 毫米	物理黏粒	物理沙粒	
26	下亮子乡长庆村西北 300 米	0～25	21.78	36.79	12.25	5.10	7.75	16.33	29.19	70.82	轻壤土
		30～40	44.76	9.05	11.34	6.19	8.04	20.62	34.85	65.15	中壤土
		55～65	42.27	13.61	10.31	6.18	10.10	17.53	33.81	66.19	中壤土

沙质草甸暗棕壤表土层有机质含量较高，土质轻，尤以母质层为松散，易受侵蚀。但由于质地松散，透水良好，容易耕作，土质热潮，发小苗，作物成熟早，如后期缺肥问题解决得好，庄稼就有好收成。因此，虽然零星分布，但多被开垦作为农用地。

3. 白浆化暗棕壤亚类　白浆化暗棕壤亚类在土壤图上是 6 号土，面积为 10 366.5 公顷。其中基本农田面积为 3 248.2 公顷，占全县基本农田面积的 3.9%。

该亚类成土母质多为洪积、坡积物，主要植被为杨桦林，主要成土过程为棕壤化过程，并附加白浆化过程。土壤剖面的腐殖质层（A_1）下 10～25 厘米处有一个明显的白浆化层次（A_1/A_w），这一层厚度平均为 16.6 厘米，呈浅灰白色；其下为浅棕到棕色的淀积层（B），可见到白色的 SiO_2 粉末和铁锰胶膜；再往下是棕色的母质层（C）。

代表剖面选择 14 号剖面，采于（鸡东镇）鸡东村鸡冠山南 2 000 米处。剖面形态特征如下：

A_p 层：0～19 厘米，浅灰色，团块状结构，紧，干，植物根系较多，层次过渡较明显。

A_1/Aw 层：19～28 厘米，浅灰白色，不明显的片状结构，紧，润，植物根系少，层次过渡明显。

B_1 层：28～38 厘米，浅棕色，结构不明显，实，润，有锈斑，植物根系极少，向下逐渐过渡。

B_2 层：38～92 厘米，暗棕色，核状结构，实，润，有铁锰胶膜、没有植物根系、过渡明显。

C 层：92～150 厘米，棕色，无结构，实，润。

该亚类基本性状如下：

① 土壤表土层有机质平均含量 35.5 克/千克±0.859 克/千克，有机质在剖面分布

(图 3-8)，表土层高，43 克/千克到 A_1/A_w 层急剧下降，有的甚至不足 10 克/千克。速效养分状况（表 3-19），钾较丰富，氮、磷较低，不如草甸暗棕壤养分高。

② 表土层水浸液 pH 为 6.5～6.9，呈中性反应，往下层次 pH 变化不大。土壤表土层阳离子代换量 11～16 me/100 克土，保肥能力较弱。

③ 表土层容重较小，一般为 1.1～1.2 克/立方厘米；心土层和底土层容重较大，心土层为 1.4 克/立方厘米，底土层为 1.5～1.7 克/立方厘米，土壤很紧实。土壤孔隙度由表层往下呈逐渐下降趋势。

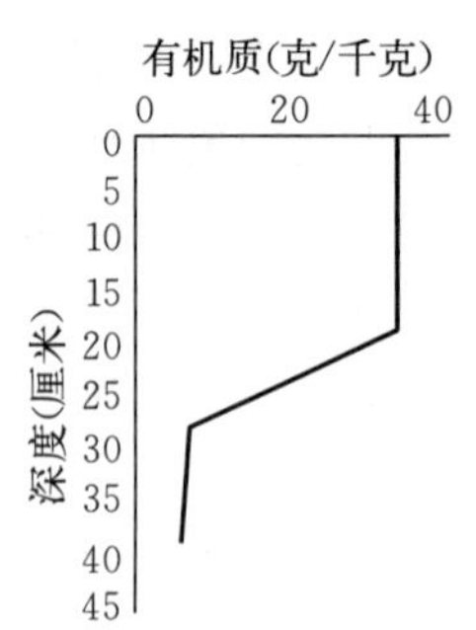

图 3-8　白浆化暗棕壤有机质垂直分布

表 3-19　白浆化暗棕壤农化样统计

项　目		平均值	标准偏差	最大值	最小值	级差	样品数
有机质（克/千克）		35.5	0.859	50.24	35.32	1.492	10
全　氮（克/千克）		1.75	0.042	2.42	1.28	0.114	10
速效养分（毫克/千克）	碱解氮	63.35	27.962	107.29	24.69	82.60	10
	有效磷	5.18	2.108	10.13	2.93	7.2	10
	速效钾	190.89	112.265	479.38	94.00	385.38	10

④ 从机械组成分析结果（表 3-20）可以看出，<0.001 毫米黏粒含量从表土层到淀积层有所增加，说明淀积层有黏化现象，土壤质地也由重壤土逐渐变为轻黏土。

表 3-20　白浆化暗棕壤机械组成分析结果

剖面号	采样地点	取土深度（厘米）	颗粒组成（%）	
			<0.01 毫米	>0.01 毫米
14	鸡东镇鸡东村鸡冠山南 2 000 米	0～19	18.56	49.48
		19～28	24.74	49.48
		28～38	35.42	56.04

(二) 白浆土土类

白浆土在鸡东县面积大，分布广，遍布各个乡（镇），但分布面积多少不等，其中面积较大的乡（镇）有东海镇、向阳镇、永和镇、永安镇、平阳镇和哈达镇。鸡东县白浆土面积 48 650.2 公顷，仅次于暗棕壤，居于第二位。在耕地中，基本农田白浆土面积为 14 756.6 公顷，占全县基本农田面积（调查面积）的 17.7%，是各种耕地土壤中的第二大类型。见图 3-9。

白浆土分布的地形部位不同，主要有丘陵漫岗、山麓台地和河谷阶地等。分布在南北丘陵漫岗的白浆土面积最大而又比较集中。垦前植被从杂木林到丛桦再到草甸草本植物，种类繁多。在低平地，成土母质为河湖相第四纪黏土沉积物；丘陵漫岗多为半风化的花岗岩残积物或坡积物；北部兴农镇一带为中生代煤系。上述母质发育的土壤，由于质地黏

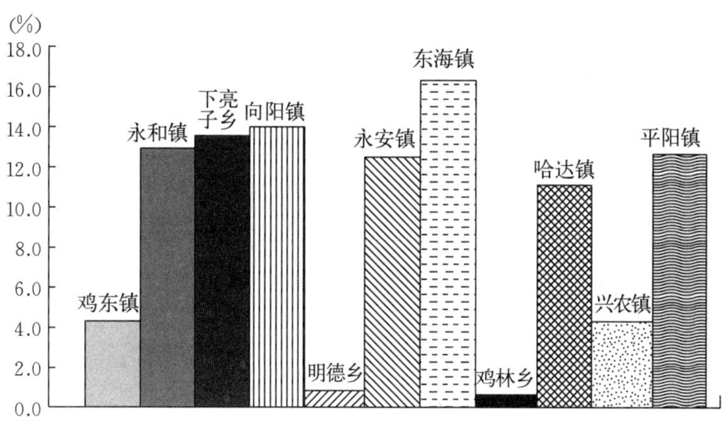

图 3-9 鸡东县白浆土分布示意图

重，透水性差，降水季节来临，土层上部多形成临时性滞水或地表积水，对白浆土的形成与发育起重要作用。

白浆土的形成是白浆化-铁锰胶膜的还原淋洗与就地胶结的结果。由于土壤水分的季节性变化，土壤干湿交替相间发生，使低价的铁、锰氧化物不断被漂洗并最终使土层脱色，形成一个灰白色的亚表层——白浆层，这是白浆土区别于其他土类的最重要的特征之一。

白浆土剖面有 3 个基本发生层次，最上层为腐殖质层，是有机质和养分积累较丰富、物理性状也好的层次，腐殖质层的厚薄和营养状况是这类土壤肥力高低的重要标志；其下为白浆层，这一层由于水分漂洗作用，使有机质及黏粒发生移动，结果使物理性状差，自然肥力低；再往下为淀积层，核状结构，结构表面有褐色胶膜和 SiO_2 粉末。白浆土有机质垂直分布比较见图 3-10。

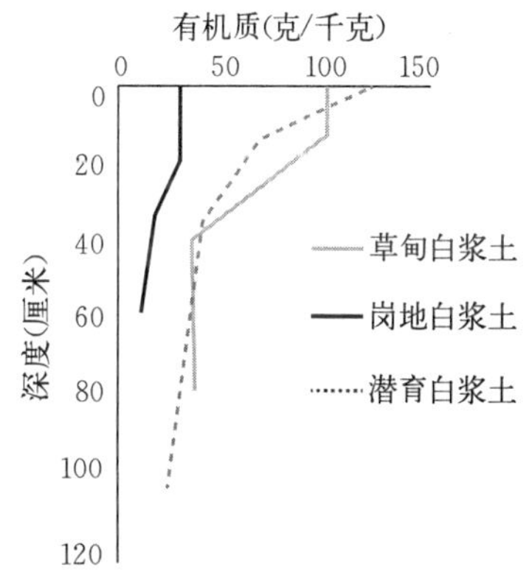

图 3-10 白浆土有机质垂直分布比较

根据白浆土的形成条件和水热状况，该区白浆土可分为白浆土、草甸白浆土和潜育白浆土 3 个亚类。现分述如下：

1. 白浆土亚类 又称暗棕壤性白浆土或岗地白浆土，主要分布于丘陵漫岗的缓坡与岗顶，一般地势较高，易于开垦，是历史上农业利用较早的土壤类型之一。基本农田面积 13 222.9 公顷，占全县基本农田面积的 15.8%，垦殖率为 65.2%，除基建用地外，荒地已为数不多。

白浆土亚类是白浆土中发育阶段较老、白浆化程度较深的亚类。分布地形部位较高，开垦前植被为阔叶杂木林，剖面发生层次清楚，形态特征特别明显。根据黑土层的厚薄和肥力高低不同，白浆土亚类又分为薄层、中层和厚层 3 个土种，在土壤图上的代号分别为 7 号、8 号、9 号土，基本农田面积分别为 1 920.7 公顷，10 018.1 公顷、1 284.1 公顷，占全县基本农田面积的比例分别为 2.3%、12.0%、1.5%。虽然白浆土各土种间黑土层和白浆层薄厚均不相同（表 3-21），但剖面形态特征基本相同。

表 3-21　白浆土亚类剖面各土层厚度

土壤名称	耕层（厘米）				白浆层（厘米）				剖面层
	平均值	标准差	最大	最小	平均值	标准差	最大	最小	
薄层白浆土	18.7	0.58	19.0	18.0	13.0	4.36	16	8	3
中层白浆土	21.9	6.14	37.0	16.0	16.5	5.58	28	9	10
厚层白浆土	23.0	2.00	25.0	21.0	24.3	13.58	40	17	3

选择 8-12 号剖面为代表剖面，采样地点是鸡东县火葬场东 400 米处，为旱田岗坡地，剖面形态特征如下：

A_p 层：0～19 厘米，浅灰色，团块状结构，稍紧，干，植物根系少，向下过渡明显。

A_w 层：19～35 厘米，灰白色，片状结构，稍紧，润，植物根系极少，向下过渡明显。

B_1 层：35～58 厘米，棕色，不明显核状结构，紧实，润，有棕色胶膜和铁锰结核，植物根系极少，向下过渡较明显。

B_2 层：58～110 厘米，浅棕色，核状结构，紧实，润，有铁锰结核，无植物根系，向下过渡较明显。

BC 层：110～135 厘米．棕色，核状结构，紧实，湿润，有铁锰结核，无植物根系。

白浆土的形态除上述特征外，还有以下特点：

① 在土壤剖面上可见到 SiO_2 粉末，大体分布在地表以下 18～40 厘米、宽度为 9～22 厘米。

② 铁锰结核沿剖面分布，大体在地表以下 35～115 厘米、宽度为 69～80 厘米。

③ 三氧化铁淀积物沿剖面分布，大体在地表以下 32～100 厘米、宽度为 65±1 厘米。

表 3-22　岗地白浆土机械组成分析结果

剖面号	取样地点	取土深度（厘米）	各颗粒含量（%）								质地
			1.0～0.25 毫米	0.25～0.05 毫米	0.05～0.01 毫米	0.01～0.001 毫米	0.005～0.001 毫米	<0.001 毫米	物理黏粒	物理沙粒	
8-12	鸡东县火葬场东 400 米	0～19	5.55	4.38	3.29	16.45	18.51	22.21	57.17	42.83	重黏土
		19～35	3.53	2.49	30.08	14.52	18.67	30.71	63.90	36.10	轻黏土
		35～58	0.86	0.24	12.96	12.95	15.12	57.87	85.94	14.06	轻黏土

岗地白浆土因受母质影响，质地比较黏重（表 3-22）。表土层和白浆层多为轻黏土，淀积层多为中黏土，淀积层向下的过渡层多为重黏土，黏化程度越往下越重。机械组成以粗粉沙（0.05～0.01 毫米）和黏粒（<0.001 毫米）为最多，黏粒在剖面上的分布呈下移趋势，且表层和底层的含量相差悬殊。A_p 层<0.01 毫米的物理性黏粒多为 45%～70%；B 层多为 50%～80%。上下土层的物理性黏粒含量最低相差 5%～10%，最高相差 35%左右，这是黏粒下移与淀积的结果，使机械组成在剖面上呈现明显的“二层性”特征。白浆土的容重在 1.1～1.4 克/立方厘米，在剖面上的分布趋势是从上而下渐增，总孔隙度则渐

减。以2号剖面为例，表土层的总孔隙度为58.87%，而心土层为45.6%，因此表层透水性好，而白浆层以下各层透水性则较差。

从白浆土农化样的分析结果看（表3-23），耕地土壤表层有机质含量平均为32.7～48.8克/千克，荒地可达120克/千克。耕地土壤全氮含量2.1克/千克左右，碱解氮100～120毫克/千克，速效钾100～300毫克/千克，均较丰富。有效磷含量仅2～5毫克/千克。白浆土养分状况和其黑土层的厚薄是相关的，黑土层薄则肥力较低，黑土层厚则肥力较高。

表3-23 岗地白浆土农化样分析统计

土壤名称	有机质（克/千克）		全氮（克/千克）		碱解氮（毫克/千克）		速效磷（毫克/千克）		速效钾（毫克/千克）		剖面数
	平均	标准差	平均	标准差	平均	标准差	平均	标准差	平均	标准差	
薄层白浆土	32.7	0.36	1.7	0.6	100.5	36.89	2.41	1.15	117.91	21.16	3
中层白浆土	36.9	0.41	1.7	0.4	101.67	43.43	3.73	3.66	217.02	84.61	28
厚层白浆土	48.8	0.96	2.1	0.4	125.1	63.64	5.22	1.23	324.27	112.58	5

岗地白浆土土壤有机质含量沿剖面的分布主要集中在表土层，且变化幅度较大。自表层向下到白浆层急剧下降，再向下逐渐减少（图3-11），可见有机质的总储量并不高。白浆层是白浆土生产力的限制因素，据13个土壤剖面的统计，白浆层的有机质平均含量为18.27克/千克（9.38～30.59克/千克），比耕层有机质平均含量低17.82克/千克。全氮和全磷及其速效养分也有同样趋势，加之白浆层黏粒大量淋失，保水保肥能力明显下降，所以白浆层理化性状差，土壤肥力低。白浆土土壤呈偏酸性反应，pH一般为6.0左右，在整个剖面上变化不大。见表3-24。

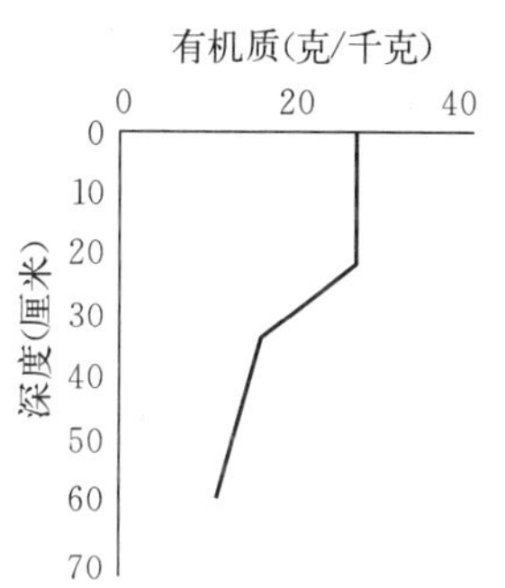

图3-11 薄层岗地白浆土有机质垂直分布

表3-24 岗地白浆土的化学性状

剖面号	采样地点	取土深度（厘米）	有机质（克/千克）	全量（克/千克）			pH	代换量（me/100克土）
				氮	磷	钾		
8-12	鸡东县火葬场东400米	0～18	26.68	1.18	0.99	23.85	6.6	18.601
		22～32	14.24	0.75	0.65	26.01	6.0	18.678
		40～50	12.48	—	—	—	6.1	—

目前，岗地白浆土绝大部分已被开垦利用，但白浆土质地黏重，白浆层和淀积层又是不透水层，土壤水分物理性状不良，既不抗涝、也不抗旱，加之土体养分总贮量不高，因此作物产量低。应用时应通过合理耕作、施用有机肥、种植绿肥、秸秆还田等措施，逐步加深耕作层，改良白浆层，同时也要搞好水土保持。

2. 草甸白浆土亚类 又称平地白浆土，主要分布在鸡东县平原区地势平缓的低阶地上。总面积1 835公顷。其中基本农田面积1 365.9公顷，占全县基本农田面积的1.6%。

根据黑土层的厚薄和肥力的高低，把鸡东县草甸白浆土亚类续分为中层平地草甸白浆土和厚层平地草甸白浆土 2 个土种。面积分别为 960.4 公顷和 396.5 公顷，占全县基本农田面积的比例分别为 1.15%、0.47%，在土壤图上的代号分别是 10 号、11 号土。

平地白浆土的自然植被是以小叶樟为主的杂类草甸，有些地方有少量的丛桦、沼柳等。母质为洪积黏土，有的混有部分淤积物或坡积物。剖面形态特征和理化性状与岗地白浆土既相似，又有区别。如平地白浆土腐殖质层一般较厚，颜色较深，有机质含量较高，淀积层的核状结构较小而颜色较深，一般无锈斑。选择 2-16 号剖面为代表剖面，采样地点是向阳镇古城子村原三队操场西北角，现为人工林。剖面形态特征如下：

A_1 层：0～11 厘米，灰色，团块状结构，紧，润，植物根系多，层次过渡明显。

A_w 层：11～41 厘米，灰白色，片状结构，紧，润，植物根系少，层次过渡明显。

B_1 层：41～75 厘米，暗灰色，小核状结构，紧，润，植物根系极少，向下层逐渐过渡。

B_2 层：75～100 厘米，棕灰色，核状结构，实，润，有铁锰结核和胶膜，逐渐过渡到下层。

BC 层：100～125 厘米，棕色，核状结构，紧实。

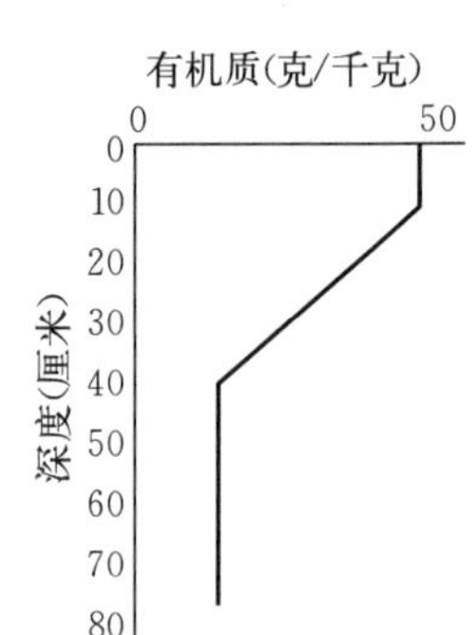

图 3-12　草甸白浆土有机质垂直分布

草甸白浆土的基本性状如下：

(1) 耕地土壤表层有机质含量平均 42.8 克/千克±8.28 克/千克，与厚层岗地白浆土的含量基本相似，到白浆层急剧下降（图 3-12），下降了 60%～70%。

土壤表层全量养分含量很丰富，全氮平均 3.08 克/千克，全磷平均 1.1 克/千克，全钾平均 29.70 克/千克。从土壤表层到白浆层，全氮、全磷含量锐减，全钾含量变化甚微。速效养分状况（表 3-25）表现为氮、钾丰富、磷缺乏。

表 3-25　中层平地草甸白浆土表层速效养分

项　　目		平均值	标准偏差	极值		级差	样品数
				最大	最小		
速效养分（毫克/千克）	碱解氮	132.83	23.80	170.00	41.30	128.70	4
	有效磷	6.21	5.09	13.01	1.75	11.26	4
	有效钾	174.83	46.776	212.20	122.37	90.00	4

(2) 土壤表土层为酸性反应，水浸液 pH 为 6.3～6.4，心土层往下呈中性反应，pH 为 6.5～7.1，向下有增高趋势。土壤阳离子代换量一般为 20～40 me/100 克土，属中下等水平。

(3) 土壤容重在剖面上的变化，表土层较低，为 1.0～1.1 克/立方厘米；心土层高，达 1.5～1.6 克/立方厘米，自表层向下呈增大趋势。总孔隙度变化趋势相反，越往下越小，表层最高，多在 50%以上，上下土层变化范围为 37%～58%。土壤表层田间持水量为 40%，到心土层降到 18%，下降了 45%。

(4) 草甸白浆土的机械组成与各粒级含量与岗地白浆土基本相似，以黏粒（<0.001 毫米）和粗粉沙（0.05～0.01 毫米）为主。见表 3-26。

表 3-26　草甸白浆土机械组成分析结果

剖面号	取样地点	取土深度（厘米）	各颗粒含量（%）								质地
			1.0～0.25毫米	0.25～0.05毫米	0.05～0.01毫米	0.01～0.001毫米	0.005～0.001毫米	<0.001毫米	物理黏粒	物理沙粒	
8-16	向阳镇古城子三队操场西北角	0～11	3.29	10.69	32.92	12.35	18.52	22.23	53.10	46.90	轻黏土
		21～31	3.14	8.33	21.97	12.56	18.84	35.16	66.56	33.14	中黏土
		52～62	1.7	4.06	22.34	14.89	23.40	33.61	71.90	28.10	中黏土

从上可见，草甸白浆土的理化性状基本上是好的，加之所处地形平坦，易于开垦利用，适于各种农作物种植，是鸡东县良好的耕地土壤。但同岗地白浆土一样，也存在着改造白浆层和培肥地力的问题。

3. 潜育白浆土亚类　又称低地白浆土，主要分布在哈达镇、兴农镇和下亮子乡河流附近的低洼地上。分布零散，面积小。鸡东县仅有 352.7 公顷。目前，已有 176.8 公顷潜育白浆土开垦为农田，约占全县基本农田面积的 0.2%。根据黑土层的厚薄和肥力的高低，该亚类又续分为中层潜育白浆土和厚层潜育白浆土 2 个土种，所占面积分别为 15.7 公顷、337 公顷，在土壤图上分别为 12 号、13 号土。

该土壤所处地势低洼，在荒地上常常生长一些喜湿性自然植被，如沼柳、小叶樟等。该土壤平时湿度较大，雨季来临，地表便有积水，加之底土黏重，透性不良，土体内部经常形成滞水。造成还原淋溶条件，产生潜育作用，具有明显的潜育现象，这是潜育白浆十独特的特点。潜育白浆土表层较厚，一般在 20 厘米左右，有的剖面表层有机质分解较差，微显泥炭化。白浆层可见到锈斑，厚度为 17 厘米左右，多发育不明显，结构微显片状。淀积层颜色发暗，结构小，呈小核状或粒状结构。

该亚类土壤的形成过程是白浆化与潜育化共同作用的结果，共有白浆土和沼泽土的某些特点。现以 14-6 号剖面为例加以说明，采样地点是平阳镇反修林场东 300 米处，地势低，地下水位浅。剖面形态特征如下：

A_p 层：0～12 厘米，暗棕色，团块状结构，松，温，植物根系多，层次过渡明显。

A_w 层：12～34 厘米，浅灰色，微显片状，较紧，温，有锈斑，植物根系少，层次过渡较明显。

B_g 层：34～98 厘米，暗灰色，小核状结构，实，湿，有锈斑，植物根系极少，逐渐过渡到下层。

BC 层：98～120 厘米，浅灰蓝色，核状结构，实，湿，有锈斑。

潜育白浆土的基本性状如下：

（1）耕层土壤有机质平均含量 68.1 克/千克，高者达 120 克/千克，在白浆土中是最高的。有机质含量由表层向下逐渐减少，下降速率比岗地白浆土和平地白浆土都小（图 3-13）。全氮平均含量 3.52 克/千克、全磷 1.91 克/千克、全钾 24.55 克/千克、养分比较丰富，速效养分状况（表 4-27）表现为氮、钾丰富、缺乏磷。

表 3-27 潜育白浆土速效养分

土壤名称	有机质（克/千克）	全氮（克/千克）	速效养分平均含量（毫克/千克）		
			碱解氮	速效磷	速效钾
中层低地潜育白浆土	79.87	3.16	172.7	5.90	315.5
厚层低地潜育白浆土	89.96	3.87	159.5	6.72	185.1

(2) 土壤呈微酸性反应，水浸液 pH 为 5.6～6.5。表层和亚表层阳离子代换量为 45～46 me/100 克，说明保肥能力较强。

(3) 表土层比较疏松，容重为 0.9～1.0 克/立方厘米，由表层向下逐渐增大，到心土层容重达 1.7 克/立方厘米，土体上松下紧。表土层总孔隙度在 60%以上，田间持水最高达 50%～60%，物理性状较好。

(4) 机械组成分析结果见表 3-28。

表 3-28 潜育白浆土机械组成分析结果

剖面号	取样地点	取土深度（厘米）	各颗粒含量（%）								
			1.0～0.25 毫米	0.25～0.05 毫米	0.05～0.01 毫米	0.01～0.001 毫米	0.005～0.001 毫米	<0.001 毫米	物理黏粒	物理沙粒	质地
14-6	平阳镇反修林场东 300 米	0～12	5.65	4.75	31.4	12.56	18.84	26.8	58.20	41.80	中黏土
		18～28	0.63	1.83	27.09	17.72	21.88	30.85	70.45	29.55	轻黏土
		61～71	1.67	0.67	22.95	16.70	22.95	35.06	74.71	25.29	中黏土

从表 3-28 中可以看出，潜育白浆土质地黏重，<0.01 毫米物理性黏粒多为 60%～70%，<0.001 毫米黏粒为 20%～30%，黏粒具有明显的下移趋势；与岗地白浆土和平地白浆土一样，土体的机械组成也以粗粉沙和黏粒为主。因此，潜育白浆土的基本性状是好的，但由于该土壤处在低洼地形，雨季易于积水，涝年受灾很重。所以，应采用排水措施，改善农田环境，为农作物生长提供良好的条件。

（三）草甸土土类

草甸土是在草甸植被下，受地下水浸润的影响发育形成的一种土壤，群众称为“甸子地”。主要分布在穆棱河两岸的泛滥地、低阶地和漫岗缓坡下部的低洼处，以及沟谷水线两侧的低平地带。草甸土分布很广，遍布鸡东县各个乡（镇）（图 3-13）。其中面积较大的有向阳、永和、鸡东 3 个乡（镇）。总面积 17 694.6 公顷，比暗棕壤、白浆土、沼泽土分布少，居于第四位。在耕地中草甸土基本农田为 10 290.1 公顷，占全县基本农田面积的 12.3%，是鸡东县第五大类耕地土壤。

成土母质多为近代淤积物，极少数为洪积物。自然植被以禾本科类草甸为主。

在充足的水分条件下，草甸植被生长茂密，地面覆盖度大，常达 100%，每年都有大量的植物根、茎、叶残体遗留给土壤，为草甸土有机质的积累提供了丰富的物质基础。因此，草甸土的有机质含量高，而且沿剖面下移也较深。草甸土的地下水位较高，一般为 1～2 米，地下水可沿毛管上升，浸润上层土壤，同时受季节降水的影响，地下水升降往

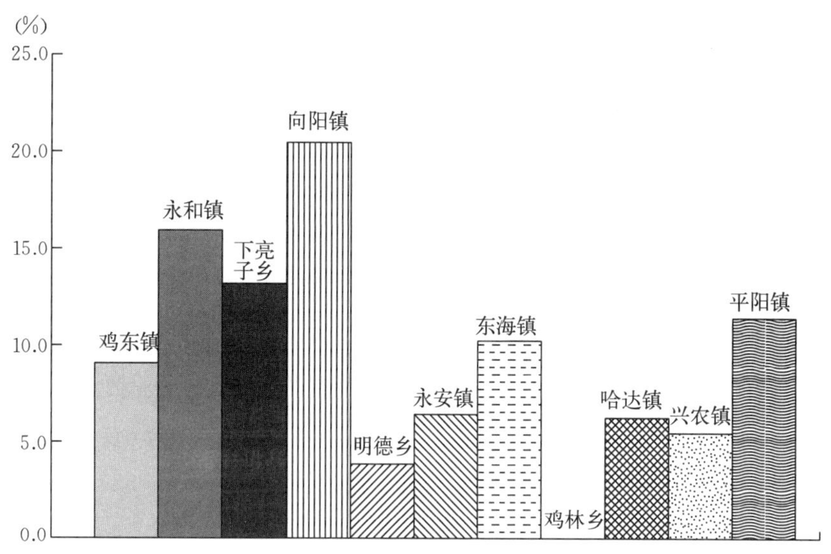

图 3-13　鸡东县草甸土分布示意图

复，干湿交替，潴育化作用明显，剖面中可见到铁子、锈斑及灰蓝色的潜育斑点。以上说明草甸土在成土过程中，具有明显的腐殖质累积和潴育过程。

由于各种成土因素的作用，鸡东县草甸土可划分为草甸土、白浆化草甸土、潜育草甸土和白浆化潜育草甸土 4 个亚类。现分述如下：

1. 草甸土亚类　草甸土亚类是这类土壤的典型亚类，主要分布在向阳镇、永和镇、鸡东镇。总面积 14 606 公顷，是草甸土中面积最大的亚类，面积占草甸土土类面积的 82.5%，基本农田为 8 466.1 公顷，占全县基本农田面积的 10.14%。

草甸土亚类续分为平地草甸土和沟谷草甸土 2 个土属。根据腐殖质层的薄厚和肥力的高低不同，土属往下续分为土种。鸡东县平地草甸土土属可续分为薄层、中层、厚层 3 个土种，沟谷草甸土土属只发现厚层沟谷草甸土 1 个土种。

土种的划分方法不同于其他土壤，其他土壤主要按表土层薄厚确定划分土种的指标。如果按同样方法做，鸡东县草甸土划分不出中层和厚层的土种，皆属薄层。事实上，草甸土耕作层下面的一层为暗灰色颜色，团粒状结构，所以表层和亚层的厚度应该合起来，来衡量草甸土的薄厚，这样便可划分出薄层、中层和厚层 3 个土种。鸡东县薄层（在土壤图上为 14 号土）和中层（15 号土）草甸土面积不大，多为厚层的。其中，厚层平地草甸土（16 号土）10 995.7 公顷，占该亚类面积的 75.3%；厚层沟谷草甸土（17 号土）3 261.4 公顷，占该亚类面积的 22.3%。

草甸土亚类在鸡东县多分布在穆棱河流域的低阶地和永和乡岗间沟谷水线两侧的低平地带。自然植被为杂草类草甸群落，成土母质为近代河流淤积物，少数为洪积淤积物，质地比较黏重。土壤剖面主要特征是腐殖质层深厚，暗灰色，团粒状结构。

选择 15 号剖面为代表剖面，采样地点鸡东县农建校菜地，地形平坦，地下水位较深，土壤质地黏重，剖面形态特征如下：

A_p 层：0～20 厘米，浅灰色，团块状结构，松，润，有铁子，植物根系较多，层次过渡较明显。

A_1 层：20～42 厘米，灰色，粒状结构，紧，润，有铁子，铁锰结核，植物根系少，逐渐过渡到下层。

AB 层：42～55 厘米，深灰，团粒状结构，紧，润，少量铁子，个别有植物细根，逐渐过渡到下层。

B_g 层：55～145 厘米，灰色，粒状结构，紧，润，有灰蓝色斑点，层次过渡不明显。

C 层：145～160 厘米，浅黄色，结构不明显，较紧实。

该亚类基本性状如下：

（1）土壤表层有机质含量平均 30～60 克/千克，高者达 80 克/千克。有机质含量的多少与黑土层厚度密切相关，一般来说，黑土层厚，有机质含量高，反之，黑土层薄，有机质含量则低（表 3-29）。有机质分布曲线比较缓和，见图 3-14。

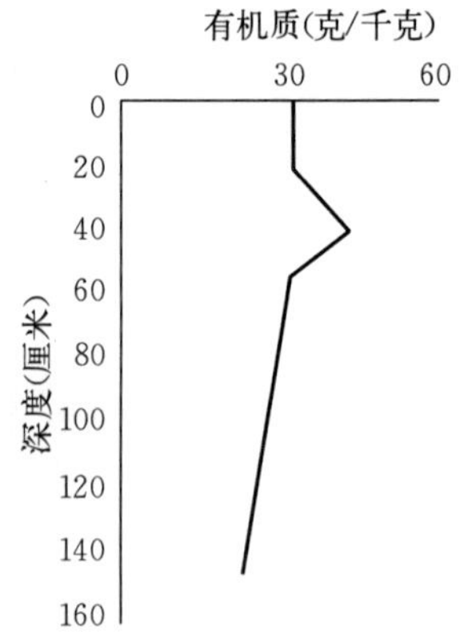

图 3-14　厚层平地草甸土有机质垂直分布

表 3-29　有机质含量与黑土层厚薄关系

黑土层厚度（厘米）	有机质含量（克/千克）
<25	31.74
25～40	42.33
>40	52.91

（2）土壤全量养分含量高：草甸土亚类全量养分状况见表 3-30。

表 3-30　草甸土亚类全量养分状况

剖面号	采样地点	取土深度（厘米）	全量（克/千克）		
			氮	磷	钾
8-3	鸡东村北 150 米	0～10	1.38	1.96	37.04
		12～22	1.29	7.24	38.04
2～18	向阳镇向前村 500 米	0～18	1.87	1.21	26.05
		38～48	1.18	0.67	27.20
15	鸡东县农建校菜地	5～15	2.36	26.1	18.37
		26～36	2.32	2.80	18.31

全氮含量 2.1 克/千克左右，全磷 1～3 克/千克，全钾 30 克/千克左右，潜在肥力较高。速效养分状况，碱解氮 120 毫克/千克左右，有效磷 5～8 毫克/千克，速效钾 250 毫克/千克左右，富钾、缺磷、氮居中，见表 3-31。

（3）草甸土亚类耕层土壤比较疏松，容重 1.02 克/立方厘米，由表层往下逐渐增高，到心土层容重达 1.3～1.5 克/立方厘米，土壤很紧实。总孔隙度为 42%～62%，变动较大。田间持水量为 30%～50%，持水性很强。

表 3-31　草甸土亚类速效养分状况

土壤名称	碱解氮（毫克/千克）		有效磷（毫克/千克）		速效钾（毫克/千克）		剖面数
	平均值	标准差	平均值	标准差	平均值	标准差	
薄层平地草甸土	118.2		5.45		160.2		1
中层平地草甸土	105.0		5.40		278.9		2
厚层平地草甸土	151.7	40.4	7.70	6.7	286.0	170.9	21
厚层沟谷草甸土	118.8	34.6	4.58	1.6	304.9	170.6	5

（4）土壤呈中性反应，水浸液 pH 为 6.5～7.0，土体上下各层变化不大。土壤保肥力较强，阳离子代换量通常为 30～60 me/100 克土。

（5）机械组成分析结果（表 3-32）表明，草甸土的土质较黏，多属轻黏土和中黏土。物理性黏粒（<0.01 毫米）为 50%～79%，黏粒（<0.001 毫米）为 26%～51%。黏粒沿剖面的分布有分层现象。

表 3-32　草甸土亚类机械组成分析结果

剖面号	取样地点	取土深度（厘米）	各颗粒含量（%）								质地
			1.0～0.25 毫米	0.25～0.05 毫米	0.05～0.01 毫米	0.01～0.001 毫米	0.005～0.001 毫米	<0.001 毫米	物理黏粒	物理沙粒	
14-6	鸡东村北 150 米	0～10	2.08	17.54	30.19	9.37	14.58	26.24	50.19	49.81	轻黏土
		12～22	2.28	19.63	27.00	10.38	14.54	26.17	51.09	58.91	轻黏土
		34～44	2.57	22.55	19.98	7.36	12.62	34.92	54.90	45.10	轻黏土
2-18	向阳镇向前村东北 500 米	0～18	1.28	2.20	22.47	11.77	24.61	37.67	74.05	25.95	中黏土
		38～48	1.73	0.89	22.67	9.72	23.75	42.24	74.71	25.29	中黏土
		69～79	1.30	0.88	18.43	13.02	28.2	38.17	79.39	20.61	中黏土
21	下亮子乡裕国村西南 1 500 米	0～36	1.29	5.17	30.21	27.08	5.00	31.25	63.33	36.67	轻黏土
		45～55	2.16	2.71	24.37	9.53	18.86	42.37	70.76	29.24	中黏土
		85～95	1.46	2.39	20.35	10.29	14.12	51.39	75.80	24.20	中黏土

总之，草甸土亚类是一种肥力较高的土壤，怕涝不怕旱，保肥性强，所以应以用为主，充分发挥该类土壤潜在肥力高的优势。同时也应改善地表的排水条件，采取改土措施，改变土质黏糗性，提高土壤肥力的有效性和肥能力。

2. 白浆化草甸土亚类　白浆化草甸土亚类是草甸土和白浆土过渡的类型，在土壤图上是 18 号土。土壤分布面积甚小，仅见于下亮子、鸡东和明德 3 个乡（镇）。合计面积 558.8 公顷。其中基本农田面积为 296.6 公顷，占全县基本农田面积的 0.4%。白浆化草甸土亚类除具有草甸土的共性外，因其白浆化作用参与了成土过程，还具有个性特征，这就是在腐殖质层下有一个发育不完全的白浆层。白浆化草甸土亚类只分厚层白浆化草甸土 1 个土种。

选择 4-16 号剖面为代表剖面，采样地点下亮子乡道南 100 米处，地势平坦，现为田地，剖面形态特征如下：

A_p 层：0～28 厘米，暗灰色，团块状结构，松，潮，植物根系多，层次过渡明显。

A_1/A_w 层：28～40 厘米，暗灰色，不明显片状结构，稍紧，潮，植物根系少，层次过渡较明显。

AB 层：40～77 厘米，暗灰色，不明显核状、粒状结构，紧实，潮，无植物根系。

该亚类基本性状如下：

(1) 土壤表层有机质含量平均 30～50 克/千克，比草甸土亚类略低。有机质分布曲线比较缓和（图 3-15）。

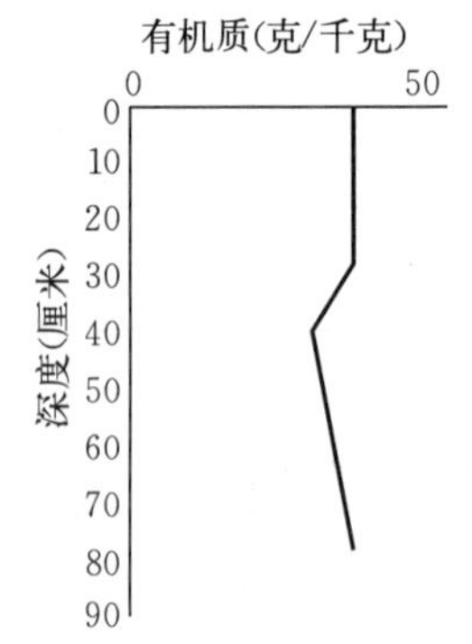

图 3-15 厚层白浆化草甸土有机质垂直分布

(2) 土壤全氮含量 2 克/千克左右，全磷 1.2～1.5 克/千克，全钾 20～30 克/千克，具有一定的潜在肥力。速效养分状况（表 3-33）表现为氮、钾丰富，缺乏磷素，但比草甸土亚类养分状况略好些。

表 3-33 白浆化草甸土农化样统计

项目		平均含量	标准偏差	最大值	最小值	级差	样品数
有机质（克/千克）		39.76	11.88	57.49	26.27	2.852	6
全氮（克/千克）		1.94	0.37	2.31	1.37	0.094	6
速效养分（毫克/千克）	碱解氮	128.0	41.6	180.0	69.0	111.0	6
	有效磷	7.122	4.881	14.27	1.28	2.99	6
	速效钾	160.74	63.26	269.04	91.25	177.79	6

(3) 土壤呈中性反应，水浸液 pH 为 6.4～6.8，土体上下各层变化不大。土壤阳离子代换量 30 me/100 克土左右，属于中等水平。

(4) 白浆化草甸土机械组成分析结果（表 3-34），该土壤土质比较黏重，多属轻黏土和中黏土，物理性黏粒（<0.01 毫米）占 60%～75%，黏粒（<0.001 毫米）占 26.7%，比草甸土亚类少，说明黏性稍差。

表 3-34 白浆化草甸土机械组成分析结果

剖面号	取样地点	取土深度（厘米）	各颗粒含量（%）								质地
			1.0～0.25 毫米	0.25～0.05 毫米	0.05～0.01 毫米	0.01～0.001 毫米	0.005～0.001 毫米	<0.001 毫米	物理黏粒	物理沙粒	
4-16	下亮子乡道南 100 米	0～20	0.19	1.65	27.27	16.78	23.07	31.04	70.89	29.11	轻黏土
		29～39	0.28	0.30	27.61	12.75	19.12	39.94	71.81	28.19	中黏土
		53～63	0.15	2.03	22.18	16.90	24.30	34.44	75.64	24.36	中黏土

(5) 白浆化草甸土潜在肥力和有效肥力均较好，是良好的耕地土壤，但对这种土壤黏冷的弊病也应加以调治。可采用适当深耕，多施热性有机吧，种植绿肥，施用草炭等措

施，除黏去冷，提高土壤的生产性能。

3. 潜育草甸土亚类　该亚类土壤位于草甸土的更低地形部位，介于草甸土与沼泽土之间，是草甸土向沼泽土过渡的一个土壤类型。面积 1 766.6 公顷，其中基本农田面积 1 314.3 公顷，占全县基本农田面积的 1.57%。该土壤在鸡东县平阳、兴农和东海 3 个乡（镇）比较多见。

潜育草甸土亚类续分为平地潜育草甸土和沟谷潜育草甸土 2 个土属。根据腐殖质的厚薄和肥力的高低，又进一步划分出厚层平地潜育草甸土、中层沟谷潜育草甸土和厚层沟谷潜育草甸土 3 个土种，在土壤图上的代号分别为 19 号、20 号、21 号土，面积分别为 240.5 公顷、533.7 公顷、540.1 公顷，占全县基本农田面积的比例分别为 0.03%、0.64%、0.65%。

潜育草甸土亚类自然植被以小叶樟等喜湿性杂草为主，混有薹草等沼泽成分。所处地形部位较低，地下水位较高，地表排水不好，土壤经常处于过湿状态。土壤除草甸化过程外，还进行着潜育化过程，有明显的潜育特征，土体底部有潜育层。选择 30 号剖面为代表剖面，采样地点哈达镇新义村东 200 米处，地势低平，土壤湿度大。剖面形态特征如下：

A_p 层：0～18 厘米，灰色，团块状结构，紧，润，植物根系多，层次过渡明显。

AB 层：18～70 厘米，暗灰色，团粒状结构，紧，润，植物根系少，层次过渡明显。

BG 层：70～107 厘米，蓝灰色，粒状结构，紧，湿润，层次过渡明显。

C 层：107～130 厘米，浅棕色，粒状结构，实，湿。

该亚类基本性状如下：

（1）土壤表土层有机质含量 60～130 克/千克，沿剖面分布，自表层向下逐渐减少（图 3-16），到 1 米以下的土壤含量仍达 10 克/千克左右。可见有机质总储量很丰富。

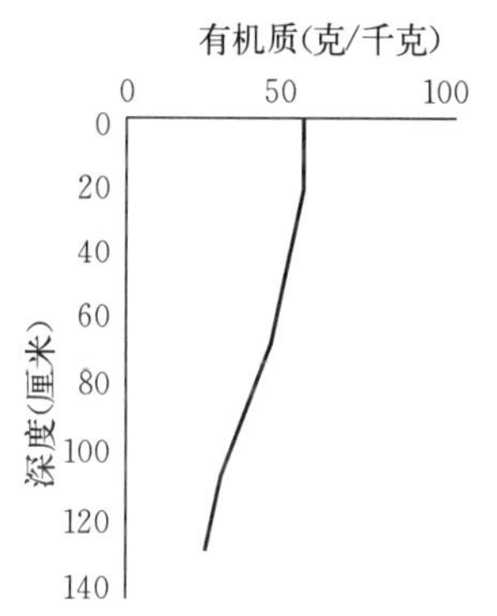

图 3-16　厚层沟谷潜育草甸土有机质垂直分布

（2）土壤表土层全量养分，全氮 2～4 克/千克，全磷 1～3 克/千克，全钾 25～30 克/千克，阳离子代换量 40 me/100 克土左右，土壤保肥能力很强。

（3）潜育草甸土亚类表土层速效养分状况见表 3-35。从中可以看出氮、钾丰富，磷素缺乏。

表 3-35　潜育草甸土亚类表土层速效养分状况

土壤名称	速效养分（毫克/千克）		
	碱解氮	有效磷	速效钾
厚层平地潜育草甸土	165.4	2.91	267.7
中层沟谷潜育草甸土	245.5	12.06	359.6
厚层沟谷潜育草甸土	133.8	3.32	266.9

（4）土壤呈中性反应，水浸液 pH 为 6.5 左右，土体上下层 pH 变化不大。

（5）土壤表土层疏松，容重 1.06～1.08 克/立方厘米，往下逐渐增大，到心土层达 1.44 克/立方厘米左右，土壤板结。田间持水量在 30%～50%，可见土壤持水性很强。

（6）土壤质地大部分为轻黏土和中黏土，物理性黏粒大于 50%，有的接近 70%，黏粒（<0.001 毫米）含量大于 30%（表 3-36）。黏粒沿剖面的分布受母质的影响，有的上下变化不大，有的底土偏轻。

表 3-36　中层沟谷潜育草甸土机械组成分析结果

剖面号	取样地点	取土深度（厘米）	各颗粒含量（%）								质地
			1.0～0.25 毫米	0.25～0.05 毫米	0.05～0.01 毫米	0.01～0.001 毫米	0.005～0.001 毫米	<0.001 毫米	物理黏粒	物理沙粒	
10-10	东海镇兴隆东南 500 米	0～15	0.64	1.05	30.35	14.96	21.37	31.63	67.96	32.04	中黏土
		20～30	0.42	1.42	28.62	12.72	25.44	31.38	69.54	30.46	中黏土
		50～60	1.90	1.18	29.62	12.70	21.16	33.44	67.30	32.70	中黏土
35	下亮子乡四排东南 1 400 米	0～16	1.61	5.46	29.97	13.92	16.92	32.12	62.96	37.04	轻黏土
		25～35	1.30	6.26	22.46	12.96	13.82	43.20	69.98	30.02	中黏土
		55～65	2.69	13.14	25.00	10.00	14.79	34.38	59.17	40.83	轻黏土
		79～89	11.05	20.89	21.65	9.28	10.93	26.80	47.01	52.99	重黏土

总之，潜育草甸土亚类土壤有机质积累多，表层有机质含量高，全量养分含量也高。但有效养分释放慢，比较缺磷；土质黏重，透水性差；雨季土壤上层有滞水，湿度大。在利用时应采取排水措施，改变冷湿状态，发挥土壤潜在肥力高的优势。该土壤作为水田、旱田均可，而且耐种年限较长。

4. 白浆化潜育草甸土亚类　白浆化潜育草甸土是潜育白浆土与潜育草甸土之间的过渡型亚类，在鸡东县分布很少，而且土种单一。只见于下亮子乡，发现薄层白浆化潜育草甸土 1 个土种，在土壤图上为 22 号土，面积 485.4 公顷。其中基本农田面积为 213.1 公顷，占全县基本农田面积的 0.25%。

白浆化潜育草甸土亚类分布地形和自然植被基本和潜育草甸土亚类相同，所不同的是前者白浆化作用参与了成土过程，土壤的亚表层出现了白浆化层次。

选择 4-1 号剖面为代表剖面，采样地点下亮子乡新立前屯东 60 米处，地势低平，现为旱田。剖面形态特征如下：

A_p 层：0～22 厘米，暗灰色，小粒状结构，紧实，潮，植物根系少，层次过渡明显。

A_1/A_w 层：22～46 厘米，浅灰色，不明显的片状结构，紧实，潮，有锈斑，植物根系极少，层次过渡明显。

B 层：46～91 厘米，暗褐色，小核状结构，紧实，潮，无植物根系。

该亚类基本性状如下：

（1）土壤表土层有机质含量 30～60 克/千克，白浆化层次含量在 40 克/千克左右，再往下含量在 50 克/千克左右，在剖面上的分布是表土层有机质含量高，到白浆化层次减少，再往下有所增加。

(2) 土壤表土层全氮含量1～2克/千克、全磷1克/千克、全钾20克/千克，全氮属中等偏低水平，全磷属中等水平，全钾属极高等水平。速效养分状况（表3-37）表现为氮、钾丰富，磷素极为缺乏。

表3-37 薄层白浆化潜育草甸土速效养分状况

速效养分（毫克/千克）		
碱解氮	有效磷	速效钾
145.0	3.67	185.66

(3) 土壤表土层呈中性反应，水浸液pH接近7，往下逐渐变小，到心土层pH为6.2，呈微酸性反应。土壤阳离子代换量为47 me/100克土，属极高水平。

(4) 土壤质地黏重，大部分为中黏土，物理黏粒（<0.01毫米）含量为70%～80%，黏粒（<0.001毫米）含量30%～40%，且从表土层向下逐渐增高，见表3-38。

表3-38 薄层白浆化潜育草甸土机械组成分析结果

剖面号	取样地点	取土深度（厘米）	各颗粒含量（%）								质地
			1.0～0.25毫米	0.25～0.05毫米	0.05～0.01毫米	0.01～0.001毫米	0.005～0.001毫米	<0.001毫米	物理黏粒	物理沙粒	
4-1	下亮子乡新立前屯东60米	0～22	1.73	0.99	24.80	12.95	25.88	33.65	72.48	27.52	中黏土
		29～39	2.36	1.87	21.47	12.89	19.32	42.09	74.30	25.70	中黏土
		64～74	0.21	2.46	18.14	13.88	26.68	38.63	79.19	20.81	中黏土

总之，白浆化潜育草甸土亚类，基础肥力中等偏低，在利用上同潜育草甸土，应注意土壤排水和培肥。

（四）沼泽土土类

沼泽土主要分布在南北低山丘陵区山间沟谷和水线上，是在沼泽环境中形成的，其分布与地形及水文状况有极密切的关系。沼泽土分布较广，遍及鸡东县各乡（镇）。据统计，兴农镇和平阳镇2个镇的沼泽土的面积占全县沼泽土面积的70%（图3-17）。沼泽土总面积为21 036.8公顷，是鸡东县第三大类土壤。其中基本农田面积12 691.6公顷，占全县基本农田面积的15.2%。

沼泽土母质黏重，多发育在第四纪河湖相沉积物上，黏土层厚，透水性差，持水性慢，加之夏季降水多而集中，在山间沟谷和水线地上产生了滞水或积水，加速了沼泽土的发育速度。自然植被多为沼生、湿生植物，如薹草、小叶樟等。沼泽土剖面有两个基本发生层次，即土体上部的泥炭层或泥炭腐殖质层和土体下部的潜育层。两个层次分别是相应成土过程的产物。由于受降水及地表水的长期作用，土壤水分经常处于饱和状态。在潮湿积水条件下，沼泽植物生长繁茂，可累积大量有机质，同时土壤中的微生物活动微弱，有机质不能充分分解，而以粗有机质和半腐有机质的形式累积于地表，逐渐形成较厚的泥炭

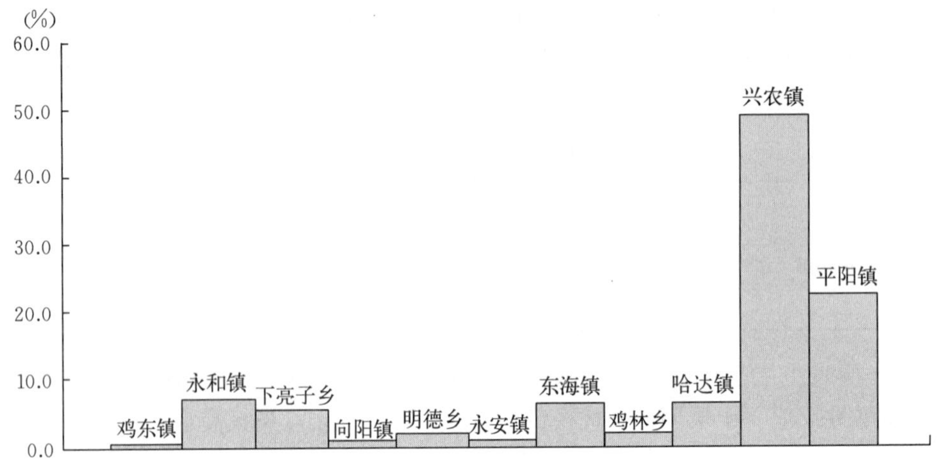

图 3-17　鸡东县沼泽土分布示意图

腐殖质层或泥炭层。而土体下部，受积水的影响，土壤中的元素物质处于还原状态，进行着潜育化过程。这就是沼泽土的两个基本成土过程，即表土层的泥炭化和心土-底土层的潜育化过程。

根据土壤泥炭化和潜育化程度上的差异，沼泽土土类又续分为草甸沼泽土、泥炭腐殖质沼泽土和泥炭沼泽土 3 个亚类。现分述如下：

1. 草甸沼泽土亚类　该亚类土壤是草甸土和沼泽土中间的一个过渡类型。主要分布于沼泽的外围，分布面广，遍布鸡东县各乡（镇），主要集中分布在兴农镇、平阳镇、永和镇。在土壤图上是 23 号土，面积 19 841.9 公顷，占沼泽土土类面积的 94.3%，是沼泽土中最大的 1 个亚类。在耕地土壤中，该亚类土壤基本农田面积为 12 413.2 公顷，占全县基本农田面积的 14.9%，占沼泽土土类耕地面积的 97.8%。可见草甸沼泽土亚类不是鸡东县主要耕地土壤，但在沼泽土土类中，其农用地位是比较突出的。

草甸沼泽土亚类一般地下水位较高，土壤经常处于潮湿状态，自然植被多为小叶樟、薹草等草甸-沼泽群落。土壤剖面特征是表层为半泥炭化的草根腐殖质层，有铁子出现，草根极多，层次过渡较明显；往下为腐殖质层，颜色较表层深，团粒状结构，有锈斑出现；再往下为蓝灰色的潜育层。

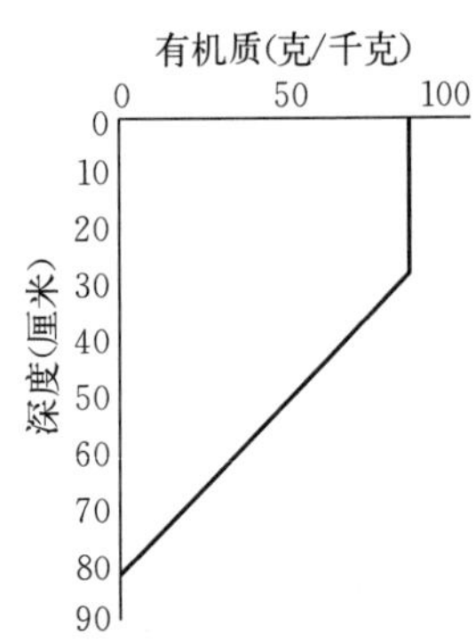

图 3-18　草甸沼泽土有机质垂直分布

草甸沼泽土潜在肥力很高。表层有机质含量平均为 90 克/千克，最高达 190 克/千克。有机质在剖面的分布（图 3-18）以表土层为最多，到亚表层为 50～70 克/千克，占表土层的 37%～47%，再往下到心土层为 1.3%～1.4%，占亚表层的 0.2%～0.3%。土壤全量养分很高，全氮 3～8 克/千克，全磷 2～5 克/千克，全钾 20～30 克/千克。阳离子代换量为 45～60 me/100 克土，属高等水平以上，说明土壤保肥能力很强。速效养分状况（表 3-30），表现为氮、钾丰富，缺乏磷素营养。土壤表土层呈微酸性反应，水浸液 pH 为 6.1～5.8，心土层往下 pH 在 6.6 左右，近中性反应。土壤机械组成分析（表 3－40）表明，草甸沼泽土亚类质地黏重，为轻黏土-中黏土。每个土壤发生层次中，黏粒（＜0.001 毫米）含量却最多，占 31%～37%，黏粒沿剖面的分布，中部含量较上下各层为高。

表 3－39　草甸沼泽土速效养分分布状况

	速效养分（毫克/千克）	
碱解氮	速效磷	速效钾
142±25.9	5.8±2.8	186.7±59.5

表 3－40　草甸沼泽土机械组成分析结果

剖面号	取样地点	取土深度（厘米）	各颗粒含量（%）								质地
			1.0～0.25 毫米	0.25～0.05 毫米	0.05～0.01 毫米	0.01～0.001 毫米	0.005～0.001 毫米	＜0.001 毫米	物理黏粒	物理沙粒	
3－1	下亮子乡长庆西南 1 000 米	0～27	5.08	8.28	23.15	8.82	22.04	32.63	63.49	36.51	轻黏土
		36～46	1.26	11.24	23.02	8.38	18.84	37.26	64.48	35.52	轻黏土
		62～72	2.96	0.82	24.75	14.8	25.37	31.30	71.47	28.53	中黏土

由于草甸沼泽土亚类潜在肥力高，所处地形相对较高，一般地表无积水，在沼泽土土类中相对较易开垦，应进一步开发利用。已开发作为农田的地块，应注意排水，防止局部涝灾。

2. 泥炭腐殖质沼泽土亚类　泥炭腐殖质沼泽土亚类主要分布在泥炭沼泽土的外缘，是在“活水”与“死水”季节交替下发育而成的。这种土壤在鸡东县所见甚少，仅见于兴农镇，属埋藏型泥炭腐殖质沼泽土，在土壤图上为 24 号土，基本农田面积为 68.7 公顷，仅占全县基本农田面积的 0.08%。

泥炭腐殖质沼泽土，地面积水期长，在极为干旱的情况下，才可能短期露出水面。剖面发育层次比较明显，表层为泥炭层，平均厚度达 25 厘米；草根极多，密集成层；往下为腐殖质层；再往下为蓝灰色的潜育层。

泥炭腐殖质沼泽土潜在肥力高，表土层有机质含量为 120 克/千克，泥炭层达 460 克/千克。有机质沿剖面分布，从表层到泥炭层急剧增大，再往下逐渐减少。土壤全量养分丰富，全氮 4～9 克/千克，全磷 2 克/千克，全钾 20 克/千克，均为高等水平以上。速效养分状况，碱解氮 28.2 毫克/千克，有效磷 9.05 毫克/千克，速效钾 218.0 毫克/千克，氮、钾丰富，磷素缺乏。土壤保肥能力强，阳离子代换量 50 me/100 克土，属高等水平。土壤呈偏酸性反应，水浸液 pH 为 5.7 左右，土体上下 pH 变化不大。土壤疏松，表土层容重 1.05 克/立方厘米，泥炭层 0.31 克/立方厘米，再往下为腐殖质层，容重 0.89 克/立方厘米。土壤通气性差，表土层为 2%，泥炭层下的腐殖质层仅为 0.04%。土壤持水性能极强，表土层田间持水量 56%，泥炭层下腐殖质层 75%。

泥炭腐殖质沼泽土主要利用措施是防洪排涝，降低地下水位，改善土壤通气条件，促进有机质分解，发挥土壤潜在肥力。

3. 泥炭沼泽土亚类 泥炭沼泽土在土壤图上为25号土，基本农田面积为209.7公顷，占鸡东县基本农田面积的0.25%。面积少，分布零星，除哈达镇相对较多外，其余乡（镇）或者很少，或者无分布。

泥炭沼泽土和泥炭腐殖质沼泽土都是在常年积水的条件下发育的，两种土壤在形态特征上有共同之点，即泥炭层的厚度均小于50厘米；也有不同之处，就是泥炭沼泽土只有泥炭层和潜育层两个基本发生层次，而泥炭腐殖质沼泽土除上述两个层次外，在泥炭层和潜育层之间还有一个腐殖质层。

泥炭沼泽土自然植被为薹草、芦苇等沼生植物群落。土质为轻黏土，比较黏重。机械组成以黏粒（<0.001毫米）为主，占26%～36%。潜在肥力很高，地表草根层有机质含量270～700克/千克、泥炭层140～160克/千克、潜育层30～80克/千克。泥炭层全量养分丰富，全氮10～20克/千克，全磷2～3克/千克，全钾10～20克/千克。潜育层全氮、全磷含量均低于泥炭层，但全钾含量高于泥炭层，高1.1～2.8倍。土壤呈微酸性反应，水浸液pH为5.6左右，土体上下pH变化不大。阳离子代换量50～60 me/100克土，保肥能力强。泥炭层疏松，容重0.37～0.45克/立方厘米，到潜育层容重达0.82～1.27克/立方厘米，比较紧实。泥炭层通气孔隙度13%～15%，田间持水量151%～198%；到潜育层通气孔隙度0.68%，田间持水量37%～40%。

该亚类由于过冷、过湿，以前只能作为草场。随着农业生产的发展，采用相应的水利工程措施，改善水热条件，已开垦为水稻田。

（五）泥炭土土类

泥炭也叫草炭。它是在地形低洼、地表终年积水的地方，在沼生植被茂密生长的环境下，经过很长历史时期，有机残体在冷湿条件下逐渐积累形成的。这种土壤泥炭层大于50厘米，有机质含量在300克/千克以上。在鸡东县分布（图3-19）既少又零散，

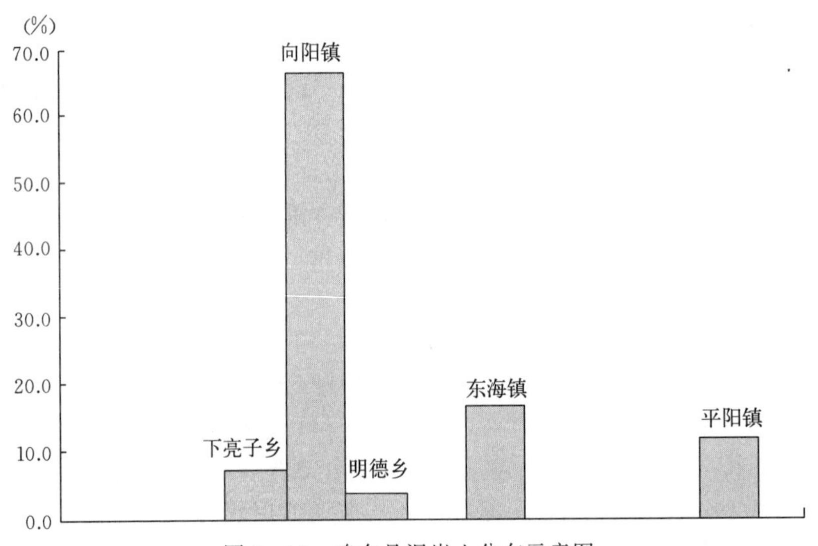

图3-19 鸡东县泥炭土分布示意图

主要分布于向阳、东海等乡（镇）的山谷洼地上。通过本次草炭资源调查，全县发现草炭42处，基本农田面积为145.9公顷。总贮量约为1 586.4万立方米。鸡东县泥炭土属于低位泥炭土亚类，根据埋藏层次的有无又续分为草本低位泥炭土和埋藏型草本低位泥炭土2个土属，根据泥炭层的厚度划分出薄层草本低位泥炭土（泥炭层50～100厘米）、中层草本低位泥炭土（泥炭层100～200厘米）和薄层埋藏型草本低位泥炭土3个土种，面积分别为119.5公顷、22.7公顷和3.7公顷，在土壤图上分别为26号、27号、28号土。

泥炭土的剖面构型主要由泥炭层和潜育层组成，而埋藏型泥炭土在泥炭层上覆盖着埋藏层。泥炭比较疏松，体轻富有弹性，容重小于1.0克/立方厘米，一般只有0.2～0.3克/立方厘米，孔隙度在80%以上，持水性能很强，一般为200%～600%。具有吸附气体的能力，吸氨为0.3%～1.0%。有机质含量高，全量养分多，全氮量为20～25克/千克，全磷量为2克/千克左右。速效养分变幅很大，碱解氮为60～150毫克/千克，有效磷为4～26毫克/千克，速效钾为265～374毫克/千克，土壤水浸液pH为5～6，酸度较大，分解度一般都不高。

泥炭土由于冷凉，水分过多，农、牧业生产利用很少。但泥炭是很好的天然资源，利用草炭改土、造肥都是农业生产的有效增产措施。因此在掌握草炭资源的分布、数量和质量的基础上，一方面要对草炭资源加以保护，严禁乱砍滥伐，防止火灾烧毁；另一方面要有计划地进行开发利用。

（六）冲积土土类

冲积土是在河流泛滥的淤积物上发育形成的一种土壤，称之为冲积土。成土过程是淤积物的沉积过程和生草过程共同作用。主要分布在河流沿岸。鸡东县除永和镇外，其他乡（镇）均有分布（图3-20），主要见于东海、永安、明德和鸡东4个乡（镇）靠近河流附近

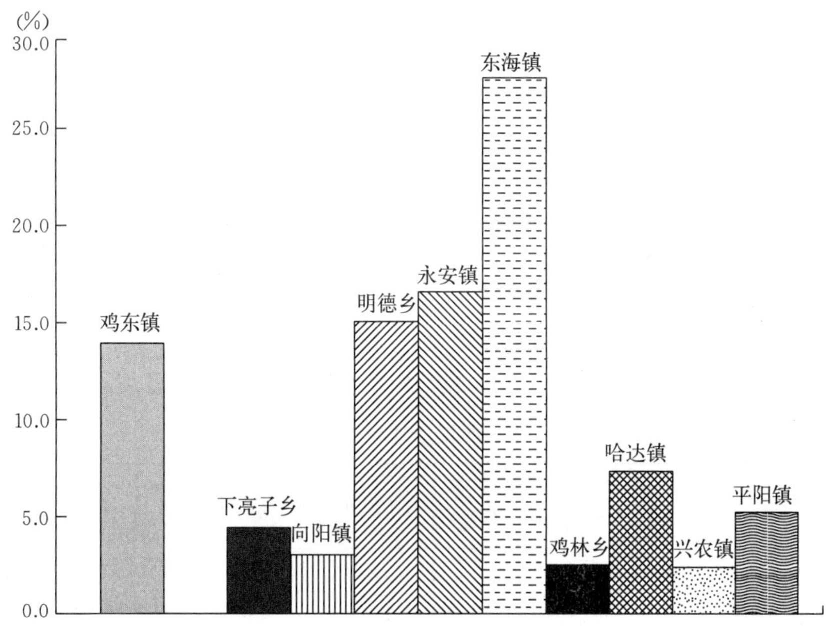

图3-20　鸡东县冲积土分布示意图

的地带。面积 11 853 公顷，其中基本农田面积为 5 125.8 公顷，占全县基本农田面积的 6.1%。

根据冲积土的发育程度和成土过程，该土类在原土类亚类中划分草甸河淤土亚类和沼泽河淤土亚类；在新土类亚类划分为冲积土亚类。冲积土亚类又分为黏壤质冲积土、层状冲积土和砾质冲积土 3 个土属，又划分中层黏壤质冲积土、中层层状冲积土和中层砾质冲积土 3 个土种。

1. 黏壤质冲积土与层状冲积土（草甸河淤土亚类） 主要分布于河流两岸的平地或稍低洼的河漫滩与阶地之间的过渡地带。在鸡东县分布面较广，主要分布在东海、永安、明德、鸡东等乡（镇），其中中层层状冲积土（壤夹沙层状草甸河淤土）只见于向阳和明德 2 个乡（镇）。面积 11 490 公顷，占冲积土土类面积的 97%。其中基本农田面积为 4 907.6 公顷，占全县基本农田面积的 5.9%；中层黏壤质冲积土又续分为（壤质沙砾底草甸河淤土）和中层层状冲积土（壤夹沙层状草甸河淤土）2 个土种，在土壤图上分别为 29 号、30 号土，面积分别为 11 449.3 公顷、40.9 公顷。

黏壤质冲积土与层状冲积土（草甸河淤土亚类）发育在较老的冲积物上。开荒前生长着小叶樟、地榆、柳毛子、蒿类等植物。成土过程是以腐殖质积累为特征的草甸化过程。从剖面上看，沉积层次大都比较明显，层次分化比较简单。在 22 个剖面当中，耕层下见到沙层的有 8 个，占 36.4%。沙层之上覆盖的壤土层薄厚不等，最薄的仅 18 厘米，最厚的达 90 厘米。在 22 个剖面中，壤土层小于 20 厘米的有 4 个，占 18.2%；大于 20 厘米的 18 个，占 81.8%。选择 20 号剖面为代表剖面，采样地点平阳镇永常村东 200 米处，地形平坦，海拔高度 165 米。剖面形态特征如下：

A_p 层：0～21 厘米，灰色，团块状结构，紧，干，植物根系多，向下过渡不明显。

B 层：21～43 厘米，棕灰色，核状结构，稍紧，润，铁锰结核，植物根系少，层次过渡较明显。

BC 层：43～105 厘米，浅棕色，粒状结构，稍紧，润，有锈斑，植物根系极少，层次过渡不明显。

C 层：105～125 厘米，浅棕色，粒状结构，稍紧，润，有锈斑，无植物根系。

该亚类基本性质如下：

① 有机质在剖面的分布以表土层最多，平均 45.3±11.4 克/千克，亚表层有机质含量明显下降，表土层与亚表层之比为（1.3～2.6）：1。

② 全量养分丰富，全氮为 2～3 克/千克，全磷为 2 克/千克左右，全钾为 25 克/千克左右。速效养分状况（表 4-41）表现为氮、磷属中等水平，钾属极高等水平。

表 3-41 中层黏壤质冲积土速效养分状况

项目		平均含量	标准偏差	最大值	最小值	级差	样品数
速效养分（毫克/千克）	碱解氮	108.75	56.81	230.0	25.7	204.3	28
	有效磷	8.84	5.82	27.31	0.52	26.79	28
	速效钾	276.08	141.04	835.5	141.5	694.0	28

③ 土壤呈中性反应，水浸液 pH 为 6.7 左右，土体上下 pH 变化不大。土壤阳离子代换量 30～40 me/100 克土，属中等水平。

④ 机械组成分析结果见表 3-42，从表中可以看出，该亚类土质为轻黏土-重壤土，机械组成以粗粉粒（0.05～0.01 毫米）和黏粒（<0.001 毫米）为最多，平均含量均近于 30%。但粗粉沙粒略多些。土体上黏下壤，往下沙性增强，亚表层比耕作层物理性黏粒（<0.001 毫米）含量下降 15.5%，而中沙颗粒（1.0～0.25 毫米）含量提高近一倍，细沙颗粒（0.25～0.95 毫米）含量提高 1.2 倍。

表 3-42 中层黏壤质冲积土（壤质沙砾底草甸河淤土）机械组成分析结果

剖面号	取样地点	取土深度（厘米）	各颗粒含量（%）								质地
			1.0～0.25 毫米	0.25～0.05 毫米	0.05～0.01 毫米	0.01～0.001 毫米	0.005～0.001 毫米	<0.001 毫米	物理黏粒	物理沙粒	
1-2	明德乡红火村东北 500 米	0～22	2.52	7.71	33.56	10.49	16.78	28.94	56.21	43.79	重壤土
		22～23	6.43	23.46	24.89	8.30	10.37	26.55	45.22	54.78	重壤土
31	鸡东镇古山子桥附近	0～7	2.73	10.30	34.03	14.70	13.03	25.21	52.94	47.06	重壤土
		16～26	3.57	15.76	33.61	16.81	13.44	16.81	47.06	42.94	重壤土
20	平阳镇永常村东 200 米	0～20	0.85	2.96	33.90	10.17	18.22	33.90	62.29	37.71	中壤土
		25～35	1.28	1.50	36.41	8.13	28.70	23.98	39.19	60.81	轻黏土
		70～80	0.63	8.19	46.22	17.86	1.87	25.21	44.96	55.04	中壤土

由于这种土壤质地较轻，养分转化快，供肥状况好；土质松软，耕性好，耕作省劲；土质热潮，发小苗，催籽粒，作物成熟早，是鸡东县较好的耕地土壤。问题是易受洪涝威胁，如继续作为农用地，应搞好防洪排涝工程，否则宜退耕还牧。

2. 砾质冲积土（沼泽河淤土亚类） 该亚类只发现中层砾质冲积土（壤质沙砾底沼泽河淤土）1 个土属，在土壤图上为 31 号土，面积 362.8 公顷，面积较少，分布面窄，主要分布在向阳和兴农 2 个乡（镇）的河流泛滥低洼地上。自然植被主要是小叶樟、莎草等沼泽植被。成土过程是以沼泽化过程为主，还有侵蚀和淤积过程。剖面特征是表土层暗灰色，微显泥炭化，结构不明显，松软潮湿，植物根系多，层次过渡明显；往下为淀积层，可见到锈斑，潜育特征比较明显，再往下为母质层，暗棕色，锈斑较多。

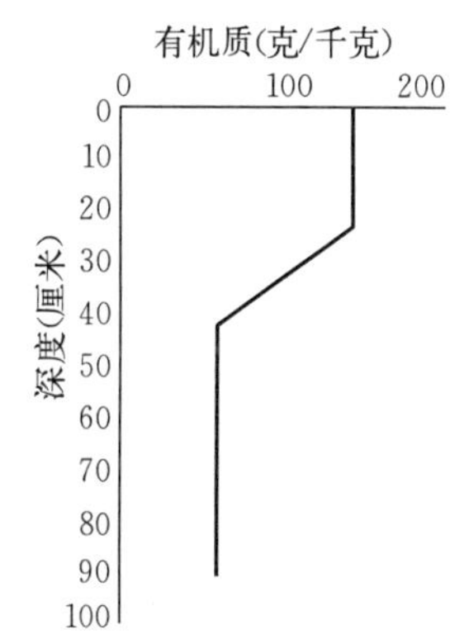

图 3-21 中层砾质冲积土有机质垂直分布

砾质冲积土（沼泽河淤土）表土层有机质含量很高（表 3-43），为 100～150 克/千克，随着土壤深度加深急剧下降（图 3-21），到心土层降到 30 克/千克。土壤呈中性反应，水浸液 pH 为 6.8～7.1，土体上下 pH 变化不大。土壤全量养分很高，表土层全氮为 5.46 克/千克，全磷为 2.72 克/千克，全钾为 23.24 克/千克。表土层阳离子代换量 52.46 me/100 克土，属极高等水平，向下急剧下降到

23.29 me/100 克土，降到了较低等水平。在速效养分中碱解氮为 91 毫克/千克，有效磷为 9.6 毫克/千克，速效钾为 377.9 毫克/千克。钾丰富，氮和磷属中等偏低水平。土壤表土层疏松，容重 0.5 克/立方厘米（表 3-44）。

表 3-43　中层砾质冲积土（壤质沙砾底沼泽河淤土）化学性状

剖面号	采样地点	取土深度（厘米）	有机质（克/千克）	pH	全量（克/千克）			速效性（毫克/千克）			代换量
					氮	磷	钾	碱解氮	有效磷	速效钾	me/100 克土
8	兴农镇奋斗西南 400 米	0～22	147.40	7.1	5.46	2.72	23.24	91.0	9.6	377.9	52.46
		27～37	304.6	7.1	0.92	2.80	30.98	—	—	—	23.29
		60～70	31.60	6.8	—	—	—	—	—	—	—

表 3-44　砾质冲积土（沼泽河淤土）物理性状

剖面号	取样地点	取土深度（厘米）	容重（克/立方厘米）	总孔隙度（%）	田间持水量（%）	毛管孔隙度（%）	通气孔隙度（%）
8	兴农镇奋斗西南 400 米	0～22	0.51	80.75	140.59	71.70	9.05
		27～37	0.92	65.28	69.48	63.92	1.36
		60～70	1.33	49.81	36.68	48.79	1.02

该亚类土壤总孔隙度自表层向下逐渐减少，从 80%降到 50%。表土层持水能力很强。田间持水量达 140%，向下急剧减少，到心土层降到 37%。土壤质地为轻壤土和中壤土，机械组成以细沙粒（0.25～0.05 毫米）为主，占 25%～39%，黏粒（<0.001 毫米）含量较少，最多占 19%，最少仅 7%。见表 3-44、表 3-45。

表 3-45　砾质冲积土（沼泽河淤土）机械组成分析结果

剖面号	取样地点	取土深度（厘米）	各颗粒含量（%）								
			1.0～0.25 毫米	0.25～0.05 毫米	0.05～0.01 毫米	0.01～0.001 毫米	0.005～0.001 毫米	<0.001 毫米	物理黏粒	物理沙粒	质地
8	兴农镇奋斗西南 400 米	0～22	4.31	25.34	41.13	12.99	8.65	7.85	29.22	70.78	轻壤土
		27～37	6.65	33.97	26.05	4.16	10.42	18.75	33.33	66.67	中壤土
		60～70	10.52	38.96	20.62	5.16	7.21	17.53	29.87	70.13	轻壤土

在利用上更应重视排涝，一般应为牧、副、渔业用地。

（七）水稻土土类

水稻土是各类土壤长期种植水稻后逐渐发育形成的一种土壤。该土类面积 12 193 公顷，其中基本农田为 10 617.9 公顷，占全县基本农田面积的 12.7%。该土类分布很广，遍布鸡东县各乡（镇）（图 3-22），尤以穆棱河冲积平原区的鸡林、明德 2 个乡（镇）最多（合计面积 5 154.1 公顷，占全县水稻土面积的 42.3%），而且分布连片，种植历史较长。

鸡东县水稻土与我国南方水稻土不同。一是该区开发较晚，水稻栽培历史不长，大多

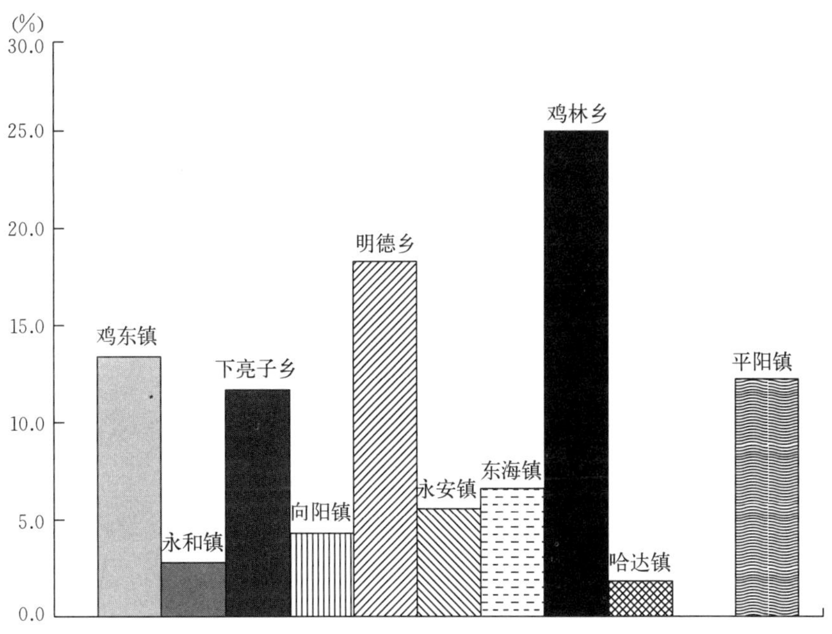

图 3-22 鸡东县水稻土分布示意图

数稻田仅有二三十年历史，最长的也不过六七十年；二是该区一年只种一季稻，淹水时间较短，大约 4 个月；三是该区水稻土的形成具有冻融过程，水稻收获后不久，气温急剧下降，土层开始冻结，到来年 3～4 月解冻，冻结期长达 5 个多月；四是由于上述原因，该区水稻土发育程度低，剖面形态变化不太明显，基本上仍保留着原来母土的属性。但在水耕条件下，改变了原来的成土方向，可以看作是幼年的水稻土，故在命名中冠以母土的名称。据此，水稻土续分为白浆土型水稻土、草甸土型水稻土、沼泽土型水稻土、泥炭土型水稻土、河淤土型水稻土 5 个亚类。现分述如下：

1. 白浆土型水稻土亚类 白浆土型水稻土是白浆土经开垦种植水稻而形成的一种土壤。零星分布在鸡东县 9 个乡（镇）中；面积较小，大于 333.3 公顷的仅有鸡林和平阳 2 个乡（镇）。

白浆土型水稻土其前身土壤多为草甸白浆土，土壤肥力的高低，土性的好坏，主要取决于母土的黑土层和白浆土层的厚度。一般来说，黑土层越厚，白浆层越薄，土壤农业生产特性越好；反之，黑土层越薄，白浆层越厚，土壤农业生产特性越差。

白浆土型水稻土亚类往下续分为白浆土型水稻土和沙底白浆土型水稻土 2 个土属。在白浆土型水稻土土属中，根据黑土层的厚薄，又分为中层白浆土型水稻土和厚层白浆土型水稻土 2 个土种，在土壤图上分别为 32、33 号土，面积分别为 545.2 公顷、223.4 公顷，占水稻土面积的比例分别为 4.5%、1.8%。沙底白浆土型水稻土土属只发现厚层沙底白浆土型水稻土 1 个土种，在土壤图上为 34 号土，面积 419.6 公顷，占水稻土面积的 3.4%。

白浆土型水稻土亚类仍保留原母土——白浆土的特点，同样可以看出耕作层、白浆层和淀积层 3 个基本发生层次。不同土壤耕作层和白浆土层厚度不同，但都比相应类型的旱田土壤厚度薄，见表 3-46。

表 3-46　白浆土型水稻土土层厚度统计

单位：厘米

土壤名称	耕层				白浆层				剖面数
	平均值	标准差	最大值	最小值	平均值	标准差	最大值	最小值	
中层白浆土型水稻土	15.8	2.87	20	14	10.8	1.89	12	8	4
厚层白浆土型水稻土	21.7	0.58	22	21	11.3	2.52	14	9	4
沙底厚层白浆土型水稻土	19.4	6.58	30	13	13.4	4.16	17	7	4

选择 12-29 号剖面为代表剖面，采样地点永安镇永良村西北 200 米处，地势平坦，现为水田。剖面形态特征如下：

A 层：0～21 厘米，浅灰色，团块状结构，湿，紧实，有锈斑，植物根系多，向下过渡明显。

P 层：21～30 厘米，灰白色，片状结构，紧实，湿，有锈斑，植物根系较多，向下过渡明显。

B 层：30～71 厘米，棕灰色，小核状结构，紧实，湿，有锈斑，植物根系少，逐渐过渡到下层。

B_2 层：71～95 厘米，浅棕色，核状结构，紧实，湿，有锈斑，无植物根系。

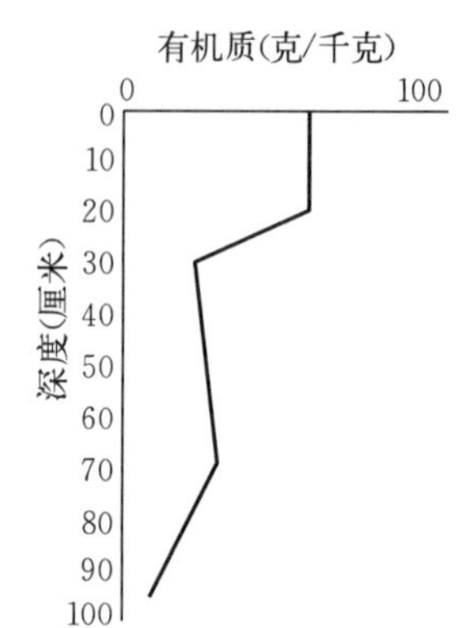

图 2-23　厚层白浆土型水稻土有机质垂直分布

该亚类基本性质：

① 耕层土壤有机质含量平均值为 42.4～67.4 克/千克，到白浆层急剧下降（图 3-23），下降了 20%～40%。土壤表层全量养分很丰富，全氮平均值为 2.2～2.7 克/千克，全磷为 1.15 克/千克，全钾为 29.53 克/千克，全氮、全磷属高级水平，全钾属极高水平，和母土相似。速效养分状况同相应类型旱田土壤，氮、钾丰富，磷缺乏。见表 3-47。

表 3-47　白浆土型水稻土亚类速效养分状况

土壤名称	速效养分（毫克/千克）			样品数
	碱解氮	有效磷	速效钾	
中层白浆土型水稻土	145.0	5.19	131.23	4
厚层白浆土型水稻土	180.0	5.07	181.0	3
厚层沙底白浆土型水稻土	204.0	9.42	132.25	5

② 土壤表土层呈微酸性反应，水浸液 pH 为 5.9～6.5，白浆层往下呈中性反应，pH 为 6.6～7.0，向下 pH 有逐渐增高趋势。土壤表土层阳离子代换量 24～30 me/100 克土，属低水平。

③ 白浆土型水稻土质地比较黏重，一般为轻黏土。机械组成以黏粒（<0.001 毫米）和粗粉沙粒（0.05～0.01 毫米）为主，和相应类型的旱田土壤基本相似。黏粒沿剖面的分布，自表层向下逐渐减少。见表 3-48。

表 3-48　白浆土型水稻土亚类机械组成分析结果

剖面号	取样地点	取土深度（厘米）	各颗粒含量（%）								质地
			1.0～0.25 毫米	0.25～0.05 毫米	0.05～0.01 毫米	0.01～0.001 毫米	0.005～0.001 毫米	<0.001 毫米	物理黏粒	物理沙粒	
12-29	永安镇永良村西北 200 米	0～21	2.93	22.73	26.15	10.46	15.68	33.05	59.19	40.81	轻黏土
		21～31	1.91	12.73	28.59	8.48	14.82	33.47	56.77	43.23	轻黏土
		45～55	2.53	14.72	26.32	9.47	15.80	31.16	56.43	43.57	轻黏土
		78～88	1.27	15.41	28.62	8.48	16.96	29.26	54.70	45.30	轻黏土

2. 草甸土型水稻土亚类　鸡东县草甸土型水稻土属于厚层草甸土型水稻土土种，在土壤图上为 35 号土，面积 4 805.6 公顷，占水稻土面积的 39.4%，是水稻土中面积最大的一种土壤。在耕地中草甸土型水稻土基本农田面积为 3 924.6 公顷，占全县基本农田面积的 4.7%。

草甸土型水稻土主要集中分布在穆棱河冲积平原区，面积较大的乡（镇）有鸡东、明德、平阳、鸡林等。土壤剖面形态特征与母土——草甸土有区别，如潜水位高，锈斑和潜育斑较多。选择 10-18 号剖面为代表剖面，采样地点东海镇长山村西 300 米处，剖面形态特征如下：

A 层：0～19 厘米，棕灰色，团块状结构，紧实，湿，有锈斑，植物根系多，向下过渡明显。

P 层：19～72 厘米，深灰色，小核状结构，紧实，湿，植物根系极少，向卜过渡明显。

W 层：72～100 厘米，黄棕色，粒状结构，紧实，湿，有锈斑。

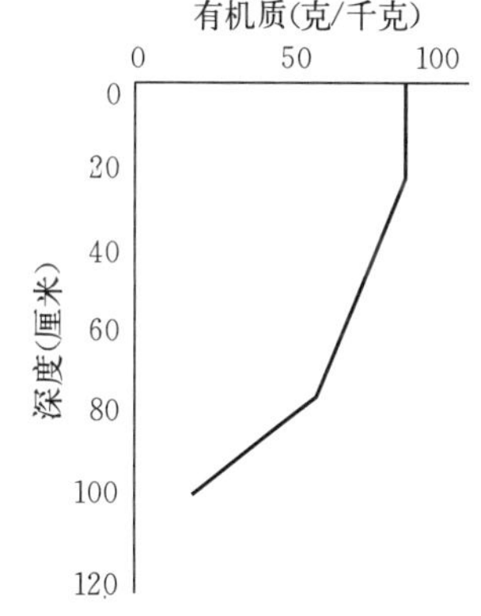

图 3-24　厚层草甸土型水稻土有机质垂直分布

草甸土型水稻土基本性状如下：

① 土壤表土层有机质平均含量 87.8 克/千克，沿剖面分布曲线比较缓和（图 3-24）。

② 土壤表土层全量养分，全氮平均含量 2.99 克/千克，全磷为 0.96 克/千克，全钾为 25.89 克/千克；全钾属极高等水平，全氮属高等水平，全磷属中等水平。

③ 土壤耕层速效养分状况为氮、钾丰富，极缺磷。见表 3-49。

表 3-49　厚层草甸土型水稻土耕层养分状况

土壤名称	速效养分（毫克/千克）		
	碱解氮	有效磷	速效钾
厚层草甸土型水稻土	212.5	4.51	234.5

④ 土壤呈微酸性至中性反应，水浸液 pH 为 5.9～6.9。土壤保水力强，阳离子代换量 40～55 me/100 克土，属高等水平。

⑤ 土壤质地黏重，一般表土层为轻黏土-重黏土，物理黏粒含量一般大于45%，最低47%，最高达84%。机械组成发现两种情况，一种情况是中沙粒（1.0～0.25毫米）和黏粒（<0.001毫米）含量占优势；另一种情况是黏粒（<0.001毫米）和细粉沙粒（0.005～0.001毫米）含量占优势。见表3-50。

表3-50 草甸土型水稻土机械组成分析结果

剖面号	取样地点	取土深度（厘米）	各颗粒含量（%）								质地
			1.0～0.25毫米	0.25～0.05毫米	0.05～0.01毫米	0.01～0.001毫米	0.005～0.001毫米	<0.001毫米	物理黏粒	物理沙粒	
12-29	永安镇永良村西北200米	0～17	20.56	11.05	14.69	8.39	12.58	32.73	53.70	46.30	轻黏土
		25～35	26.88	4.66	16.80	7.35	17.85	26.46	51.66	48.34	轻黏土
		65～75	31.60	6.86	14.55	8.32	20.79	17.88	46.99	53.01	重壤土
10-18	东海镇长山村西300米	0～19	1.29	0.81	17.17	15.03	27.91	37.79	80.73	19.27	重黏土
		40～50	1.51	0.07	14.03	14.03	32.37	37.99	84.39	15.61	重黏土
		81～91	8.26	6.86	16.93	11.64	27.52	28.79	67.95	32.05	中黏土

3. 沼泽土型水稻土亚类 鸡东县沼泽土型水稻土的母土多为草甸沼泽土，极个别为泥炭沼泽土，在土壤图上分别为36号、37号土，面积分别为2 477.1公顷、37.7公顷，占水稻土面积的比例分别为20.3%、0.3%。

草甸沼泽土型水稻土分布面积稍大，分布在鸡东县8个乡（镇），其中面积较大的有明德和鸡林2个乡（镇）。泥炭沼泽土型水稻土分布在下亮子乡，面积很小，仅37.7公顷。两种土壤剖面形态特征不同，下面分别加以叙述：

（1）草甸沼泽土型水稻土：选择7-4号剖面为代表剖面，采样地点鸡林乡进兴村北1 000米处，地势低平，现为水田，剖面形态特征如下：

A_p层：0～20厘米，灰色，团块状结构，紧，潮湿，有锈斑，植物根系多，层次过渡较明显。

A1层：20～30厘米，灰色，粒状结构，紧，潮湿，有锈斑，植物根系少，层次过渡明显。

AB层：30～61厘米，暗灰色，粒状结构，松，湿，层次过渡明显，

B层：61～102厘米，黄棕色，粒状结构，松，湿。

（2）泥炭沼泽土型水稻土：选择4-13号剖面为代表剖面，采样地点下亮子乡正乡村北1 500米处，地势低平，现为水田，剖面形态特征如下：

A_p层：0～21厘米，浅灰色，不明显团块状结构，紧，潮湿，有锈斑，植物根系多，向下过渡明显。

A_T层：21～35厘米，暗灰色，紧，湿，植物根系较多，向下过渡明显。

AG层：35～58厘米，浅灰色，小粒状结构，紧实，湿，植物根系少，向下过渡明显。

A_1A_r层：58～78厘米，暗灰色，结构不明显，粒状，稍紧，湿，无植物根系。

沼泽土型水稻土亚类基本性质如下：

① 土壤表土层有机质含量高，可高达183.9克/千克，向下锐减（图3-25和图3-26）。全量养分含量很丰富，全氮为3克/千克左右，全磷为1.2～1.6克/千克，全钾为20～27克/千克。

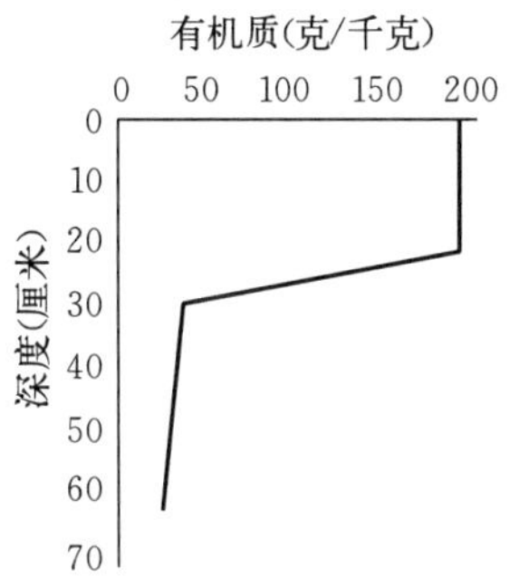

图3-25　草甸沼泽土型水稻土有机质垂直分布

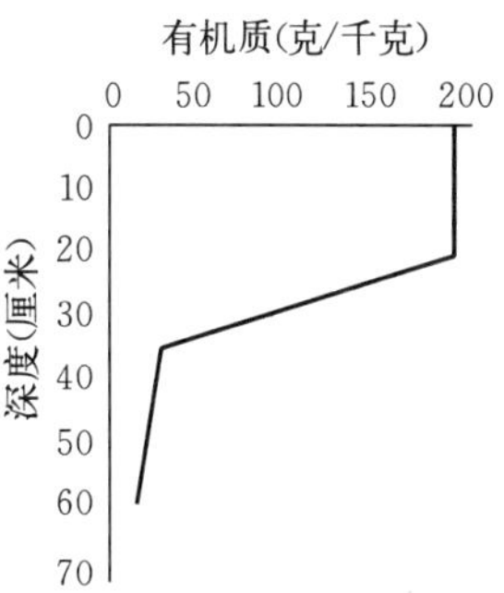

图3-26　泥炭沼泽土型水稻土有机质垂直分布

② 土壤表土层速效养分，碱解氮为204毫克/千克，有效磷为10.5毫克/千克，速效钾为215毫克/千克，氮、钾丰富，磷属中等水平。

③ 表土层呈微酸性反应，水浸液pH为6.0～6.2；向下逐渐变为中性，pH为6.6～6.8，有向下增高的趋势。

④ 该亚类中2个土属之间保肥能力不同，草甸沼泽土型水稻土表层阳离子代换量51.682 me/100克土，泥炭沼泽土型水稻土为90.432 me/100克土，前者比后者保肥能力强。

⑤ 土壤质地为重壤土-中黏土，草甸沼泽土型水稻土土质黏重，泥炭沼泽土型水稻土黏性较小。机械组成以粗粉沙（0.05～0.01毫米）和黏粒（<0.001毫米）为主。见表3-51。

表3-51　沼泽土型水稻土机械组成分析结果

剖面号	取样地点	取土深度（厘米）	各颗粒含量（%）								质地
			1.0～0.25毫米	0.25～0.05毫米	0.05～0.01毫米	0.01～0.001毫米	0.005～0.001毫米	<0.001毫米	物理黏粒	物理沙粒	
7-4	鸡林乡进兴村北1 000米	0～20	4.34	3.59	24.58	12.83	21.31	33.35	67.49	32.51	中黏土
		20～30	4.79	0.20	20.70	11.99	23.97	38.35	74.31	25.69	中黏土
		40～50	3.46	1.17	22.71	12.97	27.03	32.66	72.66	27.34	中黏土
4-13	下亮子乡正乡村北1 500米	0～21	4.16	15.51	33.30	4.16	14.57	28.30	47.03	52.97	重壤土
		23～33	4.74	20.80	28.87	7.22	13.41	24.96	45.59	54.41	重壤土
		41～51	5.87	19.51	24.11	7.33	18.87	24.31	50.51	49.49	轻黏土

4. 泥炭土型水稻土亚类　该类型的水稻土非常少见，仅在鸡东县哈达镇发现55公顷，在土壤图上为38号土。

选择9-21号剖面为代表剖面，采样地点是哈达镇青山村原三队南300米处，剖面形态特征如下：

Ap层：0～26厘米，灰色，不明显团块状结构，湿，植物根系多，向下过渡明显；

AT层：26～53厘米，棕色，无结构，坚实，植物根系较多，向下过渡明显；

G层：53～85厘米，蓝灰色，结构不明显，潮湿，无植物根系。

该亚类基本性质：

① 土壤表土层有机质含量为110～190克/千克，属极高等水平，到泥炭层有机质含量猛增到430克/千克，再往下急剧下降到9克/千克（图3-27）表层全量养分很高，全氮7.93克/千克，全磷3.45克/千克，全钾24.8克/千克。

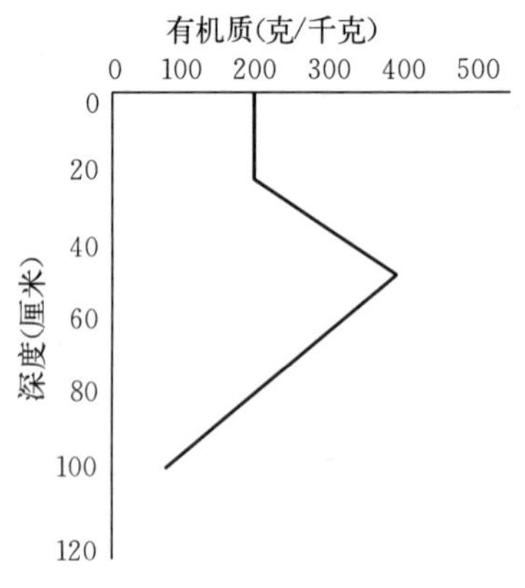

图3-27 泥炭土型水稻土有机质垂直分布

② 速效养分状况为氮、钾极为丰富，磷属中等水平。见表3-52。

表3-52 泥炭土型水稻土速效养分状况

单位：毫克/千克

碱解氮	有效磷	速效钾
360.0	15.2	319.70

③ 土壤表土层和泥炭层均呈微酸性反应，水浸液pH为6.1～6.2，往下到潜育层呈中性反应，pH为6.7。土壤阳离子代换量极高，表土层为52.83 me/100克土，泥炭层为75.00 me/100克土。

④ 土壤质地为轻壤土-轻黏土，上黏下壤。机械组成以细沙粒（0.25～0.05毫米）和粗粉沙（0.05～0.01毫米）为主，见表3-53。

表3-53 泥炭土型水稻土机械组成

剖面号	取样地点	取土深度（厘米）	各颗粒含量（%）								质地
			1.0～0.25毫米	0.25～0.05毫米	0.05～0.01毫米	0.01～0.001毫米	0.005～0.001毫米	<0.001毫米	物理黏粒	物理沙粒	
9-21	哈达镇青山村原三队南300米	0～20	2.15	13.67	33.37	11.84	20.46	18.51	50.81	49.19	轻黏土
		64～74	13.67	50.43	12.24	4.08	9.18	10.40	23.66	76.34	轻壤土

5. 河淤土型水稻土亚类 鸡东县河淤土型水稻土亚类土中的壤质沙砾底草甸河淤土型水稻土土种，在土壤图上为39号土，面积3 629.4公顷，占水稻土面积的29.8%，仅次于草甸土型水稻土，是水稻土中第二大类土壤。其中基本农田面积为3 321.4公顷，占全县基本农田面积的4.0%。

壤质沙砾底草甸河淤土型水稻土主要集中分布在穆棱河冲积平原区河漫滩的平地或低平地上，面积较大的有鸡林、鸡东、明德等乡（镇）。土壤剖面形态特征与母土-河淤土有区别，如该土壤长期淹水种稻，表土层可见到锈斑。选择12-27号剖面为代表剖面，采样地点永安镇永政村原六队东500米处，剖面形态特征如下：

A_p层：0～18厘米，浅灰色，团块状结构，坚实，湿，有锈斑，植物根系多，向下过渡明显。

AC层：18～35厘米，浅棕色，结构不明显，坚实，湿，植物根系极少，向下过渡明显。

C层：35～65厘米，黄棕色，沙层，坚实。

壤质沙砾底草甸河淤土型水稻土基本性质：

① 有机质在剖面的分布以表土层最多（图3-28），平均61.5±23.9克/千克，到亚表层有机质明显下降，大约下降了38.9%。

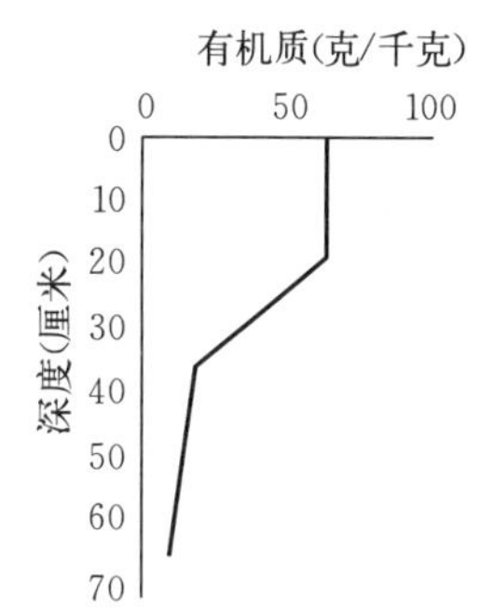

图3-28 壤质沙砾底草甸河淤土型水稻土有机质垂直分布

② 表土层全量养分丰富，全氮为2～3克/千克，全磷为1～2克/千克，全钾为30克/千克左右。速效养分状况为氮、钾丰富，磷素缺乏。和相应类型的旱田土壤比较（参见壤质沙砾底草甸河淤土速效养分状况）氮素水平提高了，磷素水平下降了，这可能是水田单纯施用氮素化肥的结果。见表3-54。

表3-54 壤质沙砾底草甸河淤土型水稻土速效养分

单位：毫克/千克

碱解氮	有效磷	速效钾
147.45±65.55	5.92±2.74	148.14±61.36

③土壤表土层呈微酸性反应，该土壤水浸液pH为6.2～6.4，而壤质沙砾底草甸河淤土pH为6.6～6.7，前者比后者pH降低了。往下呈中性反应，pH为6.6～6.9。土壤表土层阳离子代换量29～38 me/100克土，多属中等水平。

④ 该土壤机械组成分析结果为表土层土质为轻黏土，质地由黏化向壤化变化。机械组成以黏粒（<0.001毫米）和粗粉沙粒（0.05～0.01毫米）为主，土体上黏下壤，往下沙性增强。见表3-55。

表3-55 壤质沙砾底草甸河淤土型水稻土机械组成分析结果

剖面号	取样地点	取土深度（厘米）	各颗粒含量（%）								质地
			1.0～0.25毫米	0.25～0.05毫米	0.05～0.01毫米	0.01～0.001毫米	0.005～0.001毫米	<0.001毫米	物理黏粒	物理沙粒	
12-27	永安乡永政村原六队东500米	0～18	0.27	14.56	24.10	7.33	19.91	33.74	60.98	39.02	轻黏土
		21～31	7.59	13.19	23.17	8.43	14.75	32.87	56.05	43.95	轻黏土
		45～55	3.98	18.32	29.32	9.43	14.66	24.29	48.38	51.62	重壤土

上述可见，该土壤特性基本同母体土壤，在利用上应搞好防洪排涝工程。同时要改变过去那种施用化肥品种单一的做法，应增施磷肥，氮磷配合施用。

第三节 农田基础设施状况

灌 溉 工 程

(一) 渠首改造

1986—2005 年，鸡东县灌区穆棱河干流上的东明、富密渠首及支流上的光荣、向密、青山、亮鲜、中村、长安、东安等渠首均由堆石、柳石等临时性拦河坝改造成永久性结构。东明渠首位于鸡林乡东明村北穆棱河上，集水面积 8 876 平方千米，1986 年 10 月建成，总工程量 15 万立方米，总造价 150 万元。枢纽工程由三部分构成：溢流坝为砌石网格，坝长 110 米，坝高 2.6 米，设计泄量 450 立方米/秒；排水冲沙闸，开敞式，平板钢闸门，设计泄量 250 立方米/秒；进水闸坝右端，涵闸式，平板钢闸门，设计流量 13.33 立方米/秒，加大流量 16 秒/立方米。富密渠首位于东海镇永远村三组前穆棱河上，1989 年 10 月建成。控制流域面积 9 811 平方千米，设计灌溉面积 11 800 公顷。枢纽工程包括四部分：溢流坝，钢筋混凝土结构，坝长 84 米，坝高 1.4 米；冲沙闸，位于坝左端，最大泄量 14 立方米/秒；横卧式平板钢闸门，位于坝前左侧，改建时在节制闸上增建交通桥，桥长 79.5 米；富密渠首下游的富密干渠，沿永安灌区中部由西向东穿过，渠道长 12 千米，引出支渠 9 条，有效灌溉面积 733 公顷。穆棱河支流上的渠首概况见表 3-56。

表 3-56 穆棱河支流河道上永久性渠首概况

渠首名称	位 置	改建原由	渠首工程状况	施 工
光荣渠首	位于光荣村南大石头河河道上	原坝为临时性堆砌石结构，水毁，为减轻农民负担决定改建	渠首枢纽工程由拦河坝、进水闸和固滩护岸组成。拦河坝开敞式，平板钢闸门；进水闸涵洞式，平板钢闸门；上下游护岸用浆砌石	1989 年 11 月，由农田水利施工队完成施工任务
向密渠首	位于东海镇东升村一组南黄泥河末端河道上	原坝址前淤积严重，河改道，引水受阻，现坝址前移 500 米	坝为堆石体，长 24 米，新建拦河河闸为永久性结构，平板钢闸门，上游护岸 10 米	1990 年 10 月，由农田水利施工队完成冲沙闸的施工任务
青山渠首	哈达水库下游 5 千米，哈达镇青山村哈达河上	原坝渗漏严重，坝体淤积抬高，造成河床提高，遇大雨需年年维修，增加负担	枢纽工程由溢流坝、进水闸和固滩护岸组成。溢流坝为钢筋混凝土结构，进水闸一字闸，钢筋混凝土闸门	1997 年由县水利农田施工队完成施工任务
亮鲜渠首	位于南水北调与汇合下游 400 米河道上	原枢纽工程过水能力低，不适用，为降低工程维修费用，减轻农民负担而改建	该渠首采用全闸方案，拦河闸，钢筋混凝土结构，平板钢闸门，进水闸，一字闸，钢筋混凝土闸门	1996 年 4 月完成施工任务

（续）

渠首名称	位　置	改建原由	渠首工程状况	施　工
长安渠首	位于德安村600米处大石头河中游	原为简单堆石坝，维修量大，为减轻农民负担，有效利用水源而改建		2002年完成施工任务，2003年投入运行
东安渠首	位于东安村西大石河上，距上游，坝长下游5千米	原为简单堆石坝，维修量大，为减轻农民负担，有效利用水源而改建	渠首枢纽工程由溢流坝和进水闸组成。溢流坝为钢筋混凝土结构，进水闸位于溢流坝左侧，平板钢闸门	2002年完成施工任务，2003年投入运行
中村渠首	位于平阳中村南黄泥河上	原坝址黄泥河和二道河上建有4处临时性拦河坝	渠首为闸坝结合，浆砌石坝长90米，拦河闸1孔，闸门卧升型，进水闸一字闸，钢筋混凝土闸门	1998年12月动工，1999年4月末完工

（二）灌排渠系

1986以来，灌区灌排系统不断完善，构造物逐渐改建成永久结构。鸡林、明德、下亮子等灌区基本建成了遇旱能灌、遇涝能排的水利工程体系，渠系上构造物基本配套。2005年末，全县灌区内建有用水干渠21条，总长154.4千米；支渠42条，总长101.27千米；斗渠520条，总长316.52千米；农渠358条，总长183千米；灌区内建排水干沟17条，总长140.2千米；支沟11条，总长17.5千米；斗沟240条，总长125千米；农沟15条。灌区内建在用水、排水渠道（沟）上的各类永久性构造物351座：布设在用水干渠上桥梁87座、涵洞16座、进水闸17座、跌水32座、分水闸3座、渡槽27座、节制闸8座、泄（退）水闸1座、“二合一”9座、“三合一”2座、“四合一”4座、直斗门23座；布设在支渠上桥梁29座、涵洞25座、进水闸12座、渡槽13座、“二合一”1座；布设在排水干渠上桥梁41座、涵洞4座、节制闸2座、渡槽4座、“二合一”2座。

鸡林灌区90%以上耕地地处穆棱河河谷平原，地表层为草甸沙壤土质，易于渗透。为节约用水，鸡林灌区首先在渗水性强的三干渠采取防渗措施。三干渠下设5条支渠，工程控制面积867公顷。渠系布设合理，构造物配套。1998年开始，采用土工膜混凝土预制防渗，干渠防渗长2 000米，支渠防渗8 300米。2003年，对“北水南调”干渠4千米长渠段进行防渗处理，设计流量7米^3/秒。鸡东县1986—2005年改建的用水渠道统计见表3-57。

表3-57　鸡东县灌区1986—2005年改建的用水渠道

渠首名称	流量（米^3/秒）	渠长（千米）	规　格				修建年限
			渠深（米）	上口宽（米）	底宽（米）	边坡比	
亮鲜北干渠	4.0	3.4	1.0	5.4	3.0	1∶1.2	1995
亮鲜南干渠	4.0	10.4	1.5	6.2	3.0	1∶1.2	1995

（续）

渠首名称	流量（米^3/秒）	渠长（千米）	规格				修建年限
			渠深（米）	上口宽（米）	底宽（米）	边坡比	
亮鲜南干一渠	3.0	2.1	1.5	6.8	3.0	1∶1.5	1995
平阳总干渠	4.0	4.45	1.4	5.0	3.0	1∶1.1	1995
平阳西干渠	1.5	1.0	1.5	3.2	2.0	1∶1.1	1995
平阳东干渠	3.4	1.4	2.0	7.2	4.0	1∶1.3	1999
平阳中干渠	1.69	5.1	1.5	9.0	6.0	1∶1.0	1998
平阳中干一支渠	0.3	3.0	1.0	4.0	0.8	1∶1.0	1999
平阳东干二支渠	0.3	4.0	1.0	3.0	1.0	1∶1.0	1999
平阳东干一支渠	0.4	2.0	0.8	3.2	0.8	1∶1.0	1998
鸡林三干渠	1.86	4.9	0.8	—	2.0	1∶1.5	2000
光荣干渠	1.1	2.69	1.2	5.0	2.0	1∶1.0	1989
光荣干渠一支渠	0.4	2.5	1.0	3.0	1.0	1∶1.0	1989

（三）提水井站机电井

1991 年，银峰乡（鸡东镇）荣华村、综合乡（下亮子乡）三排村和向阳镇古城、向前、通街等村，在低产田改造中，在低洼易涝地块打井种稻。1993 年严重干旱，全县打抗旱补水井 50 多眼。2005 年末，全县抗旱水源机电井 1 532 眼，其中，补水井 839 眼、旱田灌溉井 192 眼、菜田和经济作物机电井 358 眼，单井效益近 13 公顷。为充分利用地表水源，扩大水田灌溉面积及旱时补水，沿河渠设置抽水站 29 处，其动力多为柴油机，装机总量 582 千瓦，引渠总长 8 030 米，灌溉面积 461 公顷。

第四章　耕地土壤属性

本次调查采集土壤耕层样本（0～20厘米）2 047个，其中，旱田土壤样本1 530个，水田土壤样本517个。分析了土壤有机质，pH，全量氮、磷、钾，碱解氮、有效磷、速效钾、中微量元素等土壤理化属性项目13项。现就以上数据整理分析。

第一节　有机质及大量元素

一、土壤有机质

有机质是含有生命机能的物质；土壤有机质泛指土壤中来源于生命的物质。包括土壤微生物和土壤动物及其分泌物以及土体中植物残体和植物分泌物。土壤有机质是耕地地力的重要标志。它可以为植物生长提供必要的氮、磷、钾等营养元素；可以改善耕地土壤的结构性能以及生物学和物理、化学性质。通常在其他大的立地条件相似的情况下，有机质含量的多少，可以反映出耕地地力水平的高低。

本次调查结果表明，鸡东县耕地土壤有机质平均值为36.8克/千克，变化幅度为14.6～73.6克/千克；鸡东县第二次土壤普查时耕地土壤有机质平均值为54克/千克，变化幅度为19.9～191.1克/千克。与第二次土壤普查调查结果比较，土壤有机质平均下降了17.2个百分点（图4-1）。本次调查表明，有机质主要集中在30～40克/千克的三级地，占总耕地面积的51.7%。

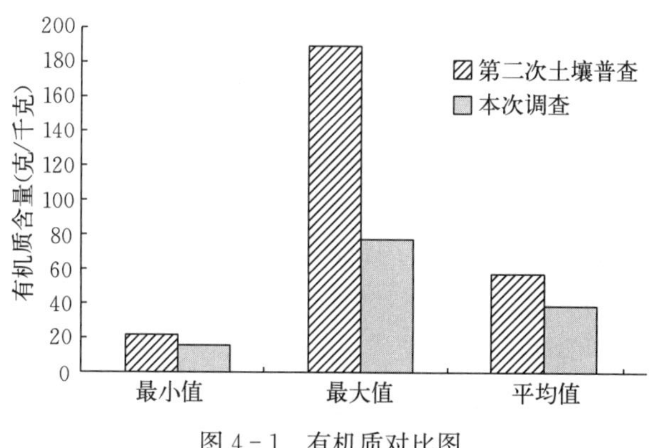

图4-1　有机质对比图

鸡东县有机质平均含量都在30克/千克以上（表4-1），分布的暗棕壤有机质为36.0克/千克、白浆土有机质为37.0克/千克、草甸土有机质为38.1克/千克、沼泽土有机质为34.7克/千克、泥炭土有机质为38.8克/千克、新积土有机质为37.9克/千克、水稻土有机质为37.1克/千克（表4-2）。

表 4-1 耕层有机质分析统计

单位：克/千克

乡（镇）	样本数	平均值	变化值	面积分级统计（%）					
				一级 >60	二级 40～60	三级 30～40	四级 25～30	五级 10～20	六级 <10
鸡东镇	237	36.6	20～54.4	0	23.72	65.27	9.29	1.71	0
平阳镇	246	38.7	20.1～56.7	0	45.91	51.34	2.75	0	0
向阳镇	159	39.8	17.9～57	0	46.32	53.00	0.64	0.04	0
哈达镇	153	35.5	14.6～64.9	1.24	58.08	22.73	7.48	10.47	0
永安镇	167	38.8	20.7～46.2	0	25.14	72.74	2.11	0	0
永和镇	193	36.5	22.3～54.6	0	16.39	75.14	8.47	0	0
东海镇	269	34.9	14.6～73.6	0.20	18.64	63.14	10.80	7.22	0
兴农镇	147	32.6	17.9～49.6	0	5.11	40.45	53.11	1.34	0
鸡林乡	108	37.1	28.5～57.1	0	28.45	63.35	8.20	0	0
明德乡	148	39.1	18.6～58.6	0	31.06	64.05	4.63	0.26	0
下亮子乡	220	35.6	24.7～56.6	0	12.48	77.68	9.83	0	0

表 4-2 各土壤类型耕层有机质统计

单位：克/千克

项目	暗棕壤	白浆土	草甸土	沼泽土	泥炭土	新积土	水稻土
平均值	36.0	37.0	38.1	34.7	38.8	37.9	37.1
最大值	60.5	64.9	59	57.1	46.2	67.1	73.6
最小值	14.6	14.6	19.6	14.6	31.4	19.4	18.6

二、土壤全氮

土壤中的氮元素可分为有机氮和无机氮，两者之和称为全氮。土壤中的氮素仍然是我国农业生产中最重要的养分限制因子。土壤全氮是土壤供氮能力的重要指标，在生产实践中有着重要的意义。

鸡东县耕地土壤中氮素含量平均为 1.86 克/千克，变化幅度为 0.57～3.68 克/千克。在全县各主要类型的土壤中泥炭土最高，平均值达到 1.93 克/千克；最低为沼泽土，平均值为 1.79 克/千克（表 4-3）。

表 4-3 各类土壤耕层全氮统计

单位：克/千克

项目	暗棕壤	白浆土	草甸土	沼泽土	泥炭土	新积土	水稻土
平均值	1.83	1.84	1.90	1.79	1.93	1.89	1.86
最大值	2.95	3.17	2.88	2.8	2.3	3.47	3.68
最小值	0.75	0.57	0.98	0.75	1.63	0.99	0.92

与第二次土壤普查的调查结果进行比较，鸡东县全氮含量下降了 0.53 个百分点（原来平均含量为 2.39 克/千克），变化幅度为 0.95～10.23 克/千克（图 4－2）全县各乡（镇）耕层土壤全氮分析统计见表 4－4。

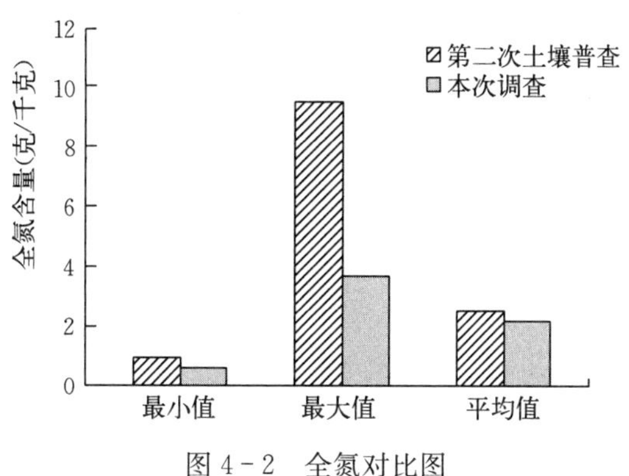

图 4－2 全氮对比图

表 4－4 耕层土壤全氮分析统计

单位：克/千克

乡（镇）	样本数	平均值	变化值	面积分级统计（%）				
				一级 ＞2. 5	二级 2.0～2.5	三级 1.5～2.0	四级 1.0～1.5	五级 ＜1.0
鸡东镇	237	1.83	0.99～2.71	0.92	26.35	62.52	8.50	1.71
平阳镇	246	1.91	1～2.83	0.78	33.76	62.56	2.79	0.11
向阳镇	159	1.93	0.57～2.91	0.49	40.40	56.14	1.72	1.25
哈达镇	153	2.04	0.75～3.17	2.59	52.73	38.89	5.78	0.01
永安镇	167	1.93	1.03～2.31	0	34.33	62.50	3.17	0
永和镇	193	1.82	1.13～2.68	0.28	11.89	79.36	8.47	0
东海镇	269	1.81	0.75～3.68	3.57	20.74	62.55	8.18	4.97
兴农镇	147	1.64	0.93～2.53	0.07	8.52	37.58	53.69	0.14
鸡林乡	108	1.86	1.46～2.8	1.31	29.27	63.09	6.34	0
明德乡	148	1.95	0.92～2.81	0.31	31.71	63.56	4.16	0.26
下亮子乡	220	1.76	1.27～2.88	0.54	11.10	78.22	10.13	0

三、土壤碱解氮

土壤水解性氮或称碱解氮包括无机态氮（铵态氮、硝态氮）及易水解的有机态氮（氨基酸、酰铵和易水解蛋白质），是土壤当季供氮能力的重要指标，在测土施肥指导实践中有着重要的作用。

本次调查结果表明，鸡东县耕地土壤碱解氮平均值为 53.22 毫克/千克，变化幅度为 0.2～99.8 毫克/千克（图 4－3）。与第二次土壤普查的调查结果进行比较，全县碱解氮含量总体水平大幅度下降了，但是碱解氮的变化幅度减小了，主要集中在 100 克/千克以下

(表4-5)。各土壤类型耕层土壤碱解氮含量统计见表4-6。

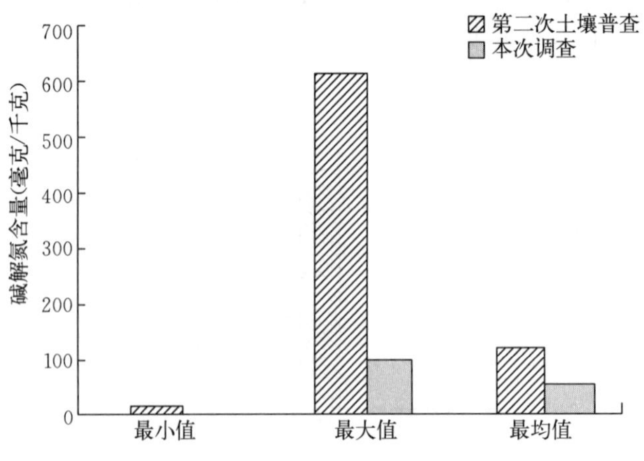

图4-3 碱解氮对比图

表4-5 耕层土壤碱解氮分析统计

单位：克/千克

乡（镇）	样本数	平均值	变化值	面积分级统计（%）					
				一级 >250	二级 180～250	三级 150～180	四级 120～150	五级 80～120	六级 <80
鸡东镇	237	56.2	9～97.4	0	0	0	0	0.24	0.76
平阳镇	246	52.9	1.8～93.5	0	0	0	0	0.06	0.94
向阳镇	159	51.8	5.3～99.8	0	0	0	0	0.05	0.95
哈达镇	153	43.3	8.7～93.9	0	0	0	0	0.07	0.93
永安镇	167	46.2	21～86.5	0	0	0	0	0.01	0.99
永和镇	193	50.2	16.9～94.2	0	0	0	0	0	1
东海镇	269	59.2	0.2～98.4	0	0	0	0	0.17	0.83
兴农镇	147	58.4	8.7～90.8	0	0	0	0	0.05	0.95
鸡林乡	108	59.3	21.2～98.7	0	0	0	0	0.12	0.88
明德乡	148	62.0	0.2～94.4	0	0	0	0	0.26	0.74
下亮子乡	220	66.4	12.3～95.9	0	0	0	0	0.40	0.60

表4-6 各类土壤耕层碱解氮统计

单位：毫克/千克

项 目	暗棕壤	白浆土	草甸土	沼泽土	泥炭土	新积土	水稻土
平均值	55.0	54.8	50.2	54.0	40.4	59.5	58.5
最大值	97.4	95.6	93.8	94.4	90.8	99.8	98.7
最小值	8.7	0.2	5.3	8.7	16.2	0.2	1.8

四、土壤有效磷

磷是构成植物体的重要组成元素之一。土壤中的磷易被植物吸收利用的部分称之为有效磷，它是土壤磷供应水平的重要指标。

本次调查结果表明，鸡东县耕地有效磷平均值为18.38毫克/千克，变化幅度为1.0～121.4毫克/千克；第二次土壤普查鸡东县耕地有效磷平均值为7.65毫克/千克，变化幅度为0.08～51.4毫克/千克（图4-4）。草甸土和泥炭土含量较高，平均值分别为20.7毫克/千克和20.2毫克/千克；新积土最低，平均值为15.5毫克/千克（表4-7）。与第二次土壤普查相比土壤有效磷含量有了大幅度的增加，这与该地农民长期施用磷酸二铵有关。全县各乡（镇）耕层土壤有效磷分析统计见表4-8。

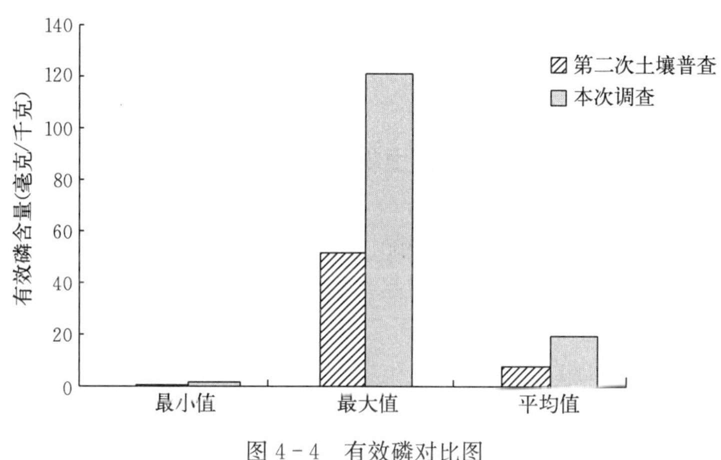

图4-4 有效磷对比图

表4-7 各类土壤耕层有效磷统计

单位：毫克/千克

项目	暗棕壤	白浆土	草甸土	沼泽土	泥炭土	新积土	水稻土
平均值	19.0	20.0	20.7	19.5	20.2	15.5	17.9
最大值	84	121.4	94	55.9	25	95.7	73.4
最小值	1	3	3	4	10	2	3

表4-8 耕层土壤有效磷分析统计

单位：毫克/千克

乡（镇）	样本数	平均值	变化值	面积分级统计（%）					
				一级 >100	二级 40～100	三级 20～40	四级 10～20	五级 5～10	六级 <5
鸡东镇	237	25.8	3～121	0.15	7.37	42.82	40.17	9.24	0.26
平阳镇	246	20.2	5～94	0	5.96	27.86	54.58	10.86	0.75

（续）

乡（镇）	样本数	平均值	变化值	面积分级统计（%）					
				一级 >100	二级 40～100	三级 20～40	四级 10～20	五级 5～10	六级 <5
向阳镇	159	20.4	5～52	0	3.09	31.70	62.97	1.71	0.53
哈达镇	153	23.1	3～118	1.24	13.89	21.30	56.25	7.15	0.18
永安镇	167	15.9	4～63	0	1.70	28.82	52.46	15.47	1.56
永和镇	193	17.7	1～43	0	1.62	22.34	64.24	8.16	3.63
东海镇	269	16.0	2～53	0	2.25	23.75	55.31	18.03	0.66
兴农镇	147	17.7	9～42	0	2.77	23.33	68.71	5.18	0
鸡林乡	108	9.5	4～28	0	0	2.15	23.06	68.86	5.93
明德乡	148	12.6	4～71	0	0.70	5.80	55.27	35.20	3.04
下亮子乡	220	23.2	3～93	0	5.11	40.01	48.08	6.03	0.77

五、土壤速效钾

土壤速效钾是指水溶性钾和黏土矿物晶体外表面吸持的交换性钾，这一部分钾素植物可以直接吸收利用，对植物生长及其品质起着重要作用。其含量水平的高低反映了土壤供钾能力的程度，是土壤质量的主要指标。

鸡东县耕地土壤主要以白浆土为主，土壤速效钾比较丰富。调查表明全县速效钾平均值为 121.7 毫克/千克，变化幅度为 23.0～410.0 毫克/千克；第二次土壤普查时全县速效钾平均值为 286.8 毫克/千克，变化幅度为 76.8～1 278 毫克/千克。虽然总体来说鸡东县还属于富钾地区，但速效钾还是呈下降趋势（图 4－5）。全县各土类中，泥炭土最高，平均值为 140.6 毫克/千克；其次为草甸土，平均值为 132.4 毫克/千克；最低为沼泽土，平均值为 110.8 毫克/千克（表 4－9）。

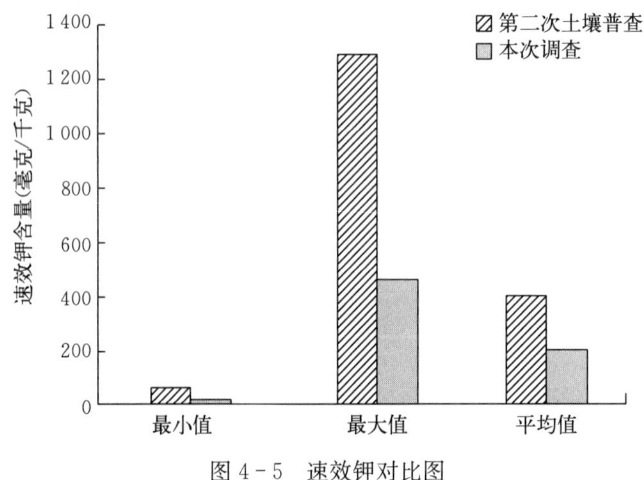

图 4－5　速效钾对比图

表 4-9　各类土壤耕层速效钾统计

单位：毫克/千克

项目	暗棕壤	白浆土	草甸土	沼泽土	泥炭土	新积土	水稻土
平均值	118	128	132	111	141	121	128
最大值	379	372	410	365	185	264	347
最小值	23	42	25	23	107	36	45

从各乡（镇）分析看，土壤速效钾向阳镇、永和镇和下亮子乡含量较高，分别为132.9毫克/千克、131.6毫克/千克和144.1毫克/千克；最低是鸡林乡，平均值为104.6毫克/千克（表4-10）。

表 4-10　耕层土壤速效钾分析统计

单位：毫克/千克

乡（镇）	样本数	平均值	变化值	面积分级统计（%）					
				一级 ＞200	二级 150～200	三级 100～150	四级 50～100	五级 30～50	六级 ＜30
鸡东镇	278	128.9	29～372	7.91	16.16	46.59	26.06	3.04	0.24
平阳镇	604	122.0	23～410	3.05	12.28	61.48	22.47	0.36	0.36
向阳镇	457	132.9	25～291	5.62	14.41	64.13	15.31	0	0.53
哈达镇	227	122.0	45～325	14.05	12.18	38.83	34.45	0.49	0
永安镇	249	110.7	54～322	1.89	5.52	54.76	37.84	0	0
永和镇	298	131.6	49～296	4.30	15.15	63.26	17.28	0.02	0
东海镇	491	123.1	57～379	9.82	11.78	45.69	32.70	0	0
兴农镇	522	106.2	49～179	0	0.33	40.51	58.88	0.28	0
鸡林乡	123	104.6	38～178	0	9.56	50.13	39.40	0.92	0
明德乡	179	112.6	36～347	1.70	7.37	46.17	42.71	2.06	0
下亮子乡	303	144.1	40～365	12.01	17.63	44	26.33	0.03	0

第二节　土壤微量元素

土壤微量元素是人们依据各种化学元素在土壤中存在的数量划分的一部分含量很低的元素。微量元素与其他大量元素一样，在植物生理功能上是同等重要的，并且是不可相互替代的。土壤养分库中微量元素的不足也会影响作物的生长、产量和品质。因此土壤中微量元素的多少也是耕地地力的重要指标。

一、土壤有效锌

锌是农作物生长发育不可缺少的微量营养元素，土壤缺锌会严重影响作物产量和质量，尤其是对玉米和水稻影响较大。

玉米缺锌，出苗后10天左右就有叶片失绿现象，即“白芽”病。3～6片叶时更为明显，新生幼叶脉间失绿，呈淡黄色或黄白色，叶片基部发白，俗称“白苗”病。以后可以观察到老龄叶片脉间有失绿条纹，在主脉和叶缘之间形成较宽的黄色至黄白色带状失绿区，严重时以棕褐色大条斑状枯死；生长受阻，节间变短，植株矮小，结实少，秃尖缺粒，严重减产。

水稻缺锌常导致稻苗出现一种僵苗的生理性病害。此病一般发生在本田中，有的地方称之为“坐蔸”症状出现在秧苗返青后，即栽后10～30天。严重田块也有栽后一直不返青就开始坐蔸，秧苗下部叶片的中部首先出现细小的褐色斑点，叶背比叶面明显。这些斑点逐渐连成一片并向两端发展，使整个叶片都变成褐色，而且变得易碎，发病重时整株的叶片变褐。严重缺锌的水稻叶片中脉和叶梢颜色变淡，甚至发白。另外，水稻缺锌叶片变窄，生长停滞，植株矮小，不分蘖或很少分蘖，老根变黑逐渐死亡，新根不长或生长迟缓。严重时整株死亡，甚至全田死亡，只有犁翻重栽。坐蔸未死的秧苗后生分蘖、无效分蘖、小花不孕增多，空秕率高，严重影响产量。

鸡东县耕地土壤有效锌含量平均1.19毫克/千克，变化幅度在0.30～2.84毫克/千克。按照新的土壤有效锌分级标准把鸡东县耕地有效锌含量等级划分为5级。含量>2毫克/千克为一级；含量在1.5～2毫克/千克为二级；含量在1～1.5毫克/千克的为三级；含量在0.5～1毫克/千克的为四级；含量<0.5毫克/千克的为五级。本次调查鸡东县土壤有效锌含量最高的为下亮子乡，为1.44毫克/千克；含量最低的为鸡林乡，为1.05毫克/千克。全县有效锌主要集中在三、四级，占全县比例的84.9%；其中，三级占了55.6%，四级占了29.3%（表4-11）。

表4-11 各乡（镇）耕层土壤有效锌分析统计

单位：毫克/千克

乡（镇）	样本数	平均值	变化值	面积分级统计（%）				
				一级 >2	二级 1.5～2	三级 1～1.5	四级 0.5～1	五级 <0.5
鸡东镇	237	1.29	0.29～3.72	0	1.94	51.84	46.22	
平阳镇	246	1.22	0.23～4.10	0	13.72	45.54	40.46	0.28
向阳镇	159	1.33	0.25～2.91	4.06	16.64	65.43	13.87	0
哈达镇	153	1.22	0.45～3.25	0.03	1.68	49.24	49.05	0
永安镇	167	1.11	0.54～3.22	0	17.15	65.05	17.79	0
永和镇	193	1.32	0.49～2.96	27.42	11.99	33.84	26.73	0.02
东海镇	269	1.23	0.57～3.79	0.78	4.78	72.00	22.43	0
兴农镇	147	1.06	0.49～1.79	14.03	36.61	23.55	25.78	0.03
鸡林乡	108	1.05	0.38～1.78	0	0	48.70	51.30	0
明德乡	148	1.13	0.36～3.47	0	6.91	54.02	38.10	0.97
下亮子乡	220	1.44	0.40～3.65	0	20.39	55.34	24.27	0

二、土壤有效铜

铜是植物体内抗坏血酸氧化酶、多酚氧化酶和质体蓝素等电子递体的组分，在代谢过程中起到重要的作用，同时亦是植物抗病的重要机制。

鸡东县耕地土壤有效铜含量平均为 1.95 毫克/千克，变化幅度为 0.46～5.45 毫克/千克。按照新的土壤有效锌分级标准把鸡东县耕地有效铜含量等级划分为 5 级，含量＞1.8 毫克/千克为一级；含量在 1～1.8 毫克/千克为二级；含量在 0.2～1 毫克/千克的为三级；含量在 0.1～0.2 毫克/千克的为四级；含量＜0.1 毫克/千克的为五级。本次调查鸡东县土壤有效铜含量最高的为永安镇和明德乡，分别为 2.04 毫克/千克和 2.16 毫克/千克；含量最低的为永和镇，为 1.82 毫克/千克。全县有效铜主要集中在一级、二级，占全县比例的 99.5%；其中，一级占了 68.3%，二级占了 31.5%；三级级占了 0.05%；没有四级、五级的分布（表 4 - 12）。

表 4 - 12　各乡（镇）耕层土壤有效铜分析统计

单位：毫克/千克

乡（镇）	样本数	平均值	变化值	面积分级统计（%）				
				一级 ＞1.8	二级 1～1.8	三级 0.2～1	四级 0.1～0.2	五级 ＜0.1
鸡东镇	237	1.91	1.23～2.64	64	36	0	0	0
平阳镇	246	1.97	0.86～2.77	74	26	0	0	0
向阳镇	159	1.98	0.89～2.66	85	15	0	0	0
哈达镇	153	1.92	1.29～2.51	69	31	0	0	0
永安镇	167	2.04	1.29～2.48	61	39	0	0	0
永和镇	193	1.82	0.46～3.14	55	41	0	0	0
东海镇	269	1.93	1.23～5.45	62	38	0	0	0
兴农镇	147	1.83	1.00～2.64	59	40	1	0	0
鸡林乡	108	1.86	0.91～2.58	45	55	0	0	0
明德乡	148	2.16	1.66～2.81	100	0	0	0	0
下亮子乡	220	2.02	1.37～3.99	75	25	0	0	0

三、土壤有效铁

铁参与植物体呼吸作用和代谢活动，又为合成叶绿体所必需。因此，作物缺铁会导致叶片失绿，严重地甚至枯萎死亡。

调查表明，鸡东县耕地有效铁平均值为 36.9 毫克/千克，变化幅度为 14.2～72.9 毫克/千克。按照新的土壤有效铁分级标准把鸡东县耕地有效铁含量等级划分为 4 级，含量＞4.5 毫克/千克为一级；含量在 3～4.5 毫克/千克为二级；含量在 2～3 毫克/千克的为三级；含量<21毫克/千克的为四级。本次调查鸡东县土壤有效铁含量最高的为永和镇，平均值为46.1毫克/千克；最低的为鸡东镇，含量为30.4毫克/千克。全县有效铁全部为一级，鸡东县属于富铁地区（表4-13）。

表4-13 各乡（镇）耕层土壤有效锰分析统计

单位：毫克/千克

乡（镇）	样本数	平均值	变化值	面积分级统计（%）			
				一级 >4.5	二级 3～4.5	三级 2～3	四级 <2
鸡东镇	237	30.4	16.3～57.1	100	0	0	0
平阳镇	246	38.8	20.3～53	100	0	0	0
向阳镇	159	36.7	18.2～50.5	100	0	0	0
哈达镇	153	37.6	14.2～51.8	100	0	0	0
永安镇	167	35.5	24.2～72.9	100	0	0	0
永和镇	193	46.1	21.0～58.9	100	0	0	0
东海镇	269	37.6	19.7～68.9	100	0	0	0
兴农镇	147	35.4	15.3～52.6	100	0	0	0
鸡林乡	108	31.8	26.4～48.4	100	0	0	0
明德乡	148	38.9	24.5～47.6	100	0	0	0
下亮子乡	220	37.0	24.1～53.5	100	0	0	0

四、土壤有效锰

锰是植物生长和发育的必需营养元素之一。它在植物体内直接参与光合作用，锰也是植物许多酶的重要组成部分，影响植物组织中生长素的水平，参与硝酸还原成氨的作用等。

调查结果表明，全县耕地土壤有效锰平均值为18.8毫克/千克，变化幅度为3.5～22.9毫克/千克，按照新的土壤有效锰分级标准把鸡东县耕地有效锰含量等级划分为5级。含量>15毫克/千克为一级；含量在10～15毫克/千克为二级；含量在7.5～10毫克/千克的为三级；含量在5～7.5毫克/千克的为四级；含量<5毫克/千克的为五级。本次调查鸡东县土壤有效锰含量最高的为鸡林乡，平均值为20.1毫克/千克；含量最低的是兴农镇，平均值为16.9毫克/千克。全县有效锰主要集中在一级，占全县比例的90.9%，鸡东县土壤有效锰总体上来说属于富锰地区（表4-14）。

表4-14 各乡（镇）耕层土壤有效锰分析统计

单位：毫克/千克

乡（镇）	样本数	平均值	变化值	面积分级统计（%）				
				一级 >1.8	二级 1～1.8	三级 0.2～1	四级 0.1～0.2	五级 <0.1
鸡东镇	237	18.1	3.5～22.9	87.4	11.4	0.9	0	0.2
平阳镇	246	18.4	8.2～22.9	86.7	6.8	6.5	0	0

（续）

乡（镇）	样本数	平均值	变化值	面积分级统计（%）				
				一级 >1.8	二级 1～1.8	三级 0.2～1	四级 0.1～0.2	五级 <0.1
向阳镇	159	19.1	8.8～22.9	95.6	3.4	0.9	0	0
哈达镇	153	17.7	3.5～22.9	85.0	13.7	0.3	0.7	0.2
永安镇	167	19.7	10.0～22.7	99.7	0	0.3	0	0
永和镇	193	18.6	9.1～22.3	97.8	1.9	0.3	0	0
东海镇	269	19.2	7.4～22.9	92.1	7.5	0.2	0.1	0
兴农镇	147	16.9	6.9～22.9	78.4	17.8	3.5	0.3	0
鸡林乡	108	20.1	16.1～22.9	100	0	0	0	0
明德乡	148	19.5	10～22.9	97.6	1.2	1.2	0	0
下亮子乡	220	19.2	5.7～22.7	91.2	7.6	0.4	0.8	0

第三节 土壤理化性状

一、土壤 pH

鸡东县土壤以暗棕壤和白浆土为主。调查表明，全县耕地 pH 平均为 6.12，变化幅度为 4.5～7.8。但土壤 pH 多集中在 5.8～7，占 91%，耕地土壤以偏酸性为主。各土壤类型 pH 统计见表 4-15。

表 4-15 各类土壤 pH 统计

项目	暗棕壤	白浆土	草甸土	沼泽土	泥炭土	新积土	水稻土
平均值	6.1	6.2	6.2	6.1	6.5	6.1	6.0
最大值	6.9	6.9	7	7.8	6.8	6.8	6.9
最小值	4.5	5.3	5.1	5.1	5.5	5.3	4.3

二、质　　地

土壤质地是根据土壤的颗粒组成划分的土壤类型。土壤质地一般分为沙土、壤土和黏土 3 类，其中沙土又分为松沙土和紧沙土；壤土分为沙壤土、轻壤土、中壤土和重壤土；黏土分为轻黏土、中黏土和重黏土。其类别和特点主要继承了成土母质的类型和特点，又受到耕作、施肥、排灌、平整土地等人为因素的影响，是土壤的一种十分稳定的自然属性，对土壤肥力有很大影响。其中，沙土抗旱能力弱，易漏水漏肥，因此土壤养分少，加之缺少黏粒和有机质，故保肥性能弱，速效肥料易随雨水和灌溉水流失，而且施用速效肥肥效期短而不稳定。因此，沙土要强调增施有机肥，适时追肥，并掌握勤浇薄施的原则。

黏土含土壤养分丰富，而且有机质含量较高，因此，大多土壤养分不易被雨水和灌溉水淋失，故保肥性能好，但由于遇雨或灌溉时，往往水分在土体中难以下渗而导致排水困难，影响农作物根系的生长，阻碍了根系对土壤养分的吸收。对此类土壤，在生产上要注意开沟排水，降低地下水位，以避免或减轻涝害，并选择在适宜的土壤含水条件下精耕细作，以改善土壤结构性和耕性，以促进土壤养分的释放；壤土兼有沙土和黏土的优点，是较理想的土壤质地，其耕性优良，适种的农作物种类多。

本次耕地地力调查鸡东县耕地面积 83 453.8 公顷，土壤质地分别为轻壤土、沙壤土、重壤土、轻黏土和中黏土 5 种。其中轻黏土和沙壤土占的比重最大，分别占总面积的 66.2%和 17.6%；轻壤土占比重最小，只有 0.6%（表 4-16）。

表 4-16　土壤质地分布面积统计

单位：公顷

项目	轻壤土	沙壤土	重黏土	轻黏土	中黏土
一级地	45.0	441.5	696.6	6 525.9	119.9
二级地	48.3	1 450.3	4 123.3	10 792.9	445.4
三级地	170.0	2 568.7	3 312.7	19 478.3	1 418.5
四级地	233.2	6 091.7	682.1	14 211.0	1 925.6
五级地	46.0	4 148.2	192.3	4 199.3	87.1
总面积	542.5	14 700.4	9 007.0	55 207.4	3 996.5
占本次调查土地面积（%）	0.65	17.61	10.79	66.15	4.80

第五章　耕地地力等级划分

鸡东县耕地总面积为 99 701.3 公顷，本次耕地地力评价耕地面积为 83 453.8 公顷。本次耕地地力调查和质量评价将全县基本农田划分为 5 个等级，一级地 7 828.9 公顷，占 9.39%；二级地 16 860.2 公顷，占 20.20%；三级地 26 948.2 公顷，占 32.29%；四级地 23 143.6 公顷，占 27.73%；五级地 8 672.9 公顷，占 10.39%（表 5-1 和图 5-1）。一级、二级地属高产田土壤，面积为 24 689.1 公顷，占 29.59%；三级、四级为中产田土壤，面积为 50 091.8 公顷，占 60.02%；五级为低产田土壤，面积 8 672.9 公顷，占 10.39%；中低产田合计 58 764.7 公顷，占本次调查耕地面积的 70.41%。按照《全国耕地类型区耕地地力等级划分标准》进行归并，全县现有国家四级地 24 689.1 公顷，占 29.59%；五级地 50 091.8 公顷，占 60.02%；六级地 8 672.9 公顷，占 10.39%，见表 5-2。

表 5-1　鸡东县耕地分级统计

地力分级	地力综合指数（*IFI*）	耕地面积（公顷）	占总耕地面积（%）	产量（千克/公顷）
一级	>0.82	7 828.9	9.39	>9 500
二级	0.79～0.82	16 860.2	20.20	9 000～9 500
三级	0.75～0.79	26 948.2	32.29	8 500～9 000
四级	0.71～0.75	23 143.6	27.73	8 000～8 500
五级	<0.71	8 672.9	10.39	7 500～8 000

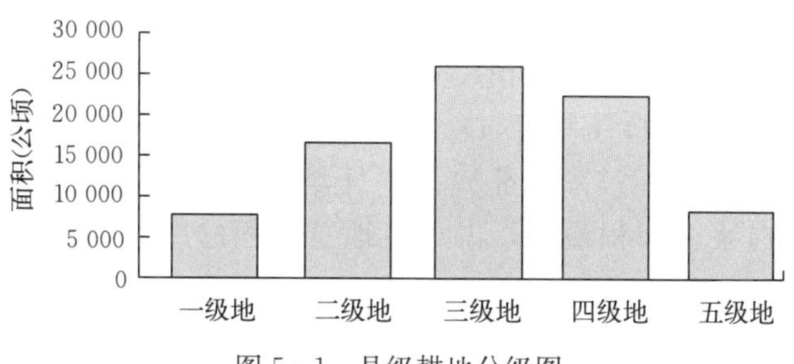

图 5-1　县级耕地分级图

表 5-2　鸡东县耕地地力（国家级）分级统计

国家级	地力综合指数（*IFI*）	耕地面积（公顷）	占总耕地面积（%）	产量（千克/公顷）
四	0.85～0.90	24 689.1	29.59	9 000～10 500
五	0.75～0.85	50 091.8	60.02	7 500～9 000
六	0.65～0.75	8 672.9	10.39	6 000～7 500

从地力等级的分布特征来看，鸡东县的高中产土壤主要集中在中部穆棱河冲积平原农渔区和南北丘陵漫岗农牧区上，土壤类型主要以白浆土、草甸土、沼泽土、新积土和水稻土为主。低产田主要集中在南北低山丘陵林农区，土壤类型以暗棕壤为主。鸡东县各乡（镇）不同地力等级面积统计见表 5－3。

表 5－3　鸡东县各乡（镇）耕地地力等级面积统计

单位：公顷

乡（镇）	合计	一级地	二级地	三级地	四级地	五级地
鸡东镇	5 290.9	844.9	2 116.7	1 255.6	1 020.7	53.0
平阳镇	15 633.4	1 120.8	3 624.2	6 612.6	2 998.0	1 277.8
向阳镇	10 016.2	1 411.0	2 334.7	3 688.6	2 465.7	116.2
哈达镇	7 702.0	2 226.1	781.6	1 309.1	1 493.0	1 892.2
永安镇	2 828.9	553.8	702.0	838.2	729.1	5.8
永和镇	4 407.3	101.2	630.2	1 092.8	2 135.6	447.5
东海镇	11 974.0	293.0	2 310.0	3 220.3	3 417.8	2 732.9
兴农镇	13 872.4	1.8	1 336.2	4 153.6	6 481.1	1 899.7
鸡林乡	2 836.4	0	983.8	1 236.9	559.5	56.2
明德乡	3 190.9	102.4	463.6	1 861.2	730.9	32.8
下亮子乡	5 701.4	1 173.9	1 577.2	1 679.3	1 112.2	158.8
合计	83 453.8	7 828.9	16 860.2	26 948.2	23 143.6	8 672.9

第一节　一 级 地

鸡东县一级地总面积 7 828.9 公顷，占本次耕地地力评价耕地面积的 9.39%，主要分布在鸡东镇、平阳镇、向阳镇、哈达镇、永安镇、永和镇、东海镇、兴农镇、明德朝鲜族乡和下亮子乡共 10 个乡（镇）（表 5－4）。其中哈达镇、向阳镇、平阳镇、下亮子乡面积最大，占一级地总面积的 75.77%（图 5－2）；土壤类型主要以白浆土、草甸土、新积土、水稻土为主，其中白浆土面积最大，占一级地总面积的 29.44%，占本类土壤面积的 15.62%（表 5－5）。

表 5－4　鸡东县各乡（镇）一级地面积统计

乡（镇）	土壤面积（公顷）	一级地面积（公顷）	占全县一级地面积（%）	占该乡（镇）土壤面积（%）
鸡东镇	5 290.9	844.9	10.79	15.97
平阳镇	15 633.4	1 120.8	14.32	7.17
向阳镇	10 016.2	1 411.0	18.02	14.09
哈达镇	7 702.0	2 226.1	28.43	28.90
永安镇	2 828.9	553.8	7.07	19.58

（续）

乡（镇）	土壤面积（公顷）	一级地面积（公顷）	占全县一级地面积（%）	占该乡（镇）土壤面积（%）
永和镇	4 407.3	101.2	1.29	2.30
东海镇	11 974	293	3.74	2.45
兴农镇	13 872.4	1.8	0.02	0.01
鸡林乡	2 836.4	0	0	0
明德乡	3 190.9	102.4	1.31	3.21
下亮子乡	5 701.4	1 173.9	14.99	20.59
合　计	83 453.8	7 828.9	—	—

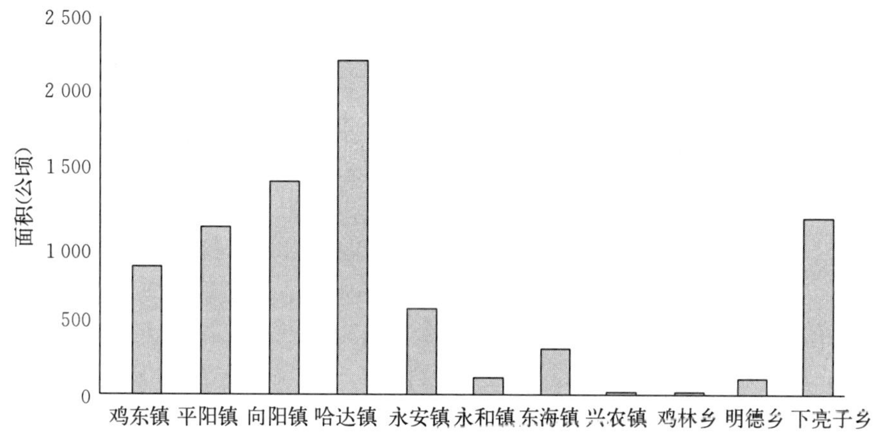

图 5-2　各乡（镇）一级地面积对比示意图

表 5-5　鸡东县一级地土壤分布面积统计

土壤类型	土壤面积（公顷）	一级地面积（公顷）	占全县一级地面积（%）	占该土类土壤面积（%）
暗棕壤	29 825.9	962.6	12.30	3.23
白浆土	14 756.6	2 304.9	29.44	15.62
草甸土	10 290.1	1 121.2	14.32	10.90
沼泽土	12 691.6	889	11.36	7.00
泥炭土	145.9	0	—	—
新积土	5 125.8	1 064.7	13.60	20.77
水稻土	10 617.9	1 486.5	18.99	14.00
合计	83 453.8	7 828.9	—	—

一级地所处地形平缓，主要分布在中部穆棱河冲积平原区和南北丘陵漫岗区，沿方虎公路和鸡密公路两侧最为集中，一般坡度较小，地势趋于平坦。土壤理化性状较好。一级地有机质含量最低为 20.4 克/千克，最高为 73.6 克/千克，平均值为 38.8 克/千克；pH

最低为5.1，最高为6.9，平均值为6.2；速效钾含量最低为67毫克/千克，最高为410毫克/千克，平均值为178.3毫克/千克；有效磷含量最低为6.0毫克/千克，最高为121.4毫克/千克，平均值为29.2毫克/千克；碱解氮含量最低为12.3毫克/千克，最高为93.6毫克/千克，平均值为54毫克/千克（表5-6）。

表5-6 一级地耕地土壤理化性状统计

项　目	平均值	样本值分布范围
有机质（克/千克）	38.8	20.4～73.6
pH	6.2	5.1～6.9
速效钾（毫克/千克）	178.3	67～410
有效磷（毫克/千克）	29.2	6.0～121.4
碱解氮（毫克/千克）	54.0	12.3～93.6

第二节　二 级 地

鸡东县二级地总面积16 860.2公顷，占本次耕地地力评价耕地面积的20.2%，在全县各乡（镇）都有分布（表5-7）。其中平阳镇、向阳镇、东海镇、鸡东镇面积最大，占二级地总面积的61.60%（图5-3）；土壤类型主要以暗棕壤、白浆土、草甸土、水稻土为主，其中，暗棕壤面积最大，占二级地总面积的26.9%，占本类土壤面积的15.20%（表5-8）。

表5-7 鸡东县各乡（镇）二级地分布面积统计

乡（镇）	总土壤面积（公顷）	二级地面积（公顷）	占全县二级地面积（%）	占该乡（镇）土壤面积（%）
鸡东镇	5 290.9	2 116.7	12.55	40.01
平阳镇	15 633.4	3 624.2	21.50	23.18
向阳镇	10 016.2	2 334.7	13.85	23.31
哈达镇	7 702.0	781.6	4.64	10.15
永安镇	2 828.9	702.0	4.16	24.82
永和镇	4 407.3	630.2	3.74	14.30
东海镇	11 974.0	2 310.0	13.70	19.29
兴农镇	13 872.4	1 336.2	7.93	9.63
鸡林乡	2 836.4	983.8	5.84	34.68
明德乡	3 190.9	463.6	2.75	14.53
下亮子乡	5 701.4	1 577.2	9.35	27.66
合　计	83 453.8	16 860.2	—	—

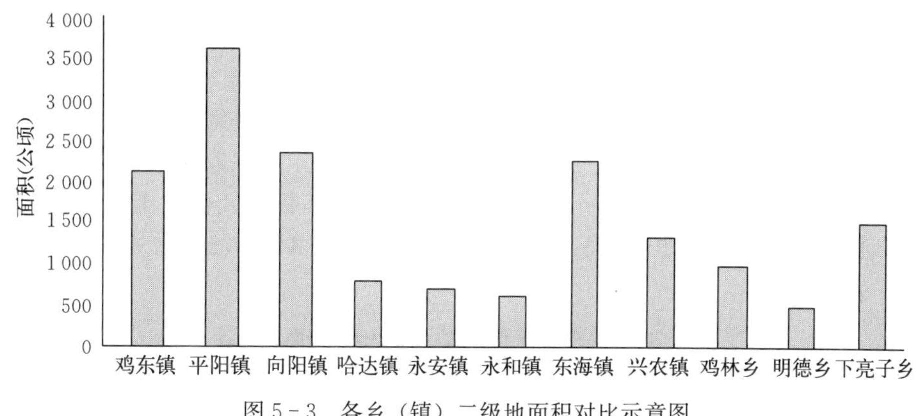

图 5-3　各乡（镇）二级地面积对比示意图

表 5-8　鸡东县二级地土壤分布面积统计

土壤类型	总土壤面积（公顷）	二级地面积（公顷）	占全县二级地面积（%）	占该土类土壤面积（%）
暗棕壤	29 825.9	4 534.9	26.90	15.20
白浆土	14 756.6	3 267.2	19.38	22.14
草甸土	10 290.1	2 347.6	13.92	22.81
沼泽土	12 691.6	1 673.3	9.92	13.18
泥炭土	145.9	101.7	0.60	69.71
新积土	5 125.8	2 403.3	14.25	46.89
水稻土	10 617.9	2 532.2	15.02	23.85
合计	83 453.8	16 860.2	—	—

二级地所处地形平缓，与一级地交叉分布，主要分布在中部穆棱河冲积平原区和南北丘陵漫岗区，沿方虎公路和鸡密公路两侧最为集中，一般坡度较小，地势趋于平坦。土壤理化性状较好，二级地有机质含量最低为 18.6 克/千克，最高为 67.1 克/千克，平均值为 37.9 克/千克；pH 最低为 5.3，最高为 7.8，平均值为 6.1；速效钾含量最低为 54 毫克/千克，最高为 372 毫克/千克，平均值为 135.3 毫克/千克；有效磷含量最低为 5.4 毫克/千克，最高为 93 毫克/千克，平均值为 20.2 毫克/千克；碱解氮含量最低为 0.2 毫克/千克，最高为 97.4 毫克/千克，平均值为 56.3 毫克/千克（表 5-9）。

表 5-9　二级地耕地土壤理化性状统计

项　　目	平均值	样本值分布范围
有机质（克/千克）	37.9	18.6～67.1
pH	6.1	5.3～7.8
速效钾（毫克/千克）	135.3	54～372
有效磷（毫克/千克）	20.2	5.4～93.0
碱解氮（毫克/千克）	56.3	0.2～97.4

第三节　三 级 地

鸡东县三级地总面积26 948.2公顷，占本次耕地地力评价耕地面积的32.29%，在全县各乡（镇）都有分布（表5-10）。其中，平阳镇、向阳镇、兴农镇、东海镇面积最大，占三级地总面积的65.59%（图5-4）；土壤类型主要以暗棕壤、白浆土为主占总面积的53.62%，其中，暗棕壤面积最大，占三级地总面积的34.29%，占本类土壤面积的30.98%（表5-11）。

表5-10　鸡东县各乡（镇）三级地分布面积统计

乡（镇）	总土壤面积（公顷）	三级地面积（公顷）	占全县三级地面积（%）	占该乡（镇）土壤面积（%）
鸡东镇	5 290.9	1 255.6	4.66	23.73
平阳镇	15 633.4	6 612.6	24.54	42.30
向阳镇	10 016.2	3 688.6	13.69	36.83
哈达镇	7 702	1 309.1	4.86	17.00
永安镇	2 828.9	838.2	3.11	29.63
永和镇	4 407.3	1 092.8	4.06	24.80
东海镇	11 974	3 220.3	11.95	26.89
兴农镇	13 872.4	4 153.6	15.41	29.94
鸡林乡	2 836.4	1 236.9	4.59	43.61
明德乡	3 190.9	1 861.2	6.91	58.33
下亮子乡	5 701.4	1 679.3	6.23	29.45
合计	83 453.8	26 948.2	—	—

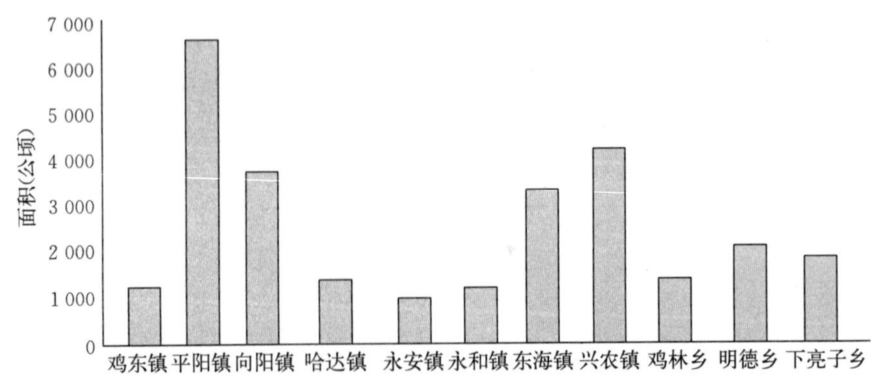

图5-4　各乡（镇）三级地面积对比示意图

表 5-11　鸡东县三级地土壤分布面积统计

土壤类型	总土壤面积（公顷）	三级地面积（公顷）	占全县三级地面积（%）	占该土类土壤面积（%）
暗棕壤	29 825.9	9 240.2	34.29	30.98
白浆土	14 756.6	4 939.7	18.33	33.47
草甸土	10 290.1	4 060.2	15.07	39.46
沼泽土	12 691.6	2 576.7	9.56	20.30
泥炭土	145.9	15.9	0.06	10.90
新积土	5 125.8	1 115	4.14	21.75
水稻土	10 617.9	5 000.5	18.56	47.09
合计	83 453.8	26 948.2	—	—

三级地在鸡东县分布最广，所占面积也最大。主要以方虎公路南侧和鸡密公路两侧最为集中，略有坡度但变化不大。土壤理化性状一般。三级地有机质含量最低为 18.9 克/千克，最高为 60.5 克/千克，平均值为 37.3 克/千克；pH 最低为 5.0，最高为 6.9，平均为 6.1；速效钾含量最低为 29 毫克/千克，最高为 236 毫克/千克，平均值为 115.9 毫克/千克；有效磷含量最低为 5.3 毫克/千克，最高为 95.7 毫克/千克，平均值为 17.5 毫克/千克；碱解氮含量最低为 5.3 毫克/千克，最高为 99.8 毫克/千克，平均值为 57.2 毫克/千克（表 5-12）。

表 5-12　三级地耕地土壤理化性状统计

项　目	平均值	样本值分布范围
有机质（克/千克）	37.3	18.9～60.5
pH	6.1	5.0～6.9
速效钾（毫克/千克）	115.9	29～236
有效磷（毫克/千克）	17.5	5.3～95.7
碱解氮（毫克/千克）	57.2	5.3～99.8

第四节　四 级 地

鸡东县四级地总面积 23 143.6 公顷，占本次耕地地力评价耕地面积的 27.73%，在全县各乡（镇）都有分布（表 5-13）。其中，兴农镇、东海镇、向阳镇、平阳镇面积最大，占四级地总面积的 66.38%（图 5-5）；土壤类型主要以暗棕壤、沼泽土为主占总面积的 65.57%，其中暗棕壤面积最大，占三级地总面积的 43.48%，占本类土壤面积的 33.74%（表 5-14）。

表 5-13　鸡东县各乡（镇）四级地分布面积统计

乡（镇）	总土壤面积（公顷）	四级地面积（公顷）	占全县四级地面积（%）	占该乡（镇）土壤面积（%）
鸡东镇	5 290.9	1 020.7	4.41	19.29
平阳镇	15 633.4	2 998.0	12.95	19.18
向阳镇	10 016.2	2 465.7	10.65	24.62
哈达镇	7 702.0	1 493.0	6.45	19.38
永安镇	2 828.9	729.1	3.15	25.77
永和镇	4 407.3	2 135.6	9.23	48.46
东海镇	11 974.0	3 417.8	14.77	28.54
兴农镇	13 872.4	6 481.1	28.00	46.72
鸡林乡	2 836.4	559.5	2.42	19.73
明德乡	3 190.9	730.9	3.16	22.91
下亮子乡	5 701.4	1 112.2	4.81	19.51
合计	83 453.8	23 143.6	—	—

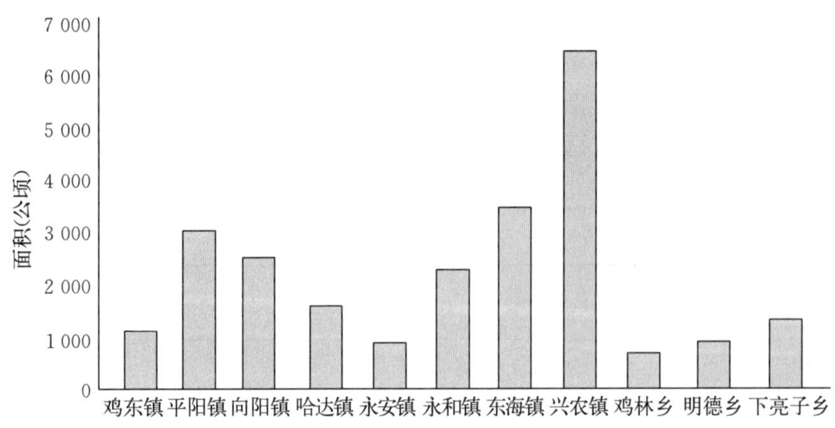

图 5-5　各乡（镇）四级地面积对比示意图

表 5-14　鸡东县四级地土壤分布面积统计

土壤类型	总土壤面积（公顷）	四级地面积（公顷）	占全县四级地面积（%）	占该土类土壤面积（%）
暗棕壤	29 825.9	10 062.2	43.48	33.74
白浆土	14 756.6	3 595.2	15.53	24.36
草甸土	10 290.1	2 493.7	10.77	24.23
沼泽土	12 691.6	5 111.7	22.09	40.28
泥炭土	145.9	28.3	0.12	19.40
新积土	5 125.8	478.5	2.07	9.34
水稻土	10 617.9	1 374.0	5.94	12.94
合计	83 453.8	23 143.6	—	—

四级地主要分布在鸡东县南北丘陵漫岗区，接近低山丘陵地区，坡度较大，地势起伏。土壤理化性状一般，四级地有机质含量最低为14.6克/千克，最高为59.0克/千克，平均值为35.1克/千克；pH最低为4.3，最高为6.9，平均值为6.1；速效钾含量最低为31毫克/千克，最高为202毫克/千克，平均值为107.5毫克/千克；有效磷含量最低为1.0毫克/千克，最高为61.0毫克/千克，平均值为16.0毫克/千克；碱解氮含量最低为8.7毫克/千克，最高为94.9毫克/千克，平均值为54.8毫克/千克（表5-15）。

表5-15 四级地耕地土壤理化性状统计

项目	平均值	样本值分布范围
有机质（克/千克）	36.1	14.6～59.0
pH	6.1	4.3～6.9
速效钾（毫克/千克）	107.5	31～202
有效磷（毫克/千克）	16.0	1.0～61.0
碱解氮（毫克/千克）	54.8	8.7～94.9

第五节 五级地

鸡东县五级地总面积8 672.9公顷，占本次耕地地力评价耕地面积的10.39%，在全县各乡（镇）都有分布（表5-16）。其中，东海镇、兴农镇、哈达镇面积最大，占五级地总面积的75.23%（图5-6）；土壤类型主要以暗棕壤为主，占总面积的57.95%，占该类土壤面积的16.85%（表5-17）。

表5-16 鸡东县各乡（镇）五级地分布面积统计

乡（镇）	总土壤面积（公顷）	五级地面积（公顷）	占全县五级地面积（%）	占该乡（镇）土壤面积（%）
鸡东镇	5 290.9	53	0.61	1.00
平阳镇	15 633.4	1 277.8	14.73	8.17
向阳镇	10 016.2	116.2	1.34	1.16
哈达镇	7 702.0	1 892.2	21.82	24.57
永安镇	2 828.9	5.8	0.07	0.21
永和镇	4 407.3	447.5	5.16	10.15
东海镇	11 974.0	2 732.9	31.51	22.82
兴农镇	13 872.4	1 899.7	21.90	13.69
鸡林乡	2 836.4	56.2	0.65	1.98
明德乡	3 190.9	32.8	0.38	1.03
下亮子乡	5 701.4	158.8	1.83	2.79
合计	83 453.8	8 672.9	—	—

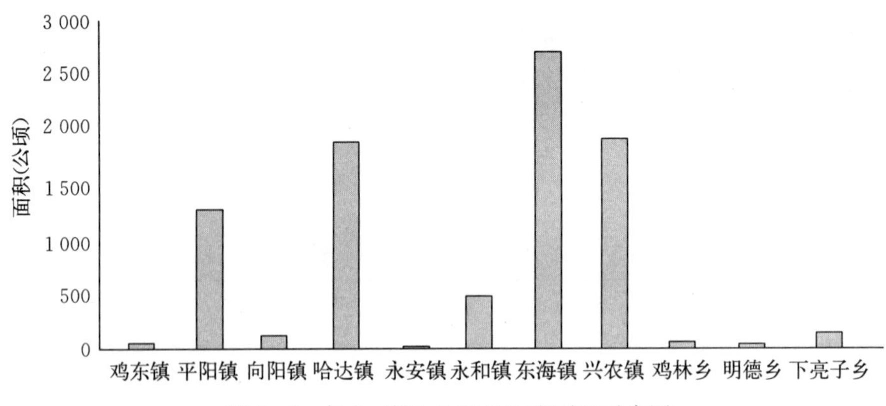

图 5－6　各乡（镇）五级地面积对比示意图

表 5－17　鸡东县五级地土壤分布面积统计

土壤类型	总土壤面积（公顷）	五级地面积（公顷）	占全县五级地面积（%）	占该土类土壤面积（%）
暗棕壤	29 825.9	5 026	57.95	16.85
白浆土	14 756.6	649.6	7.49	4.40
草甸土	10 290.1	267.4	3.08	2.60
沼泽土	12 691.6	2 440.9	28.14	19.23
泥炭土	145.9	0	—	—
新积土	5 125.8	64.3	0.74	1.25
水稻土	10 617.9	224.7	2.59	2.12
合　计	83 453.8	8 672.9	—	—

五级地主要分布于南北丘陵漫岗区和南北低山丘陵区，其中，以低山丘陵地区较为集中，一般坡度较大，地势不平。土壤理化性状较差，五级地有机质含量最低，为 16.6 克/千克，最高为 56.7 克/千克，平均值为 31.8 克/千克；pH 最低为 5.0，最高为 6.9，平均值为 6.1；速效钾含量最低为 23 毫克/千克，最高为 156 毫克/千克，平均值为 85.4 毫克/千克；有效磷含量最低为 2.0 毫克/千克，最高为 28.3 毫克/千克，平均值为 11.4 毫克/千克；碱解氮含量最低为 1.0 毫克/千克，最高为 98.7 毫克/千克，平均值为 49.5 毫克/千克（表 5－18）。

表 5－18　五级地耕地土壤理化性状统计

项　　目	平均值	样本值分布范围
有机质（克/千克）	31.8	14.6～56.7
pH	6.1	5.0～6.9
速效钾（毫克/千克）	85.4	23～156
有效磷（毫克/千克）	11.4	2.0～28.3
碱解氮（毫克/千克）	49.5	1～98.7

第六章　对策与建议

第一节　多渠道提高土壤肥力

1. 增加土壤有机质　近年来，全县化肥施用量逐步增加，有机肥施用量相对减少，加上连年土壤掠夺性生产，导致土壤耕性变差，保水保肥能力下降，已不能适应现代农业发展的需要，应逐步加大有机肥的施用量，主要是通过堆沤农家肥、秸秆沤肥等方式，增加有机肥投入量，以保持全县土壤有机质含量的动态平衡。

2. 推广秸秆还田，实现用养结合　作物秸秆含有较丰富的氮、磷、钾以及多种微量元素和有机物质，秸秆还田是提高土壤钾素含量的一项重要措施；秸秆还田具有改善土体结构，改良土壤耕性的作用。鸡东县秸秆资源丰富，多年来，一直未能充分利用，尚有大量的秸秆被焚烧或随意丢弃腐烂，造成严重的资源浪费和环境污染。要积极推广各种形式的秸秆还田技术，通过玉米鲜秸秆机械粉碎还田、水稻留高茬还田、过腹还田、覆盖还田等途径，增加土壤有机质含量，实现用养结合。

3. 合理轮作，挖掘土壤潜力　不同作物需求养分的种类不同，根系深浅不同，吸收各层土壤养分的能力不同，各种作物遗留残体成分也有较大差异。因此，要通过不同作物的合理轮作倒茬，保障土壤养分平衡。要结合鸡东县实际，玉米、大豆间作，冬小麦套种大豆等技术模式，实现土壤养分的协调利用。

第二节　因地制宜改良中低产田

鸡东县中低产田面积较大，所以要从实际出发，因地制宜，分类配套改良技术措施，进一步提高全县耕地地力质量。

1. 三级地改良利用　三级地是平原向岗地过渡的等级类型，今后的改良利用应做好以下几个方面：一是加强排灌工程配套，达到灌排兼顾，根除旱涝威胁。主要地区要疏通现有骨干沟河，做好引河灌溉，同时充分利用浅部地下水资源丰富的优势，发展井灌和喷灌，搞好工程配套，积极平整土地，扩大灌溉面积，提高工程效益；实行以排为主，排灌兼顾，积极治理下游河道，尽快达到十年一遇的防洪治涝标准，消除涝渍灾害的威胁。二是广辟肥源，改土培肥。在改善灌排条件的基础上，迅速提高土壤有机质含量。结合发展畜牧业，种植牧草，尽量扩大秸秆利用范围。可采取多种方式综合利用，做到农牧结合，养用结合。积极创造条件，搞好秸秆直接还田和综合利用还田，提升有机质含量。此外，还要加厚耕作层，熟化土壤，增加土壤库容，改善土壤理化性状，提高养分的有效性。三是因地制宜，合理施用化肥，以无机促有机。四是因土制宜，调整种植业结构，实行豆、玉、杂间作。

2. 四级地改良利用　四级地土壤位于平原地区向低山丘陵过渡的丘陵漫岗地带。土壤类型以暗棕壤、白浆土为主。部分土壤有轻度侵蚀现象，质地多为沙壤土和轻黏土。灌溉条件较差，部分地块灌溉条件得不到保证。土壤养分含量水平中等，有机质含量偏低。该等耕地的改良利用，主要对应当前的一般农田，旱涝灾害威胁大，适宜于抗旱粮食作物。耕地的改良利用主要从三个方面着手：一是加强农田基本建设，平整土地，因地制宜地兴修水利，完善灌排设施，发展节水灌溉和旱作农业。二是增加对耕地的投入，积极推广秸秆还田，增施有机肥料，实行有机无机结合，改良土壤理化性状，努力提高土地的产出水平。三是合理种植经济作物，发展果树或经济林生产。

3. 五级地改良利用 五级地土壤主要位于鸡东县南北低山丘陵地区。北部主要以兴农镇为主，南部主要以平阳镇、下亮子乡、向阳镇等乡（镇）靠近南部山区的地区为主，土壤类型以暗棕壤为主，部分土壤有侵蚀现象，质地多为沙壤土。改良措施以坡地梯改型为主，坡地梯改型是指主导障碍因素为土壤侵蚀，以及与其相关的地形，地面坡度、土体厚度，土体构型与物质组成，耕作熟化层厚度与熟化程度等，需要通过修筑梯田埂等田间水保工程加以改良治理的坡耕地。改良措施一是修筑水平梯田；二是增厚土层和耕作熟化层，土层厚度要达到50～100厘米以上，耕作层厚度大于15厘米；三是林带植被建设，提高植被覆盖率，林带植被建设（乔灌草篱带）占地面积5%以上；四是耕作培肥，加深耕层，实行间作套种，增加复种指数，增施有机肥，推广秸秆还田，种植绿肥。

附录

附录 1　鸡东县耕地地力评价与土壤改良利用报告

第一节　概　　况

一、背　　景

黑龙江被誉为中国的粮仓，是我国粮食安全生产的重要保障，是解决 13 亿人口温饱的重要基石。鸡东县也是黑龙江省重要的商品粮生产基地。随着鸡东县农村经济的发展，农业布局不断优化调整，体现在耕地总面积增加，粮食生产面积扩大，蔬菜、万寿菊等经济作物的生产面积也有所增加。鸡东县第二次土壤普查至今已有 20 多年了，耕地改良利用方式也发生了很大的变化。

二、必 要 性

2006 年鸡东县被确定为黑龙江省第二批测土配方施肥和耕地地力评价项目县，有必要结合测土配方施肥和耕地地力评价成果对鸡东县土壤改良利用进行专题调查。土壤改良利用是在分析土壤普查各项资料的基础上，根据土壤属性、组合特点，以及与自然条件和农业经济条件的内在联系，以改良为目的的土壤区划。它指出各区土壤特点、主要矛盾和限制因素，提出土壤改良利用的基本途径，为农、林、牧、副、渔各业布局，建立合理的生态平衡，因土制宜的开展以土壤肥料为中心的农田基本建设提供科学依据。

第二节　耕地地力调查及评价方法

一、组织形式

（一）建立组织

成立两个小组，一是领导小组，由主管县长任组长的耕地地力评价工作领导小组，组织、领导、协调该项工作；二是技术小组，要建立由县农业专家为主，水利、土地等专家参与的技术指导组，具体实施该工作。

（二）技术支持

确定中科院东北地理所和黑龙江极象动漫影视技术有限公司为技术依托单位，技术力量强、能够胜任耕地地力评价工作要求，并参与耕地地力评价工作，签订相关协议，明确各自职责。

（三）资料收集

收集相关数据与资料，包括耕地土壤属性资料、耕地土壤养分资料、农田水利资料、社会经济统计资料、基础专题图件资料、野外调查资料以及其他相关资料等。

二、技术路线

（一）建立评价指标体系

首先从全国耕地地力评价因子总的66个因子中初步选取对当地比较重要的评价因子作为拟评因子，然后逐一进行分析，对不合适的因子进行排除，最后确定8～12个因子作为鸡东县的评价因子。利用层次分析法，建立评价指标与耕地潜在生产能力间的层次分析模型，计算单指标对耕地地力的权重，建立各指标的隶属度。

（二）编写耕地地力评价技术报告

要求耕地地力分布情况描述全面具体，对耕地地力差异情况及原因分析合理，对耕地资源利用分区科学准确、措施可行。

（三）制作相关图件

耕地地力评价的核心在于成果的利用，所以，要把耕地土壤有机质、全氮、全磷、全钾、碱解氮、有效磷、速效钾、缓效钾、pH、有效锌、有效铜、有效铁、有效锰含量等制作成分布图，同时制作土壤图、耕地地力评价图和中低产田改良分区图，以便充分、合理地利用耕地资源。

三、工作方法

在外业调查及室内化验分析的基础上，建立起鸡东县耕地质量管理数据库，利用扬州土壤肥料工作站开发的《全国耕地力调查与质量评价软件系统 V2.0》进行耕地地力评价。

（一）建立县域耕地资源基础数据库

将鸡东县第二次土壤普查数据、历年土壤肥力调查数据、历年田间试验数据汇总分析，鸡东县将1∶50 000土地利用现状图、土地利用现状图、土壤图和地形图扫描，借助MAPGIS软件进行矢量化和空间叠加分析，经运算形成评价工作底图，建立起县域耕地资源基础数据库。

（二）确定评价单元

把矢量化后的鸡东县土壤图、土地利用现状图、土壤图和地形图相叠加，形成的图斑即为鸡东县耕地地力评价单元，共确定形成评价单元3 741个。

（三）选择评价要素

根据全国耕地地力调查评价指标体系，结合鸡东县实际经过专家采用经验法进行选取，共选择4个层面10个评价因子。土壤养分：速效钾、有效磷；理化性状：pH、质地、有机质；剖面性状：剖面构型、耕层厚度；立地条件：坡向、坡度、海拔。

（四）确定指标权重

组织专家对所选定的各评价因子进行经验评估、打分，确定指标权重。

（五）数据标准化

选用隶属函数法和专家经验法等数据标准化方法，对鸡东县耕地评价指标进行数据标准化，并对定性数据进行数值化描述。

（六）计算耕地地力综合指数

选用累加法计算每个评价单元的综合地力指数。

（七）划分地力等级

根据综合地力指数分布，确定分级方案，划分地力等级。

（八）归入全国耕地地力等级体系

依据《全国耕地类型区、耕地地力等级划分》（NY/T 309—1996），归纳整理各级耕地地力要素主要指标，结合专家经验，将鸡东县各级耕地归入全国耕地地力等级体系。

（九）划分中低产田类型

依据《全国中低产田类型划分与改良技术规范》（NY/T 309—1996），分析评价单元耕地土壤主导障碍因素，划分并确定鸡东县中低产田类型。

第三节　调查结果

鸡东县耕地总面积为 99 701.3 公顷，本次耕地地力评价耕地面积 83 453.8 公顷。本次耕地地力调查和质量评价将全县耕地土壤划分为 5 个等级：一级地 7 828.9 公顷，占 9.39%；二级地 16 860.2 公顷，占 20.2%；三级地 26 948.2 公顷，占 32.29%；四级地 23 143.6 公顷，占 27.73%；五级地 8 673.1 公顷，占 10.39%（附表 1-1 和附图 1-1）。一级、二级地属高产田土壤，面积共 24 689.1 公顷，占 29.59%；三级、四级为中产田土壤，面积为 50 091.8 公顷，占 60.02%；五级为低产田土壤，面积 8 672.9 公顷，占 10.39%；中低产田合计 58 764.7 公顷，占基本土壤面积的 70.4%。按照《全国耕地类型区耕地地力等级划分标准》进行归并，全县现有国家四级地 24 688.8 公顷，占 29.6%；五级地 50 091.8 公顷，占 60%；六级地 8 672.9 公顷，占 10.4%（附表 1-2）。

附表 1-1　鸡东县耕地地力分级统计

地力分级	地力综合指数分级（*IFI*）	耕地面积（公顷）	占总耕地面积（%）	产量（千克/公顷）
一级	＞0.82	7 828.9	9.39	＞9 500
二级	0.79～0.82	16 860.2	20.20	9 000～9 500
三级	0.75～0.79	26 948.2	32.29	8 500～9 000
四级	0.71～0.75	23 143.6	27.73	8 000～8 500
五级	＜0.71	8 672.9	10.39	7 500～8 000

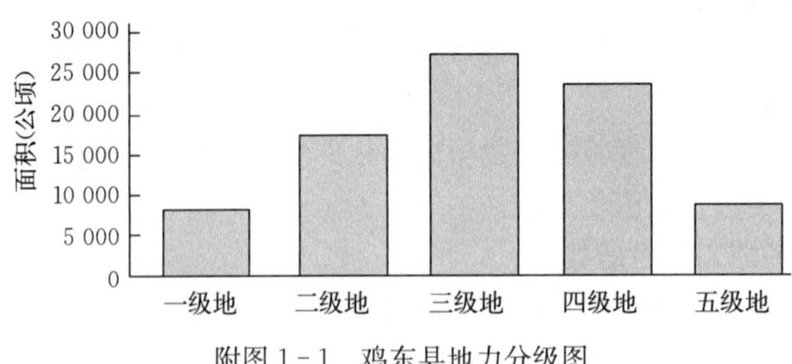

附图 1-1 鸡东县地力分级图

附表 1-2 鸡东县耕地地力（国家级）分级统计

国家级	地力综合指数分级（*IFI*）	耕地面积（公顷）	占基本农田面积（%）	产量（千克/公顷）
四	0.85～0.90	24 689.1	29.59	9 000～10 500
五	0.75～0.85	50 091.8	60.02	7 500～9 000
六	0.65～0.75	8 672.9	10.39	6 000～7 500

从地力等级的分布特征来看，鸡东县的高中产土壤主要集中在中部穆棱河冲积平原农渔区和南北丘陵漫岗农牧区上，土壤类型主要以白浆土、草甸土、沼泽土、新积土和水稻土为主。低产田主要集中在南北低山丘陵林农区，土壤类型以暗棕壤为主。鸡东县各乡（镇）地力等级面积统计见附表 1-3。

附表 1-3 鸡东县各乡（镇）地力等级面积统计

单位：公顷

乡（镇）	合计	一级地	二级地	三级地	四级地	五级地
鸡东镇	5 290.9	844.9	2 116.7	1 255.6	1 020.7	53.0
平阳镇	15 633.4	1 120.8	3 624.2	6 612.6	2 998.0	1 277.8
向阳镇	10 016.2	1 411.0	2 334.7	3 688.6	2 465.7	116.2
哈达镇	7 702.0	2 226.1	781.6	1 309.1	1 493.0	1 892.2
永安镇	2 828.9	553.8	702.0	838.2	729.1	5.8
永和镇	4 407.3	101.2	630.2	1 092.8	2 135.6	447.5
东海镇	11 974.0	293.0	2 310.0	3 220.3	3 417.8	2 732.9
兴农镇	13 872.4	1.8	1 336.2	4 153.6	6 481.1	1 899.7
鸡林乡	2 836.4	0	983.8	1 236.9	559.5	56.2
明德乡	3 190.9	102.4	463.6	1 861.2	730.9	32.8
下亮子乡	5 701.4	1 173.9	1 577.2	1 679.3	1 112.2	158.8
合计	83 453.8	7 828.9	16 860.2	26 948.2	23 143.6	8 672.9

一、一 级 地

鸡东县一级地总面积 7 828.9 公顷，占本次耕地地力评价耕地面积的 9.39%，主要分布在鸡东镇、平阳镇、向阳镇、哈达镇、永安镇、永和镇、东海镇、兴农镇、明德乡、下亮子乡共 10 个乡（镇）。其中哈达镇、向阳镇、平阳镇、下亮子乡面积最大．占一级地总面积的 75.77%（附表 1-4、附图 1-2）；土壤类型主要以白浆土、草甸土、新积土、水稻土为主，其中白浆土面积最大，占一级地总面积的 29.44%，占该类土壤面积的 15.62%（附表 1-5）。

附表 1-4　鸡东县一级地行政分布面积统计

乡（镇）	土壤面积（公顷）	一级地面积（公顷）	占全县一级地面积（%）	占该乡（镇）土壤面积（%）
鸡东镇	5 290.9	844.9	10.79	15.97
平阳镇	15 633.4	1 120.8	14.32	7.17
向阳镇	10 016.2	1 411	18.02	14.09
哈达镇	7 702	2 226.1	28.43	28.90
永安镇	2 828.9	553.8	7.07	19.58
永和镇	4 407.3	101.2	1.29	2.30
东海镇	11 974	293	3.74	2.45
兴农镇	13 872.4	1.8	0.02	0.01
鸡林乡	2 836.4	0	0	0
明德乡	3 190.9	102.4	1.31	3.21
下亮子乡	5 701.4	1 173.9	14.99	20.59
合　计	83 453.8	7 828.9	—	—

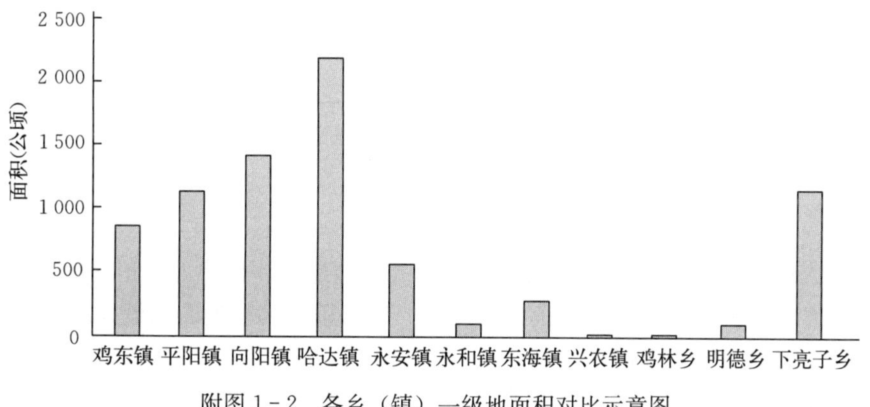

附图 1-2　各乡（镇）一级地面积对比示意图

附表 1-5　全县一级地土壤分布面积统计

土壤类型	土壤面积（公顷）	一级地面积（公顷）	占全县一级地面积（%）	占该土类土壤面积（%）
暗棕壤	29 825.9	962.6	12.30	3.23
白浆土	14 756.6	2 304.9	29.44	15.62
草甸土	10 290.1	1 121.2	14.32	10.90
沼泽土	12 691.6	889.0	11.36	7.00
泥炭土	145.9	0	—	—
新积土	5 125.8	1 064.7	13.60	20.77
水稻土	10 617.9	1 486.5	18.99	14.00
合计	83 453.8	7 828.9	—	—

一级地所处地形平缓，主要分布在中部穆棱河冲积平原区和南北丘陵漫岗区，沿方虎公路和鸡密公路两侧最为集中，一般坡度较小，地势趋于平坦。土壤理化性状较好。一级地有机质含量最低 20.4 克/千克，最高 73.6 克/千克，平均为 38.8 克/千克。pH 最低 5.1，最高 6.9，平均为 6.2。速效钾含量最低 67 毫克/千克，最高 410 毫克/千克，平均为 178.3 毫克/千克。有效磷含量最低 6.0 毫克/千克，最高 121.4 毫克/千克，平均为 29.2 毫克/千克。碱解氮含量最低 12.3 毫克/千克，最高 93.6 毫克/千克，平均为 54 毫克/千克（附表 1-6）。

附表 1-6　一级地耕地土壤理化性状统计

项　　目	平均值	样本值分布范围
有机质（克/千克）	38.8	20.4～73.6
pH	6.2	5.1～6.9
速效钾（毫克/千克）	178.3	67～410
有效磷（毫克/千克）	29.2	6.0～121.4
碱解氮（毫克/千克）	54.0	12.3～93.6

二、二 级 地

鸡东县二级地总面积 16 860.2 公顷，占本次耕地地力评价耕地面积的 20.20%，在全县各乡（镇）都有分布。其中平阳镇、向阳镇、东海镇、鸡东镇面积最大，占二级地总面积的 61.6%（附表 1-7、附图 1-3）；土壤类型主要以暗棕壤、白浆土、草甸土、水稻土为主，其中暗棕壤面积最大，占一级地总面积的 26.9%，占该类土壤面积的 15.2%（附表 1-8）。

附表 1-7　鸡东县各乡（镇）二级地分布面积统计

乡（镇）	总土壤面积（公顷）	二级地面积（公顷）	占全县二级地面积（%）	占该乡（镇）土壤面积（%）
鸡东镇	5 290.9	2 116.7	12.55	40.01
平阳镇	15 633.4	3 624.2	21.50	23.18
向阳镇	10 016.2	2 334.7	13.85	23.31
哈达镇	7 702.0	781.6	4.64	10.15
永安镇	2 828.9	702.0	4.16	24.82
永和镇	4 407.3	630.2	3.74	14.30
东海镇	11 974.0	2 310.0	13.70	19.29
兴农镇	13 872.4	1 336.2	7.93	9.63
鸡林乡	2 836.4	983.8	5.84	34.68
明德乡	3 190.9	463.6	2.75	14.53
下亮子乡	5 701.4	1 577.2	9.35	27.66
合　计	83 453.8	16 860.2	—	—

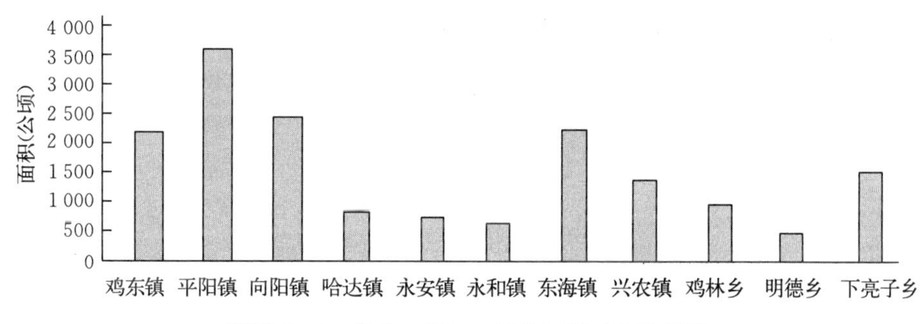

附图 1-3　各乡（镇）二级地面积对比示意图

附表 1-8　鸡东县二级地土壤分布面积统计

土壤类型	总土壤面积（公顷）	二级地面积（公顷）	占全县二级地面积（%）	占该土类土壤面积（%）
暗棕壤	29 825.9	4 534.9	26.90	15.20
白浆土	14 756.6	3 267.2	19.38	22.14
草甸土	10 290.1	2 347.6	13.92	22.81
沼泽土	12 691.6	1 673.3	9.92	13.18
泥炭土	145.9	101.7	0.60	69.71
新积土	5 125.8	2 403.3	14.25	46.89
水稻土	10 617.9	2 532.2	15.02	23.85
合计	83 453.8	16 860.2	—	—

二级地所处地形平缓，与一级地交叉分布，也是主要分布在中部穆棱河冲积平原区和

南北丘陵漫岗区，沿方虎公路和鸡密公路两侧最为集中，一般坡度较小，地势趋于平坦。土壤理化性状较好，二级地有机质含量最低 18.6 克/千克，最高 67.1 克/千克，平均为 37.9 克/千克。pH 最低 5.3，最高 7.8，平均为 6.1。速效钾含量最低 54 毫克/千克，最高 372 毫克/千克，平均为 135.3 毫克/千克。有效磷含量最低 5.4 毫克/千克，最高 93 毫克/千克，平均为 20.2 毫克/千克。碱解氮含量最低 0.2 毫克/千克，最高 97.4 毫克/千克，平均为 56.3 毫克/千克（附表 1－9）。

附表 1－9　二级地耕地土壤理化性状统计

项　　目	平均值	样本值分布范围
有机质（克/千克）	37.9	18.6～67.1
pH	6.1	5.3～7.8
速效钾（毫克/千克）	135.3	54～372
有效磷（毫克/千克）	20.2	5.4～93.0
碱解氮（毫克/千克）	56.3	0.2～97.4

三、三 级 地

鸡东县三级地总面积 26 948.2 公顷，占本次耕地地力评价耕地面积的 32.29%，在全县各乡（镇）都有分布。其中，平阳镇、向阳镇、兴农镇、东海镇面积最大，占三级地总面积的 65.59%（附表 1－10、附图 1－4）；土壤类型主要以暗棕壤、白浆土为主占总面积的 53.62%，其中暗棕壤面积最大，占三级地总面积的 34.29%，占本类土壤面积的 30.98%（附表 1－11）。

附表 1－10　鸡东县各乡（镇）三级地分布面积统计

乡（镇）	总土壤面积（公顷）	三级地面积（公顷）	占全县三级地面积（%）	占该乡（镇）土壤面积（%）
鸡东镇	5 290.9	1 255.6	4.66	23.73
平阳镇	15 633.4	6 612.6	24.54	42.30
向阳镇	10 016.2	3 688.6	13.69	36.83
哈达镇	7 702.0	1 309.1	4.86	17.00
永安镇	2 828.9	838.2	3.11	29.63
永和镇	4 407.3	1 092.8	4.06	24.80
东海镇	11 974	3 220.3	11.95	26.89
兴农镇	13 872.4	4 153.6	15.41	29.94
鸡林乡	2 836.4	1 236.9	4.59	43.61
明德乡	3 190.9	1 861.2	6.91	58.33
下亮子乡	5 701.4	1 679.3	6.23	29.45
合计	83 453.8	26 948.2	—	—

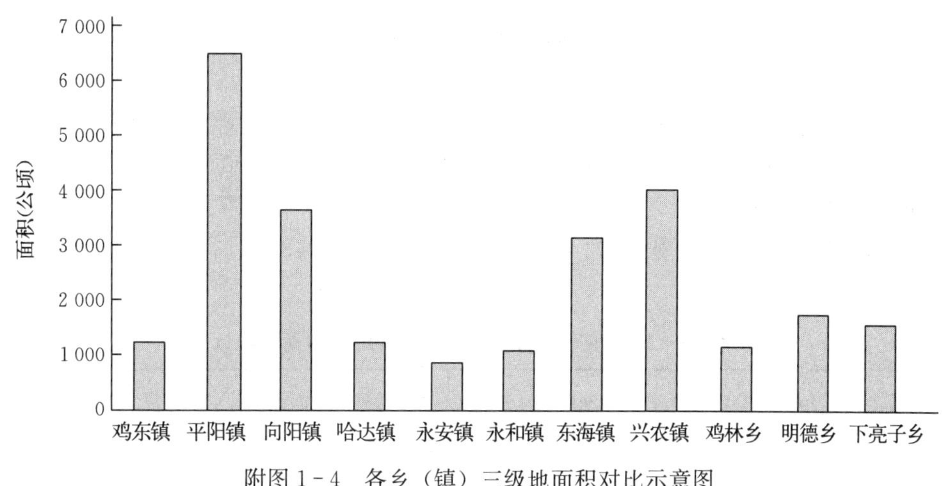

附图 1-4　各乡（镇）三级地面积对比示意图

附表 1-11　鸡东县三级地土壤分布面积统计

土壤类型	总土壤面积（公顷）	三级地面积（公顷）	占全县三级地面积（%）	占该土类土壤面积（%）
暗棕壤	29 825.9	9 240.2	34.29	30.98
白浆土	14 756.6	4 939.7	18.33	33.47
草甸土	10 290.1	4 060.2	15.07	39.46
沼泽土	12 691.6	2 576.7	9.56	20.30
泥炭土	145.9	15.9	0.06	10.90
新积土	5 125.8	1 115.0	4.14	21.75
水稻土	10 617.9	5 000.5	18.56	47.09
合计	83 453.8	26 948.2	—	—

三级地在鸡东县分布最广，所占面积也最大。主要以方虎公路南侧和鸡密公路两侧最为集中，略有坡度但变化不大。土壤理化性状一般，三级地有机质含量最低 18.9 克/千克，最高 60.5 克/千克，平均为 37.3 克/千克；pH 最低 5.0，最高 6.9，平均为 6.1；速效钾含量最低 29 毫克/千克，最高 236 毫克/千克，平均为 115.9 毫克/千克；有效磷含量最低 5.3 毫克/千克，最高 95.7 毫克/千克，平均为 17.5 毫克/千克；碱解氮含量最低 5.3 毫克/千克，最高 99.8 毫克/千克，平均为 57.2 毫克/千克（附表 1-12）。

附表 1-12　三级地耕地土壤理化性状统计

项　　目	平均值	样本值分布范围
有机质（克/千克）	37.3	18.9～60.5
pH	6.1	5.0～6.9
速效钾（毫克/千克）	115.9	29～236
有效磷（毫克/千克）	17.5	5.3～95.7
碱解氮（毫克/千克）	57.2	5.3～99.8

四、四 级 地

鸡东县四级地总面积 23 143.6 公顷，占本次耕地地力评价耕地面积的 27.73%，在全县各乡（镇）都有分布。其中，兴农镇、东海镇、向阳镇、平阳镇面积最大，占四级地总面积的 66.38%（附表 1－13、附图 1－5）；土壤类型主要以暗棕壤、沼泽土为主占总面积的 65.57%，其中暗棕壤面积最大，占三级地总面积的 43.48%，占本类土壤面积的 33.74%（附表 1－14）。

附表 1－13　鸡东县各乡（镇）四级地分布面积统计

乡（镇）	总土壤面积（公顷）	四级地面积（公顷）	占全县四级地面积（%）	占该乡（镇）土壤面积（%）
鸡东镇	5 290.9	1 020.7	4.41	19.29
平阳镇	15 633.4	2 998.0	12.95	19.18
向阳镇	10 016.2	2 465.7	10.65	24.62
哈达镇	7 702.0	1 493	6.45	19.38
永安镇	2 828.9	729.1	3.15	25.77
永和镇	4 407.3	2 135.6	9.23	48.46
东海镇	11 974	3 417.8	14.77	28.54
兴农镇	13 872.4	6 481.1	28.00	46.72
鸡林乡	2 836.4	559.5	2.42	19.73
明德乡	3 190.9	730.9	3.16	22.91
下亮子乡	5 701.4	1 112.2	4.81	19.51
合计	83 453.8	23 143.6	—	—

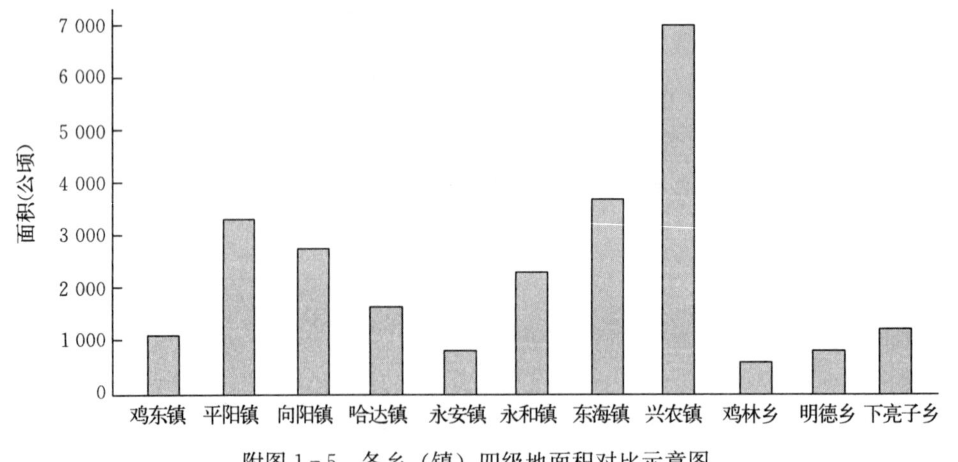

附图 1－5　各乡（镇）四级地面积对比示意图

附表 1-14 鸡东县四级地土壤分布面积统计

土壤类型	总土壤面积（公顷）	四级地面积（公顷）	占全县四级地面积（%）	占该土类土壤面积（%）
暗棕壤	29 825.9	10 062.2	43.48	33.74
白浆土	14 756.6	3 595.2	15.53	24.36
草甸土	10 290.1	2 493.7	10.77	24.23
沼泽土	12 691.6	5 111.7	22.09	40.28
泥炭土	145.9	28.3	0.12	19.40
新积土	5 125.8	478.5	2.07	9.34
水稻土	10 617.9	1 374.0	5.94	12.94
合计	83 453.8	23 143.6	—	—

四级地主要分布在鸡东县南北丘陵漫岗区，接近低山丘陵地区坡度较大，地势起伏。土壤理化性状一般，四级地有机质含量最低，为 14.6 克/千克，最高 59.0 克/千克，平均为 35.1 克/千克；pH 最低 4.3，最高 6.9，平均为 6.1；速效钾含量最低 31 毫克/千克，最高 202 毫克/千克，平均为 107.5 毫克/千克；有效磷含量最低 1.0 毫克/千克，最高 61.0 毫克/千克，平均为 16.0 毫克/千克；碱解氮含量最低 8.7 毫克/千克，最高 94.9 毫克/千克，平均为 54.8 毫克/千克（附表 1-15）。

附表 1-15 四级地耕地土壤理化性状统计

项 目	平均值	样本值分布范围
有机质（克/千克）	36.1	14.6～59.0
pH	6.1	4.3～6.9
速效钾（毫克/千克）	107.5	31～202
有效磷（毫克/千克）	16.0	1.0～61.0
碱解氮（毫克/千克）	54.8	8.7～94.9

五、五 级 地

鸡东县五级地总面积 8 672.9 公顷，占本次耕地地力评价耕地面积的 10.39%，在全县各乡（镇）都有分布，其中，东海镇、兴农镇、哈达镇面积最大，占五级地总面积的 75.23%（附表 1-16、附图 1-6）；土壤类型主要以暗棕壤为主，占总面积的 57.95%，占该类土壤面积的 16.85%（附表 1-17）。

附表 1-16 鸡东县各乡（镇）五级地分布面积统计

乡（镇）	总土壤面积（公顷）	五级地面积（公顷）	占全县五级地面积（%）	占该乡（镇）土壤面积（%）
鸡东镇	5 290.9	53.0	0.61	1.00
平阳镇	15 633.4	1 277.8	14.73	8.17
向阳镇	10 016.2	116.2	1.34	1.16

（续）

乡（镇）	总土壤面积（公顷）	五级地面积（公顷）	占全县五级地面积（%）	占该乡（镇）土壤面积（%）
哈达镇	7 702.0	1 892.2	21.82	24.57
永安镇	2 828.9	5.8	0.07	0.21
永和镇	4 407.3	447.5	5.16	10.15
东海镇	11 974.0	2 732.9	31.51	22.82
兴农镇	13 872.4	1 899.7	21.90	13.69
鸡林乡	2 836.4	56.2	0.65	1.98
明德乡	3 190.9	32.8	0.38	1.03
下亮子乡	5 701.4	158.8	1.83	2.79
合计	83 453.8	8 672.9	—	—

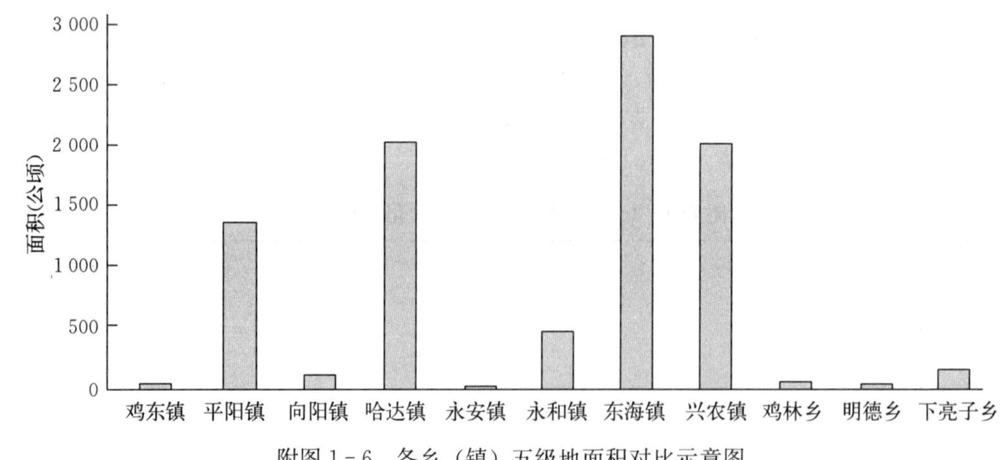

附图 1－6　各乡（镇）五级地面积对比示意图

附表 1－17　鸡东县五级地土壤分布面积统计

土壤类型	总土壤面积（公顷）	五级地面积（公顷）	占全县五级地面积（%）	占该土类土壤面积（%）
暗棕壤	29 825.9	5 026	57.95	16.85
白浆土	14 756.6	649.6	7.49	4.40
草甸土	10 290.1	267.4	3.08	2.60
沼泽土	12 691.6	2 440.9	28.14	19.23
泥炭土	145.9	0	—	—
新积土	5 125.8	64.3	0.74	1.25
水稻土	10 617.9	224.7	2.59	2.12
合　计	83 453.8	8 672.9	—	—

五级地主要分布在南北丘陵漫岗区和南北低山丘陵区，其中以低山丘陵地区较为集中，一般坡度较大，地势不平。土壤理化性状较差。五级地有机质含量最低 14.6 克/千

克，最高 56.7 克/千克，平均为 31.8 克/千克；pH 最低 5.0，最高 6.9，平均为 6.1；速效钾含量最低 23 毫克/千克，最高 156 毫克/千克，平均为 85.4 毫克/千克；有效磷含量最低 2.0 毫克/千克，最高 28.3 毫克/千克，平均为 11.4 毫克/千克；碱解氮含量最低 1.0 毫克/千克，最高 98.7 毫克/千克，平均为 49.5 毫克/千克（附表 1-18）。

附表 1-18　五级地耕地土壤理化性状统计

项　目	平均值	样本值分布范围
有机质（克/千克）	31.8	14.6～56.7
pH	6.1	5.0～6.9
速效钾（毫克/千克）	85.4	23～156
有效磷（毫克/千克）	11.4	2.0～28.3
碱解氮（毫克/千克）	49.5	1～98.7

第四节　耕地地力调查与质量评价结果分析

耕地土壤肥力状况见附表 1-19，附图 1-7～附图 1-11。

附表 1-19　耕地土壤肥力状况

项　目	有机质	pH	碱解氮	有效磷	速效钾
本次调查	36.8	6.12	53.2	18.4	121.7
第二次土壤普查	54	6.1	121.6	7.65	286.75

本次调查鸡东县中低产田主要分布在南北部低山丘陵地带，其中，兴农镇和平阳镇的前卫村和牛心山村，下亮子乡、向阳镇的南部靠山地地区，永安镇、东海镇、哈达镇的背部靠山地地区分布最为集中。本次调查土壤有机质、碱解氮、速效钾都有不同程度的下降。有机质从第二次土壤普查时的 54 克/千克下降到现在的 36.8 克/千克（附图 1-7）；pH 从第二次土壤普查时的 6.1 上升到现在的 6.12（附图 1-8）；

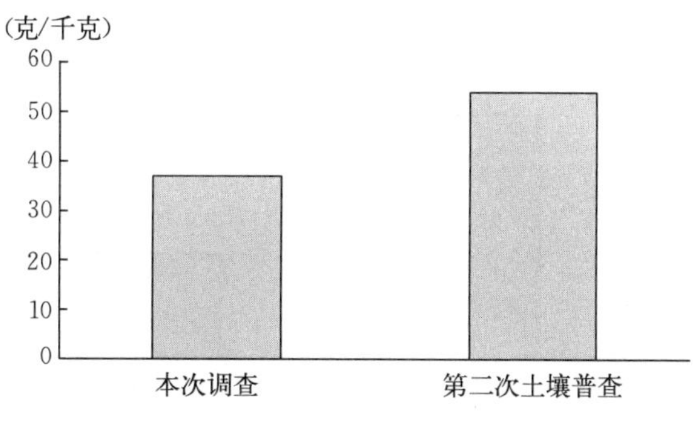

附图 1-7　有机质变化对比

碱解氮从第二次土壤普查时的121.6毫克/千克下降到现在的53.2毫克/千克（附图1-9）；速效钾从第二次土壤普查时的286.8毫克/千克下降到现在的121.7毫克/千克（附图1-10）。只有有效磷呈上升趋势，从第二次土壤普查时的7.65毫克/千克上升到现在的18.4毫克/千克（附图1-11）。这些结果的形成与近些年的施肥习惯有关，这些年农民普遍是重磷肥轻钾肥，重化肥轻有机肥，不注意耕地保养，造成供肥能力的下降，而供肥能力的下降又使农民增加化肥的投入，由此造成恶性循环。

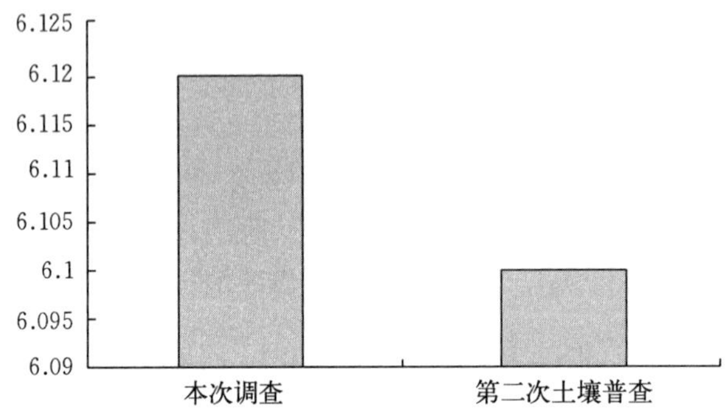

附图1-8　pH变化对比

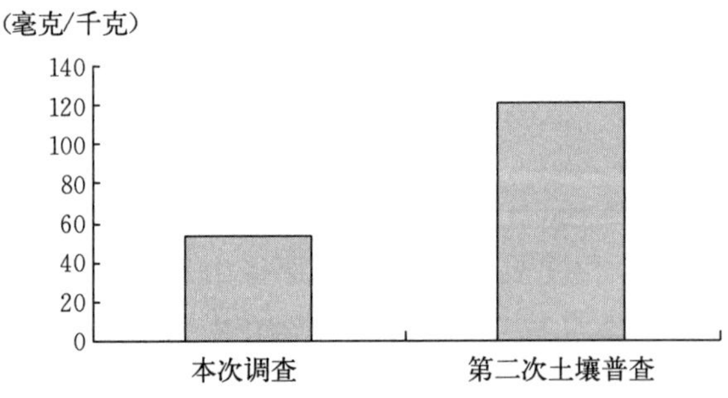

附图1-9　碱解氮变化对比

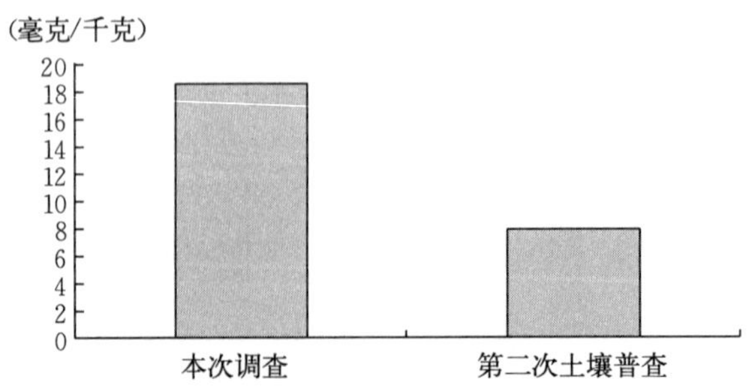

附图1-10　有效磷变化对比

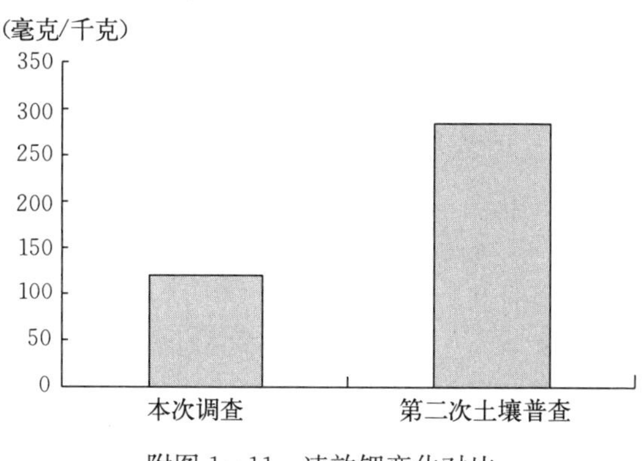

附图 1-11　速效钾变化对比

第五节　耕地土壤改良利用目标

一、总体目标

(一) 粮食增产目标

鸡东县是黑龙江省粮食的主产区和国家重要的商品粮生产基地。本次耕地地力调查及质量评价结果显示，鸡东县中低产田土壤还占有相当的比例，另外高产田土壤也有一定的潜力可挖，因此增产潜力十分巨大，若通过适当措施加以改良，结合鸡东县已实施的标准粮田建设消除或减轻土壤中障碍因素的影响，可使低产变中产，中产变高产，高产变稳产甚至更高产。

(二) 生态环境建设目标

鸡东县耕地土壤在开垦初期，农田生态系统基本上处于稳定状态，然而在以后的一段时间里，由于“以粮为纲”，过渡开垦并采取掠夺式经营，致使生态系统遭到了极大的破坏，导致风灾频繁、旱象严重、水土流失加剧。当前生态环境建设的目标是恢复建立稳定复合的农田生态系统，依据这次耕地地力调查和质量评价结果，下决心调整农、林、牧结构，彻底改变单纯种植粮食的现状，对坡度大、侵蚀重、地力瘠薄的部分坡耕地要坚决退耕还林还草，此外要大力营造农田防护林，完善农田防护林体系，增加森林覆盖率，这样就使农田生态系统与草地生态系统以及森林生态系统达到合理有机的结合，进而实现农业生产的良性循环和可持续发展。

二、中远期目标

本着先易后难、标本兼治、统一规划、综合治理的原则，确定鸡东县耕地土壤改良利用目标是 2015—2020 年，利用 5 年时间，改造中、低产田土壤 2 万公顷，使其大部分达到高产田水平，平均单产超过 8 000 千克/公顷。将无法改造和改造投入产出比不合理的农业用地坚决退出耕地序列，退耕还林。

第六节 耕地土壤改良利用对策及建议

一、白浆土的基础肥力

白浆土开垦为耕地后，由于土壤的水热条件适宜，土壤易于熟化。最早被开垦的是在高地形部位的岗地白浆土，继而开垦草甸白浆土和潜育白浆土。

通常白浆土表层腐殖质含量高，土壤养分、结构和水分物理性能良好，表现为土壤肥力较好。但是，一方面，白浆土在自身发育过程中，存在有耕性差异，干时易结成块，湿时易分散成“白浆”化的白浆层，表现为透水性差，滞水性强，易于致白浆土易旱易涝；另一方面白浆土长期在一个深度上不合理地耕作，形成了厚度不等坚硬的犁底层，深度为10～15厘米，使表层厚度逐渐变薄，这一层的形成影响了土壤的通气和透水性能，以及作物的根系发育。只有在耕作措施得当时，表层才不断增厚熟化，土壤的基础地力得以发挥，粮食才能获得较好的产量。

二、白浆土低产原因

白浆土的剖面形态，既表现了土壤的肥力水平，又体现了造成低产的制约因素。主要原因是：

1. 存在有障碍层 白浆土在成土过程中形成了白浆层与淋溶淀积层，是自然的隔水层，白浆层的养分含量低，土壤物理性黏粒及粉沙含量高于耕层，易于板结。淀积层黏粒含量高，质地黏重，呈粒状或棱块状结构，容重大，孔隙度、持水和贮水量均低。另外，长期耕作不良形成了犁底层，其通气和透水性皆受影响，表层的降水不能下渗，底墒水分上不来，导致表层水土流失，蓄水库容量减少，在白浆土之上又形成了新的滞水层。犁底层、白浆层和淋溶淀积层的存在，更加导致土壤物理性状的不良，造成遇雨水即涝，缺雨即旱的现象，表现为土壤抗逆性极弱，因此障碍层的存在是造成白浆土低产的关键。

2. 腐殖质和有效养分积累少 白浆土障碍层次的发育，致使作物根的生长受活土层（即耕层）厚薄的制约，根系不易穿透犁底层或白浆层，而是水平方向发育，根浅使地上部分生长的不繁茂。

3. 土壤贫瘠与板结 从白浆土垦殖利用看，自然土壤在过度耕作下，土壤肥力衰退，自然土壤的肥力不断下降。开垦初期，土壤的水热条件重于土壤熟化，作物产量高，养分耗竭得较快；开垦利用15年后，土壤肥力平缓下降；至30年时，其土壤有机质已减少1/2。长期耕作不合理和不施用有机肥，仅用地不养地，使土壤有机质损耗，土壤的障碍层愈加明显的显现出来，加之土壤的潜在肥力较低，极易遭受灾害，致使作物产量不稳定。

4. 土壤渗透性差、库容小 白浆土的3个发生层次，水分性质差异较大，从透水性来看，腐殖质层（A）渗透系数为0.6～3.9，白浆层为0.01～0.008。淀积层几乎不透水，渗透系数（k10）为0.008～0.000 9。根据多次测定结果计算，白浆土1米土层的

“库容”（饱和持水量—毛管断裂持水量）为148～246毫米。所以白浆土最怕旱涝，必须采取措施调节土壤水分，这是改良利用白浆土的首要问题。

三、白浆土低产障碍类型

综上几种障碍因素，白浆土低产的原因为土壤“冷、瘠、板、黏”，新的岗平地白浆土的障碍类型，可分为渍捞型、贫瘠渍捞型、贫瘠侵蚀型3类。

1. 渍涝型 以草甸白浆土为主，在降水集中的季节，黏重的土壤质地渗透性差，而水在土层中停滞，7～8月或春季冻层融化，都易引起土壤发生短期积水。

2. 贫瘠渍涝型 在岗地白浆土中占有一定数量的分布，以渍涝障碍因素为主，由于山岗坡地上有一定的坡度，通常3°以上的地面，在较强的降水下，易发生径流和水土流失，表土层逐渐变薄，土壤养分随之流失。

3. 贫瘠侵蚀型 分布在岗地白浆土，此类型地面坡度大于3°，水土流失更为严重，所占面积较少，针对上述几种类型各自的矛盾，应对症治理，因地制宜地采取以生物、农业和工程措施相结合的治理措施，从根本上解决白浆土的改良难题。

四、白浆土改良途径

通过对白浆土低产原因的分析，可以看出，改良白浆土必须把培肥和改良土壤结合起来，彻底改造白浆土乃至黏化淀积层，逐渐增厚黑土层，这样才能取得良好的改土增产效果，为作物高产、稳产创造良好的土壤环境。为此，采取如下措施：

1. 改造白浆土结构型 以淀积层混拌白浆层，改变白浆层机械组成。经过不同比例的混拌试验，土体形成了耕层、混拌层和淀积层。白浆层与淀积层最适宜的沙黏比为0.8或1，混拌后，改善了白浆土的板结、淀浆等不良性状。从此二层混拌看，增加了水分含量，增大了土壤保水能力，且扩大了土壤库容，通气孔隙增加12.6%～16.7%。

这种改良白浆层耕性的做法，具有重要的实际意义，不仅可改造白浆层，也可改善白浆土物理性状及其土壤肥力。黑龙江省农科院合江农业科研所在此研究工作基础上，由日本引进同类型心土混层耕犁，已在白浆土地区大面积试验，取得明显效果，对大豆、甜菜的增产效果显著。不同类型的心土犁，其效果不同，对大豆而言，以小型心土犁为好，增产率达12.0%。对甜菜增产效果以大型心土犁为好，增产率22.7%。

2. 深松深施肥 深松能打破犁底层，加深耕层，通过深松把有机肥深施入白浆层，对改造白浆层，使其逐渐熟化，达到土肥相融，可增加总孔隙度和通气孔隙，降低容重，提高土壤贮水能力，有利于作物根系向下扩展。但深松必须结合有机肥，否则影响改土的效果。

3. 秸秆还田与使用氮素 两者对提高有机质含量，增加土壤养分，增强生物活性及改善土壤物理性状等均有良好效果。应用得当，其增产效果达10%左右。还田秸秆要粉碎，并配合以一定量的氮肥，以改变C/N比值。而且还田时间以早为佳，因秸秆水分较多，有利于腐解。

4. 种稻改良 白浆土种水稻可趋利避害，从水分与养分两方面消除了旱作弊端。白浆层低渗性有利于节水种稻，由于种稻的还原条件，使高价铁转化为低价铁，故可使铁态磷释放出有效磷。使稻作在一定时间内不缺磷或很少缺磷。而且种稻水田有利有机质的积累，水稻产量高达 7 500 千克/公顷以上。

5. 种植绿肥与施用石灰 种植绿肥如与发展牧业相结合，更易为群众接受，绿肥培肥土壤可增产 15%～40%，且 3 年后有效，适宜绿肥品种有油菜、豌豆、草木樨和蚕豆等。

施用石灰，在白浆土上石灰施用量 150～750 千克/公顷，大豆增产 11.7%～22.3%。

6. 水土保持和排水 岗地白浆土应搞好水土保持，防止水土流失；低地白浆土要开沟排水，调节土壤水分状况。这是岗地、低地白浆土建设高产稳产农田的基础，在此基础上才能发挥其他改土措施的作用。

其他，还有客土掺沙改良白浆土的物理性状等，效果也很好。

附录 2　鸡东县耕地地力评价与平衡施肥报告

第一节　概　　况

一、开展专题调查的背景

鸡东县坐落在黑龙江省东南部，因行政区划在鸡冠山以东而得名。鸡东县地貌特征为七山半水二分半田，土壤肥沃，现有耕地面积 83 453.8 公顷，为实现农业持续增产增效、农民节本增收和农产品的质量安全，围绕优质、高产、高效、生态、安全的农业发展目标，根据鸡东县的耕地地力具体调查情况，实施平衡施肥推广应用。鸡东县从 1980 年实施家庭联产承包制以后，粮食产量逐年提高，施用化肥数量大大增加，1986 年粮食产量 1.75 亿千克，施用 N、P、K 化肥量 2.8 万吨；1995 年粮食产量 2 亿千克，施用 N、P、K 化肥增加到 4.3 万吨；2005 年粮食产量 3.5 亿千克，施用 N、P、K 化肥量达 5.5 万吨。

（一）鸡东县肥料施用的延革

1. 1980 年以前　土壤未进行联产承包制，在集体经营的年代，主要以农家肥为主，化肥为辅。由于栽培技术落后，品种单一、粮食产量低，化肥主要是国家统一调拨供给，肥料品种底肥主要是磷酸钙、硝胺和硫酸铵，少量尿素主要用在追肥上，施肥面积占耕地面积的 60%，施用化肥占总耕地面积的 10%左右，化肥应用总量 500 吨。

2. 1980—1990 年　中共十一届三中全会以后，农民开始土地联产承包制，农民自己有了自主经营权。随着科技的发展，新技术、新品种不断应用到生产中去，新一代的高产杂交品种（如水稻、玉米）推广应用，先进的栽培技术通过各种科普形式传播到广大农民心中。粮食的产量与施用肥水是密切相关的。所以施肥量在不断增加，广大农民对化肥的需求显著提高，施用有机肥面积在逐年减少，化肥开始广泛的推广应用，平均每公顷用肥量 450 千克以上，全县总施用化肥量 3.7 万吨。在作物生长过程中所需的大量元素 N、P、K 及微量元素都应用到生产实践中，氮肥主要以尿素为主，磷肥以磷酸二铵为主，钾肥有氯化钾、硫酸钾，还有复合肥及微量元素等应用到作物中。

3. 1990—2000 年　农业部在全国开展测土配方施肥技术，黑龙江省鸡东县大力开展参与这项工作，投入大量人力、物力，针对鸡东县各乡（镇）、各村屯有计划的、按步骤进行逐地块采集样品，推广中心科研所建化验室，进行认真的分析、化验，取得第一手田间测定养分数据，推广中心土肥站成员进行认真分析总结，给广大农户提供科学的数据。根据每地块的土质、养分含量，种植不同的作物，依据目标产量来确定科学的施肥量。同时鸡东县在生产绿色食品、无公害粮食上，大力推广施用复合肥、生物有机肥，近期计划建造配肥站，为鸡东县人民粮食生产再上新台阶，做好科学依据工作。

4. 2000 年至今　随着农业部配方施肥技术的深化和推广，黑龙江省土壤肥料管理站先后开展了推荐施肥技术和测土配方施肥技术的研究和推广，广大土肥科技工作者积极参与，针对当地农业生产实际进行了施肥技术的重大改革。

（二）鸡东县肥料化肥肥效演变分析

从1986年到2009年，耕地面积从82 667公顷增加到99 701公顷，耕作方式从牛马犁过渡到中小型拖拉机为主，作物品种从农家品种发展到抗病、优质、高产优良的新一代的杂交种，肥料使用由农家肥为主过渡到以化肥为主，以磷酸二铵、尿素、钾肥、复合肥、生物有机肥为主要肥源。并且随着粮食产量的逐年提高，化肥的使用量在大幅度增加（附表2-1）。

附表2-1　1983—2008年化肥使用量及粮食总产量统计

年　度	1983	1988	1993	1997	2002	2008
化肥施用量（吨）	15 210	28 000	45 100	55 120	61 300	64 280
粮食总产量（吨）	132 418	160 328	151 539	311 455	269 007	361 407

二、开展专题调查的必要性

随着经济的发展，工业化城镇及生活废弃物及环境的污染对土地造成很大的负面影响，因此开展耕地地力调查与质量评价对更科学合理的利用全县有限的耕地资源，全面提高该区域耕地综合生产能力，抑制耕地质量退化，取得地力最新情况十分必要。根据调查结果，科学合理的施用化肥，提高化肥的利用率，使粮食产量再创新高。

1. 开展耕地地力调查，提高平衡施肥技术水平，是粮食高产稳产的保证　平衡施肥是目前国际上公认的科学施肥理论和普遍采用的科学施肥技术。鸡东县农技推广中心土肥站对鸡东县内的耕地逐块进行耕地地力调查、分析。建立不同作物、不同地块的田间档案，作物不同生育时间需肥规律等提出宏观控制施肥和微观调控施肥技术。保证和提高粮食产量是人类生存的基本需要，随着经济和社会的不断发展，粮食安全生产一直作为各项工作的重中之重，必须充分发挥科学技术作为第一生产力的作用，保证粮食持续稳产和高产。明确鸡东县粮田肥力现状，建立主要粮食作物施肥档案，提出目标产量下的最佳施肥方案，划分施肥区域，提高区域施肥方案，通过平衡施肥获得高产高效。

2. 开展耕地地力调查，提高平衡施肥技术水平，是增加农民收入的需要　中共十六届五中全会进一步提出要全面进行社会主义新农村建设。按中央要求，全面进行社会主义新农村建设，必须更关注农村、关心农民、支持农业，当前最根本的是统筹城乡经济社会发展，核心是千方百计增加农民收入。鸡东县是农业县，粮食生产收入占农民收入的很大比重，提高粮食产量，降低投入成本，是提高农民经济效益的主要途径。目前化肥价格很高，占农民生产投入的大部分比重，如何根据耕地地力调查提高平衡施肥效率，降低单位面积的投入成本，减轻农民负担。同时提高广大农民科学文化水平，转变思想，培养创新意识，使农民尽快掌握平衡施肥这项技术要领，掌握科学施肥、科学种田技术。充分发挥肥料的利用率，以提高单位面积的经济效益，来增加农民收入。

3. 开展耕地地力调查，提高平衡施肥技术水平，是实现绿色农业的需要　发展绿色食品、无公害食品是21世纪人类对食物的需求。随着科技的飞速发展，人们越来越重视营养保健，特别是加入世界贸易组织以后，农产品进入国际市场，粮食产品在追求高产的同时，也要求农药、化肥及各项指标不能超标，只有生产出绿色食品、无公害食品才能在国际市场有竞争力，所以开展耕地地力调查，进行科学的平衡施肥，打造鸡东县自己的绿色食品、无公害食品品牌。

绿色食品生产重视平衡施肥技术，平衡施肥要做好“测土、配方、配肥、供肥和施肥技术指导”五个环节的工作，从根本上改变农民盲目施肥的习惯，有效控制氮肥的用量，过量则造成嗜性吸收引起食品硝酸盐含量超标。同时，使化肥的利用率由当前的30%提高到45%以上，节本增收的效果十分显著。

第二节　调查方法和内容

一、样点布设

依据《耕地地力调查与质量评价技术规程》，利用鸡东县归并土种后的土壤图、鸡东县行政区划图和土地利用现状图叠加产生的图斑作为耕地地力调查的调查单元。

二、调查内容

布点完成后，对取样农户农业生产基本情况及行了入户调查。

三、样品采集

在鸡东县范围内精确均匀布点，平均每40公顷采集一个点，共采集用于耕地地力评价的土壤样品2 047个。土样采集是在作物成熟收获后进行的。在采样时，首先向农民了解作物种植情况，按照《规程》要求逐项填写调查内容，并用GPS进行定位，在选定的地块上进行采样，大田采样深度为0～20厘米，每块地平均选取15个点，用四分法留取土样1千克做化验分析。

第三节　专题调查的结果与分析

耕地肥力状况调查结果与分析

本次耕地地力调查与质量评价工作，共对2 047个土样的有机质、全氮、有效磷、速效钾和微量元等进行了分析，平均含量见附表2-2。

附表2-2　鸡东县耕地养分含量平均值

项　目	有机质（克/千克）	全氮（克/千克）	有效磷（毫克/千克）	有效钾（毫克/千克）
平均值	36.8	1.86	18.4	121.7
变幅	14.6～73.6	0.57～3.68	1.0～121.4	23～410

（一）土壤有机质及大量元素

1. 土壤有机质 本次调查鸡东县耕地土壤有机质平均含量36.8克/千克（第二次土壤普查为54.0克/千克，下降了17.2克/千克），变化幅度为14.6～73.6克/千克。

2. 土壤全氮 本次调查鸡东县耕地土壤中全氮平均含量1.86克/千克（第二次土壤普查为2.39克/千克，下降了0.53克/千克），变化幅度为0.57～3.68克/千克。

3. 土壤有效磷 本次调查鸡东县耕地土壤中有效磷平均含量18.4毫克/千克（第二次土壤普查为7.65毫克/千克，上升了10.75毫克/千克），变化幅度为1.0～121.4毫克/千克。

4. 土壤有效钾 本次调查鸡东县耕地土壤中速效钾平均含量121.7毫克/千克（第二次土壤普查为286.8毫克/千克，下降了165.1毫克/千克），变化幅度为23～410毫克/千克。

（二）微量元素

土壤微量元素虽然作物需求量不大，但它们同大量元素一样，在植物生理功能上是同样重要和不可替代的，微量元素的缺乏不仅会影响作物生长发育、产量和品质，而且会造成一些生理性病害。如缺锌导致玉米“花白病”和水稻赤枯病。因现在耕地地力调查和质量评价中把微量元素作为衡量耕地地力的一项重要指标。以下为这次调查耕地土壤微量元素情况。

附表2-3 微量元素调查情况

单位：毫克/千克

项 目	有效铜	有效锌	有效铁	有效锰
平均值	1.95	1.19	36.9	18.8
变化范围	0.46～5.45	0.3～2.84	14.2～72.9	3.5～22.9

第四节 耕地土壤养分与肥料施用存在的问题

一、耕地土壤养分失衡

本次调查表明，鸡东县耕地土壤中有效磷含量大幅度增加，而速效钾、全氮、有机质都有不同程度的下降，这与农民近年来重磷肥、轻钾肥；重化肥、轻农肥的施肥习惯有关。重化肥轻农肥的倾向严重，有机肥投入少、质量差。目前，农业生产中普遍存在着重化肥轻农肥的现象，过去传统的积肥方法已不复存在。由于农村农业机械的普及提高，有机肥源相对集中在少量养殖户家中，这势必造成农肥施用的不均衡和施用总量的不足，在农肥的积造上，由于没有专门的场地，农肥积造过程基本上是露天存放，风吹雨淋势必造成养分的流失，使有效养分降低，影响有机肥的施用效果。

二、化肥的使用比例不合理

随着高产耐密品种的普及推广，化肥的施用量逐年增加，但施用化肥数量并不是完全符合作物生长所需，化肥投入氮肥偏少、磷肥适中、钾肥不足，造成了氮、磷、钾比例不平衡。加之施用方法不科学，特别是有些农民为了省工省时，未从耕地土壤的实际情况出发，实行一次性施肥不追肥，这样在保水保肥条件不好瘠薄性地块，容易造成养分流失、脱肥，尤其是氮肥流失严重，降低肥料的利用率，作物高产限制因素未消除，大量的化肥投入并未发挥出群体增产优势，高投入未能获得高产出。因此应根据鸡东县各土壤类型的实际情况，有针对性地制订新的施肥指导意见。

三、平衡施肥服务不配套

平衡施肥技术已经普及推广了多年，并已形成一套比较完善的技术体系，但在实际应用过程中，技术推广与物资服务相脱节，购买不到所需肥料，造成平衡施肥难以发挥应有的科技优势。而在现有的条件下不能为农民提供测、配、产、供、施配套服务。今后要探索一条方便快捷、科学有效的技物相结合的服务体系。

第五节　平衡施肥规划和对策

一、平衡施肥规划

依据《耕地地力调查与质量评价规程》，鸡东县基本农田保护区耕地分为 5 个等级（附表 2－4）。

附表 2－4　鸡东县土壤地力分级统计

地力分级	地力综合指数分级（*IFI*）	耕地面积（公顷）	占总耕地面积（%）	产量（千克/公顷）
一级	>0.85	7 828.9	9.39	>9 500
二级	0.79～0.82	16 860.2	20.20	9 000～9 500
三级	0.75～0.79	26 948.2	32.29	8 500～9 000
四级	0.71～0.75	23 143.6	27.73	8 000～8 500
五级	<0.71	8 672.9	10.39	7 500～8 000

根据各类土壤评等定级标准，把鸡东县各类土壤划分为 3 个耕地类型：

1. 高肥力土壤　包括一级地和二级地；其中主要分布在平阳镇、东海镇、向阳镇、哈达镇、下亮子乡、鸡东镇、鸡林朝鲜族乡等地。

2. 中肥力土壤　包括三级地和四级地；主要分布在平阳镇、向阳镇、下亮子乡的南部接近山区的地区和东海镇、永安镇北部的接近山区的地区。

3. 低肥力土壤　包括五级地。主要分布在兴农镇全境，平阳镇的前卫村，牛心山村，向阳镇的联合村等地区。

各乡（镇）不同等级耕地面积分布统计见附表 2－5。

附表 2-5 鸡东县各乡（镇）耕地地力等级面积统计

单位：公顷

乡（镇）	合计	一级地	二级地	三级地	四级地	五级地
鸡东镇	5 290.9	844.9	2 116.7	1 255.6	1 020.7	53.0
平阳镇	15 633.3	1 120.8	3 624.2	6 612.6	2 998.0	1 277.8
向阳镇	10 016.1	1 411.0	2 334.7	3 688.6	2 465.7	116.2
哈达镇	7 701.9	2 226.1	781.6	1 309.1	1 493.0	1 892.2
永安镇	2 828.9	553.8	702.0	838.2	729.1	5.8
永和镇	4 407.3	101.2	630.2	1 092.8	2 135.6	447.5
东海镇	11 973.9	293.0	2 310.0	3 220.3	3 417.8	2 732.9
兴农镇	13 873.0	1.8	1 336.2	4 153.6	6 481.1	1 899.7
鸡林乡	2 836.3	0	983.8	1 236.9	559.5	56.2
明德乡	3 190.8	102.4	463.6	1 861.2	730.9	32.8
下亮子乡	5 701.4	1 173.9	1 577.2	1 679.3	1 112.2	158.8

（一）玉米平衡施肥技术

玉米植株高大、消耗养分多，施肥增产效果极为显著。玉米吸收养分以氮最多、钾次之、磷较少。生产 100 千克玉米籽粒吸收氮 2.22～4.4 千克、磷 0.25～0.75 千克、钾 0.76～2.0 千克。玉米吸收氮、磷、钾的比例为 3∶1∶2.8。

玉米在不同生育期吸收氮、磷、钾数量不同。一般动苗期生长缓慢，植株小，吸收养分少；拔节至盛花期生长很快，此时正值玉米雌雄穗形成，吸收养分速度快、数量多，是玉米需要营养的关键时期。对氮、磷、钾吸收量最多的时期是抽雄前 10 天到抽雄后 25 天。钾的吸收和积累停止早，氮、磷的吸收持久，所以，这一时期供给充足的养分，能促进穗大、粒多。生育后期吸收养分的速度逐渐缓慢，吸收量也少。

1. 玉米总的吸肥趋势 对氮的吸收较为平稳，拔节到孕穗期的累积吸收量为 34.35%，抽穗到盛花期为 33.3%，也就是说，从拔节到盛花期的 40 天中，氮的吸收量占总吸收量的 51.6%，平均每天吸氮量为 1.3%。灌浆到成熟期，43 天里吸收氮量占总量的 46.7%，平均每天吸收氮量为 1.08%。

玉米对磷的吸收规律是：苗期吸收占 0.12%，拔节孕穗期占 46.16%，有 1/2 的磷是后期吸收的。由此可以看出，与吸氮的情况相类似，但对磷的吸收持续时间长。

对钾的吸收规律：拔节后期吸收量上升，抽穗开花时达顶点。玉米在任何发育阶段对钾均有较大的反应，如缺钾对玉米产量有较大影响。

玉米叶片含锌量 25～150 毫克/千克，是对锌最敏感的作物之一，玉米缺锌时，易发生花白叶病，近几年玉米花白病发生的面积大，并且有逐年加重的趋势。发生花白叶病的环境条件，第一是耕地土壤有效锌含量低；第二是前茬对玉米花白叶病发生影响很大，多年连作玉米茬种玉米发生花叶病重；第三是品种，近几年，鸡东县引种“吉字号”玉米面积大，而“吉字号”品种对锌又特别敏感；第四是大量元素化肥施用量大，特别是磷肥用量的剧增，而有机肥施用量减少，造成大量元素与微量元素失调，也是引起玉米花白叶病发生的重要因素之一。

玉米缺锌症状：玉米缺锌出苗7～15天就可以表现出来。最初新生的幼叶呈淡黄色至白色，特别是叶茎部2/3处更为明显。此后随叶片生长，幼苗叶片上出现细小的白色区域或坏死的斑块，叶面半透明，风吹易撕碎，呈丝状。中后期出现小花叶，主要是在叶脉间出现黄绿相间的条纹，中后期发展成丝状，严重的病株根部变黑，根系减少，节间缩短，植株矮生，最终干枯死亡，造成绝产。

2. 肥料配方法 玉米是鸡东县主栽粮食作物之一，种植面积大、产量高。配方施肥技术已在玉米上推广应用，并取得了明显的增产效果。因各地的生产水平和技术条件的不同，现阶段玉米配方施肥方法很多，在生产中推广面积较大的是氮、磷比例法，目标产量法，肥料效应函数法和微量元素临界值法。

（1）氮磷比例配方法：氮磷比例配方法是根据田间试验和生产经验相结合的一种估算配方法。氮磷最佳配比田间试验，为开展玉米配方施肥奠定了基础。鸡东县通过多点试验，基本查清了各类土壤中玉米施用氮磷化肥的最佳比例。一般白浆土为1.5∶1或2∶1，新积土和冲积土为1∶1或2∶1。氮磷比例配方具体做法如下：

① 应用全国第二次土壤普查成果，按地块划分的等级土壤中有效氮磷含量，计算土壤养分含量。

② 应用多年玉米肥料试验资料和生产经验估算氮磷化肥利用率和施肥量。

③ 根据氮磷配比田间试验资料，找出符合当地玉米施肥的最佳氮磷比例，再计算氮磷的实际用量。

（2）目标产量配方法：目标产量配方法，主要是依据土壤、肥料两方面供给玉米养分的原理计算肥料的施用量。目标产量（计划产量）确定后，根据养分情况确定化肥施用量。具体方法：

① 空白产量。玉米在不施肥的条件下，所得到得产量为空白产量。空白产量的养分全部来自于土壤（这个产量可以通过调查得到，也可以来自玉米肥料试验的空白对照区产量）。

② 计划产量减去空白产量后，增加的产量就是施用化肥所得到的产量。

③ 根据玉米施用化肥当年利用率和施用氮、磷最佳比例计算出氮磷化肥的施用量。例如，某农户种玉米，品种是四早113，通过调查玉米空白产量为400千克，根据3年来施肥平均亩产650千克，在此基础上增产15%，计划产量为亩产748千克。化肥施用量为：

a. 尿素用量 尿素含氮素养分46%，尿素当年利用率50%，每收获100千克玉米籽粒需氮素养分2.5千克，则尿素用量计算为：

$$\frac{2.5 \div 100 \times (748 - 400)}{46\% \times 50\%} = 37.8$$

b. 重过磷酸钙用量 当地氮磷比例为1∶0.5，37.8千克尿素中含氮素为37.8×46%=17.38千克；磷素为氮素的1/2，17.38÷2=8.69千克，因重过磷酸钙含磷素46%，重过磷酸钙用量为8.69÷46%=18.9（千克/亩）。

c. 结果 亩施尿素 37.8 千克，重过磷酸钙 18.9 千克，玉米产量就可达到计划亩产 748 千克的指标。

(3) 养分平衡法：多年经验证明，养分平衡法也是一种指导玉米配方施肥的较好方法，根据试验得到的施肥参数，利用计算公式即可求出玉米整个生育期所需肥料量。每 100 千克玉米籽粒需氮、磷量见附表 2-6，不同土壤碱解氮与有效磷利用率见附表 2-7，不同土壤化肥利用率见附表 2-8。

附表 2-6 收获 100 千克玉米籽粒需氮、磷量

单位：毫克/千克

土壤类型	N	P_2O_5
暗棕壤	2.31	0.73
草甸土	1.89	0.78
白浆土	1.93	0.37

附表 2-7 土壤碱解氮与有效磷利用率

单位：%

土壤类型	N	P_2O_5
暗棕壤	45	20.6
草甸土	43	14.9
白浆土	22	11.5

附表 2-8 不同土壤化肥利用率

单位：%

土壤类型	N	P_2O_5
暗棕壤	37	25
草甸土	38	20
白浆土	28	21

查以上各表，利用公式即可算出玉米氮、磷肥需要量。

$$\text{肥料需要量} = \frac{\text{百千克籽实养分吸收量}/100 \times \text{目标产量}}{\text{肥料中养分含量} \times \text{肥料利用率}} - \frac{\text{土测值} \times 0.15 \times \text{土壤养分利用系数}}{\text{肥料中养分含量} \times \text{肥料利用率}}$$

(4) 临界值法：临界值法是目前微量元素肥料配方的一种通用方法。微肥临界值配方法的程序是：

① 首先查清土壤中玉米生育必要的几种微量元素的含量，特别是有效含量。

② 掌握玉米对必需的几种微量元素的临界值。再参照土壤中微量元素的有效含量，决定施用哪种微量元素、不施哪种微量元素，土壤中有效锌低于 0.5～1.0 毫克/千克，有效硼低于 0.5 毫克/千克，有效钼低于 0.22 毫克/千克就应施用。

3. 玉米施肥技术 鸡东县是春玉米栽培区，根据春玉米需肥特点，有机肥与无机肥相结合，底肥、种肥、追肥相结合，充分满足其生长发育的要求。

（1）底肥：有机肥与全量磷素化肥做底肥混合施入，有机肥营养元素全、肥效长，避免后期脱肥，磷素化肥在土壤中移动性小，同时磷又易被土壤固定，与有机肥混合施用能提高肥效。

施肥方法：结合翻地或打垄集中施在原垄沟，以便充分发挥肥效。

（2）种肥：采用农家细肥和磷酸二铵或尿素加重过磷酸钙，过后做种肥。玉米施种肥，可使幼苗早发，整齐一致。鸡东县早春气温低，土壤有效养分释放慢，特别是一些低洼地块早春土壤冷浆，玉米易发生缺磷症状——“芽红袍”，施用种肥满足苗期营养是十分必要的。一般每公顷施农家细肥 37 500 千克，磷酸二铵 60～105 千克，或尿素 52.5 千克，重过磷酸钙 60～105 千克（或过磷酸钙 150 千克）。施用种肥时，要做到种、肥隔开，一般肥料在种子的下方 3～5 厘米，以免肥害。

（3）追肥：追肥以氮肥为主，一般在玉米进入大喇叭口期，是玉米需肥的关键时期，鸡东县近几年多选用晚熟高产玉米品种，要追两次肥。追肥量要做到“前重后轻”，即第一次追肥用计划肥量的 2/3，第二次用 1/3。追肥要距植株根部 10 厘米左右，深度以 10 厘米为宜，施肥后立即覆土。追肥时遇到天气干旱，要坐水追肥或追液体肥，即 0.5 千克肥料加 1～1.5 千克水，能更好地发挥肥效。

（4）微量元素肥料施用方法：缺锌严重的地块应以基肥种肥为主，一般每公顷施硫酸锌 15～30 千克。第一种方法是可在整地前混拌在化肥里做底肥施入。第二种方法，在玉米坐水种时，把锌肥放在水里施入。

（5）拌种：用种子量的 4%的硫酸锌拌种，将硫酸锌溶于 2 倍的温水中，待全部溶解后再将玉米种子倒入溶液中，充分搅拌使锌肥溶液均匀的拌在种子上，然后晾干 1 小时，待阴干后即可播种。

（6）叶面喷洒：硫酸锌溶液浓度为 0.2%，即 50 千克清水加 100 克硫酸锌，要选择晴天的上午 9:00 或下午 14:00 后进行，喷洒时要全株都喷洒，每公顷喷肥 750 千克。喷后 24 小时内遇雨，要重喷。病重的地块要喷 2～3 次，每隔 7～10 天 1 次。

（二）水稻平衡施肥技术

1. 水稻的营养及需肥特点

（1）水稻氮磷钾及微量元素的营养：

① 氮。水稻对氮的需求量较大，是水稻的主要营养，氮的蛋白质含量的 16%～18%，在细胞质、细胞核、酶、叶绿素、植物激素、维生素中都含有，因而氮是影响水稻生育的主要元素之一。水稻缺氮表现植株矮小，分蘖少、叶片小，呈黄绿色，从叶尖至中脉扩展到全部叶片发黄，结穗短小、成熟提早。

② 磷。磷存在于磷脂与核蛋白中，是细胞质、细胞核的主要成分，与细胞的分裂、增殖、蛋白的合成和遗传信息的传递有关。磷直接参与呼吸、发酵过程中能量的转化过程。直接参加糖、蛋白质、脂肪的代谢，在生育及各项生理过程中起促进作用。水稻如果缺磷，则表现叶片细弱，叶色暗绿，严重时有赤褐色斑点，叶鞘长，叶片相对变短，根系发育不良，分蘖少，生育期延长，造成晚熟。

③ 钾。钾虽然不是植物有机物的构成成分，但多集中在水稻最活跃的部位，是酶的活化剂，对碳水化合物、蛋白质的合成与运输起重要作用。钾还能提高机械组织，保护组

织机能，提高根的氧化能量，促进磷向穗部转移，加快抽穗和成熟，提高抗病性能。水稻如缺钾，则呈现叶片暗绿，呈青铜色，老叶软弱下垂，心叶挺直；分蘖前易患胡麻叶斑病；分蘖期，老叶叶面有赤黄褐色斑点，叶缘全枯焦状，茎易倒伏和折断；根部变褐色，有黑根，抽穗提前，籽粒不饱满，空秕粒多、易害病。

水稻一生中吸收氮素最多的时期是分蘖期，穗分化前吸氮量占一生吸收总量的 80%，穗分化期及抽穗后各吸收 10%左右；磷的吸收比较均衡，分蘖期、穗分化期、抽穗开花期各吸收总量的 30%左右；吸收钾肥主要在分蘖期和穗分化期，占一生吸钾总量的 95%左右。

④ 锌。锌是水稻细胞的必要成分。在植物体内主要参与生长素的合成和某些酶系统活动，如果水稻缺锌，新叶基部开始变黄，然后向整个叶片发展，上部叶片窄，子叶出现褐色小斑点，逐渐发展成条纹，叶下垂，株形松散、叶脆易断、叶片沿叶脉直裂，轻者随气温回升症状消失，严重时下部叶片变厚，叶色暗绿，边缘呈波浪形，根系发育不良，呈黄色。植株生长迟缓、矮小。

（2）水稻的需肥规律：

① 水稻的需肥量。水稻一生需从土壤中吸收氮、磷、钾、钙、镁、硫、硅、铁、锰、锌、铜、氯等多种营养元素。其中前期需要量较大，而生产上则以补充氮、磷、钾为主。根据分析：每生产 500 千克稻谷，需吸收氮 8.5～12.5 千克、吸收五氧化二磷 4.5～6.5 千克、氧化钾 10.5～11.5 千克，氮磷钾的比例为 2∶1∶2.5。

水稻的需肥量与土壤供肥能力关系很密切。一般来说，土壤供肥量等于上年产量需要肥量的 50%～70%，不足的部分，只有靠施肥解决。

施到土壤中的肥料的利用率，因肥料种类、施肥时期、栽培方法、施肥方法差异很大。一般规律是：插秧栽培大于直播栽培；深施肥大于表层施肥。氮肥的利用率一般为 30%～50%，过后的利用率为 12%～20%。不同氮肥利用率不同，据科研单位测定：在水田中以硫铵利用率最高，以其为标准（利用率为 100%），则氯化铵为 95%，尿素为 93%，硝酸铵只有 30%。

② 水稻各生育期的吸肥规律。据吉林省农业科学院延边农业科学研究所测定各种肥料的吸收规律为：

a. 氮的吸收　水稻返青后逐渐增加，分蘖盛期达到高峰，穗分化期吸收量即达全量的 80%，有效分蘖终止期以后吸收量减少。

b. 磷的吸收　分蘖期至盛期较少，到拔节期吸收增高，孕穗初、中期稍低于拔节期，孕穗末期至抽穗期才明显减少。

c. 钾的吸收　据各地研究结果，返青至分蘖期吸收较少，分蘖期至穗分化期吸收量增加，约占吸收总量的 35%。从穗分化到出穗开花期吸收量达到高峰，约占全量的 60%，抽穗开花以后即停止吸收。

鸡东县水稻生育季节气温低，土壤养分释放高峰期来得晚。据黑龙江省农垦科学院测定：播种前由于耕翻晒垡，加速了土壤有机质的矿化，速效氮含量提高，以后由于苗期的吸收，加上气温低，养分释放慢，又使土壤速效养分含量下降，入夏季小暑和大暑之间，是鸡东县气温最高时期，土壤分解加快，是土壤供肥的高峰期；抽穗以后，由于气温下降，土壤供肥能力又趋降低。

鸡东县水稻吸收高峰期较土壤供肥高峰期早，供需之间矛盾，只有通过早施肥，提高土壤供肥水平，满足水稻对养分的需要，才能促进早生速发。

2. 肥料配方法　鸡东县水稻推广配方施肥主要是 4 种方法：即目标产量配方法、养分平衡法、平稳促进施肥法和空白产量施肥法。

(1) 目标产量配方法：该方法根据当地水稻前 3 年产量水平确定水稻的目标产量进行配方施肥的方法。田块空白产量每亩 350 千克，目标产量为 475 千克，土壤类型为白浆型水稻土，应用地力差减法计算施肥方式：

$$\text{肥料需要量} = \frac{\text{作物单位产量养分吸收量} \times (\text{目标产量} - \text{空白产量})}{\text{肥料养分含量} \times \text{肥料当季利用率}}$$

水稻的需肥量分别为：

$$\text{尿素量} = \frac{2.1 \div 100 \times (475 - 350)}{0.46 \times 0.27} = 21.1\ \text{千克} / \text{亩}$$

$$\text{重过磷酸钙量} = \frac{0.9 \div 100 \times (475 - 350)}{0.46 \times 0.13} = 18.8\ \text{千克} / \text{亩}$$

(2) 养分平衡法：养分平衡法是水稻配方施肥简单易行的方法。养分平衡法计算公式如下：

$$\text{需肥量} = \frac{(\text{作物单位产量养分吸收量} \times \text{目标产量}) - (\text{土壤测试值} \times 0.15 \times \text{土壤养分利用率})}{\text{肥料中养分含量} \times \text{肥料当季利用率}}$$

通过查表，应用公式即可算需肥量。如果田块白浆型水稻土，土壤测试结果，碱解氮为 125 毫克/千克，有效磷为 15 毫克/千克，水稻目标产量定为 500 千克，则：

$$\text{尿素需用量} = \frac{(2.1 \div 100 \times 500) - (125 \times 0.15 \times 0.28)}{0.46 \times 0.27} = 42.27(\text{千克} / \text{亩})$$

$$\text{重过磷酸钙需要量} = \frac{(0.9 \div 100 \div 500) - (15 \times 0.15 \times 0.17)}{0.46 \times 0.20} = 44.75(\text{千克} / \text{亩})$$

在应用差减法和养分平衡法指导配方施肥时，应找出当地各种有关土壤养分利用率及施肥参数。

(3) 平稳促进施肥法：水稻平稳促进施肥法，是通过底肥、分蘖肥、穗肥和粒肥的平衡分散施用，使水稻的前、中、后期，各生育阶段平衡发育。协调穗数、粒数、粒重、成熟度等产量构成因素之间的关系，达到稳产增产的目的。因此，严格按水稻的长势，进行肥水控制，造成平衡生育，是平稳促进施肥法的基本原则。

① 平稳促进施肥技术基本原则。水稻旱育苗稀植栽培大部分采用 29 厘米×13 厘米、26 厘米×10 厘米大垄单行。每平方米保苗 25～28 穴，每穴插 3～4 株基本苗，所以单位面积保苗数少。为此，总施肥量应少于或等于密植栽培。一般水稻每公顷产量指标 6 750～7 500 千克的情况下，每公顷总施肥量为：平原区尿素 255～300 千克；近山区尿素 225～255 千克。在缺磷的土壤上，应施用磷肥，一般每公顷施磷酸二铵 100～150 千克。同时每公顷配合施用钾肥 100 千克。由于旱育苗大钵体栽培时 4.5～5 叶时插秧，不采取前期促进的施肥方法，在 6 月末前就要达到计划的叶龄指数，所以少施底肥，可以避免肥料的浪费。

根据插秧早晚确定施肥量：鸡东县旱育稀植最早插秧为5月20日左右，一般插秧期每晚5天，每公顷应减少尿素25千克。

② 平稳促进施肥方法。在全年的总施肥量确定以后，把氮肥总量的30%和磷肥的全量及钾肥全量的1/2～1/3作为粑地前全层施肥，氮肥全量的18%和钾肥的1/3～1/2作为穗肥施用，氮肥全量的12%作为粒肥施用。

氮肥施用时间：全层肥于靶前撒施，第一次分蘖肥插秧后5～7天施用，补充调节肥在7叶露心时施用，穗肥在剑叶露尖期施用，粒肥在抽穗始期至伸长期施用。

③ 应用此施肥方法时应注意以下几点。一是补充调节肥的掌握方法：有效分蘖终止前5天，每公顷基数大大超过预期的收获穗数时，则补充调节肥可以少施或不施；当有效分蘖前5天，每公顷基数低于预期的收获基数时，则应适当加大施肥量，在落黄过度、长势过差时，还可在拔节前适当施用接力肥，调节穗肥前的叶色和长势。二是每公顷基数超过计划基数，生育过于繁茂，株型呈丝型，叶色比基色浓，过早封行，早晨露水披叶的不能施穗肥；基数不足、细长，中期补肥过的，有稻瘟病、立枯病的也不能施用穗肥。三是第四片叶枯黄或剑叶拉长，始穗到各穗期间超过7天的不能施粒肥。

3. 水稻施肥技术 根据鸡东县水稻吸肥规律和土壤供肥特点，决定水稻施肥的原则是：重施基肥，早追叶肥，巧施穗肥，补施粒肥。基肥应以有机肥为主，配合化肥，将全部磷钾肥和氮肥的一部分作基肥施入。但在漏水田应以60%钾肥做基肥使用，40%在拔节前使用。施肥量以氮肥为标准，直播田施用尿素总量不宜超过185千克/公顷，插秧田225～300千克/公顷。在决定了氮素施用总量后，磷、钾按氮素用量的一半计算施肥。

（1）基肥：基肥以有机肥为主，配合施用尿素、磷酸二铵和氯化钾。有机肥肥效稳定而持久，可持续到分蘖期。基肥中的有机肥于翻地前施入，直播田为插秧本田基肥中的化肥，在最后一次粑地前施入，旱直播田则应用播种机把肥料播入7～10厘米土层中。直播田基肥每公顷用尿素37.5～75千克，插秧田做迎嫁肥的每公顷施尿素110～187千克或碳酸氢铵300～525千克。

（2）追肥：苗肥，在直播栽培时，如果基肥中没有施用化肥，于断乳期追苗肥，又叫断乳肥。断乳肥在2～2.5叶龄时施用，每公顷施尿素22～25千克。

（3）分蘖肥：寒地水稻应以促进苗期生长为中心，分蘖期是磷素敏感期，磷肥对分蘖影响很大，植株体内含磷量高，总基数增加，分蘖肥最好氮磷配合施用。直播田于6月中旬叶龄3.5叶时施蘖肥，占施肥总量的20%左右，折合纯氮19～26千克/公顷。蘖肥用量过大会增加无效分蘖。

插秧栽培为了促进返青与分蘖，没施“迎嫁肥”的地块，插秧后3～5天施返青肥；已施“迎嫁肥”的地块，返青后施分蘖肥。尿素做分蘖肥用，不得迟于6月20日，碳铵不得迟于6月25日，施纯氮23～41千克/公顷。

（4）穗肥：施用穗肥，能提高结实率及千粒重，施用及时可提早3～5天，穗肥因施用时间不同，分为促花肥和保花肥。鸡东县水稻在拔节期前穗已经开始分化，即分蘖高峰出现在穗分化后5～10天，而寒地的水稻在穗轴分化期植株内氮素浓度较高，一般可不追或少追促花肥。促花肥过多可使基部节间过度伸长，有增加无效分蘖的危险，延迟营养生长期，后期易发生倒伏。为安全起见，促花期宜在缺肥地块，高温年份于抽穗前18～20

天施用，每公顷施纯氮 19～23 千克。

（5）粒肥：水稻抽穗后，吸氮量虽然减少，如果土壤氮素不足，导致叶中氮素向穗部转化，降低叶中氮的浓度，降低光合作用效率，进一步引起根吸收能力下降，使根、叶早衰。抽穗后茎、叶因氮素含量在 1.25%～1.3%以下时追施粒肥。每公顷追纯氮 15～23 千克。粒肥在高温年份多追，低温年份少追。低温年份施肥总量应减少 20%。

（三）大豆平衡施肥技术

1. 大豆的营养特征及需肥规律 大豆是喜水喜肥作物，每形成 100 千克大豆籽实，需氮素 4.8～7.2 千克，磷素 0.7～1.8 千克，钾素 2～4 千克。由于大豆品种和地力不同，生态差异很大，即使进入开花期，营养生长仍然旺盛，茎叶继续生长，着荚数在开花后也急速增加，为此养分的吸收在开花期后显著增加。保证大豆营养生长和生殖生长两阶段的养分供应，是获得高产的重要基础。

（1）氮：大豆是吸氮较多的作物，虽然有固氮能力，但是单靠根瘤固定氮素，不能满足生育的要求，还需要从土壤中吸收氮素，大豆从土壤中吸收氮素，在根瘤形成前已开始，在分枝至始花期吸收数量已经很多，至盛花期达到高峰，而后氮逐渐减少。大豆生育前期，当子叶所含的氮素已经耗尽，而根瘤的固氮作用尚未充分发挥的这一段时间里，会暂时出现幼苗的“氮素饥饿”现象。在大豆鼓粒期间，根瘤菌活动能力已经衰落，如果土壤养分不足，也会出现缺氮现象。大豆施适量的氮肥有促进初期生育和扩大根系分化增加根瘤作用。氮肥供应不足时，叶片出现青铜色斑块，渐渐变黄干枯。植株矮小、分枝减少。氮肥过多，尤其是硝态氮过多则阻碍根瘤的形成。

（2）磷：大豆吸收磷较少，但对磷的反应比其他作物都敏感。吸收磷的时期越早，株高、分枝等营养生长效率越高。磷在开花后两周内对荚数、结实率及大约至开花 4 周对籽粒饱满程度都有重要影响。也就是说，保证大豆初期对磷的吸收和开花后供给充足的磷都是必要的。此外，大豆吸收磷不单纯为了营养，还有促进形成根瘤的效果，大豆缺磷时，叶片浓绿、叶片尖窄而直立，生长缓慢，植株矮小，开花后叶片呈棕色斑点，根系发育不良。

（3）钾：大豆吸收钾量也较多，而吸收钾的能力比秸秆作物弱。大豆缺钾时，叶片黄绿色，叶面皱缩，叶尖及边缘呈黄色，部分最终呈棕色而干枯。

大豆对微量元素比较敏感，缺少时会引起生理病害，严重地影响大豆的产量和品质。

（4）锌：正常生育的大豆叶片含锌量最低值为 10～22 毫克/千克。大豆缺锌时，植株生长缓慢，叶片呈柠檬黄色，叶脉中肋两侧出现褐色斑点，同时还影响氮素的摄取，降低植株体内磷素的浓度，严重影响大豆的产量和品质。

（5）硼：大豆在生长期内吸收硼的营养较多。大豆成熟期植株地上部干物质中平均含硼 208 毫克/千克，大部分分布在叶中，叶片含量达 103 毫克/千克，占总量的 15.87%；豆秆含 14.0 毫克/千克，占总量的 6.73%。大豆结荚期叶片含硼量 62.8 毫克/千克。大豆叶片含硼量小于 15 毫克/千克为缺硼。大豆缺硼时，生长发育受抑制，产量低、含油率少。缺硼严重时，大豆出苗不久就表现出症状，第一片叶叶色浓绿，叶片肥厚而畸形，叶片皱缩，幼叶叶脉间失绿，叶尖向下弯曲，顶芽向下卷曲死亡，顶芽枯萎后，腋芽萌发，开花受阻，不开花或开花很少，根系不发达，生长缓慢。

（6）钼：大豆是需钼较多的作物。钼是大豆氮素代谢的必要营养元素，并参与大豆根瘤固定氮素过程。大豆缺钼时，一般症状是叶片发生失绿现象，失绿部位在叶脉间组织，形成黄绿或橘红色的叶斑，叶绿卷曲、凋萎以至于坏死。

2. 大豆配方施肥方法 大豆配方施肥有一定的难度，特别是氮肥的比例与用量很难测定。由于大豆营养特点是需氮、钾较多的作物，大豆本身虽有固氮能力，但氮肥用量过少，也不能满足生育需要，过多不仅造成浪费，而且会影响根瘤的发育，削弱其固氮能力。大豆的配方施肥主要是因土施肥法，即在土壤分类的基础上，根据土壤有机质含量和速效养分（主要是氮、磷）状况，把每个土壤类型划分成不同等级，再结合土壤的物理性状确定氮、磷比例与用量的一种配方方法。

（1）土壤肥力较低的白浆土类：土壤肥力指标有机质 50 克/千克以下，速效氮 50～80 毫克/千克，速效磷低于 30 毫克/千克。大豆产量中等的地块，氮磷比为 1∶2.4～3，每公顷施氮素 15～19 千克，磷素 45 千克；高产地块，氮磷比大致为 1∶1，每公顷施氮素 65 千克，磷素 65 千克。

（2）土壤肥力偏高的草甸土类：土壤肥料指标，有机质大于 70 克/千克，速效氮 120～200 毫克/千克，速效磷大于 30 毫克/千克。在此指标内划分两个等级，第一级速效磷高于 80 毫克/千克，速效氮高于 150 毫克/千克，在土壤弱酸性条件下，种大豆可以不施或少施肥；第二级，土壤速效氮、磷含量都低于第一级的地块，种大豆就要施肥，氮磷比为 1∶1.5，每公顷施氮素 30 千克，磷素 45 千克。

（3）土壤肥力中等的黑土等类型：这类土壤以黑土为主，也包括部分草甸土，草甸白浆土。土壤肥料指标为有机质 70 克/千克以上，速效氮 80～150 毫克/千克，速效磷 30 毫克/千克，土壤量弱酸性，氮磷比为 1∶20，一般每公顷施氮素 23 千克，磷素 45 千克；高产田每公顷施氮素 30 千克，磷素 45 千克。

3. 大豆施肥技术

（1）基肥：在基肥中应以有机肥为主，因有机肥肥效长，含有的营养成分全，并有改良土壤的作用，一般每公顷施肥量 30 000 千克左右，与磷肥混施。垄作大豆的基肥，在整地前把肥料条施于原垄沟，打垄是把肥料包在垄底；平作大豆基肥，在整地前将肥料扬散均匀，结合翻地，将肥料翻入深层。

（2）种肥：种肥以磷为主，配合使氮。氮肥施用过量，不仅会抑制根瘤的形成，还会引起幼苗徒长。施用种肥不能与种子直接接触，最好施在种子的侧下方或正下方，距种子 6～8 厘米，以免出现烧种、烧苗现象。机播大豆时，往往种、肥同时播入，要做到种、肥分开，最好是肥、种分播。

（3）追肥：追肥要结合大豆生育期间具体情况施用。结荚后植株体内半数以上的氮素流向种子，因此，为维持叶片的光合能力，此期可酌情补充氮肥。追肥的方式，在大豆无花期结合中耕培土深施，以发挥追肥的增产作用。

（4）微量元素肥料的施用方法：

① 锌肥。大豆施用锌肥可采用两种方式，即基肥和根外追肥。锌肥作基肥，每公顷施硫酸锌 15～30 千克，混入有机肥中在整地前施入。根外追肥，硫酸锌溶液浓度为 0.2%～0.3%，在大豆开花初期喷施，每公顷喷肥液 750 千克。

② 钼肥。大豆施用钼肥应以拌种为主。每千克大豆种子拌钼酸铵1～2克，折合每公顷用钼酸铵150～300克。

③ 硼肥。大豆施用硼肥有底肥和拌种等方法，前两种方法施用较为广泛，拌种如使用得当，效果很好。硼肥做底肥，每公顷施硼砂15千克，在整地前混入化肥施入。根外追肥，硼砂溶液浓度0.1%～0.2%，在开花初期喷施，每公顷喷肥液750千克。拌种，硼砂溶液浓度为0.5%，溶液与种子比例为1∶10，阴干后播种，每公顷用硼砂75～120克。

二、平衡施肥对象

（一）增施优质有机肥料，保持和提高土壤肥力

积极引导农民转变观念，从农业生产的长远利益和大局出发，加大有机肥积造数量，提高有机肥质量，扩大有机肥施用面积，制订出沃土工程的近期目标。一是在根茬还田的基础上，逐步实际高根茬还田，增加土壤有机质含量。二是大力发展畜牧业，通过过腹还田，补充、增加堆肥和沤肥数量，提高肥料质量。三是大力推广畜禽养殖场，将粪肥工厂化处理，发展有机复合肥生产，实现有机肥的产业化、商品化市场。四是针对不同类型土壤制订出不同的技术措施，并对这些土壤进行跟踪化验，建立技术档案，设点监测观察结果。

（二）加大平衡施肥的配套服务

推广平衡施肥技术，关键在技术和物资的配套服务，解决有方无肥、有肥不专的问题，因此要把平衡施肥技术落到实处，必需实行“测、配、产、供、施”一条龙服务，通过配肥站的建立，生产出各施肥区域所需的专用型肥料，农民依据配肥站贮存的技术档案购买到自己所需的配方肥，确保技术实施到位。

（三）制订和实施耕地保养的长效机制

在《黑龙江省基本农田保护条例》的基础上，尽快制订出适合当地农业生产实际，能有效保护耕地资源，提高耕地质量的地方性政策法规，建立科学耕地养护机制，使耕地发展利用向良性方向发展。

附录3　鸡东县耕地地力评价与种植业布局报告

第一节　概　　述

黑龙江省第二次土壤普查至今已近20个年头，随着这些年农村经营体制、耕作制度、作物品种、种植结构、产量水平、肥料和农药的使用等情况的显著变化，导致全县耕地土壤肥力与环境质量状况的相应改变。为此，农业部农技中心部署开展“鸡东县耕地地力调查和质量评价”工作，目的就是查清鸡东县耕地地力及其障碍因素、土壤环境质量状况等。对提高全区耕地保护与管理水平、指导地力建设与培肥、发展有机农业、促进区域农业结构调整、发展无公害农产品生产和农业可持续发展均具有重要的指导意义。

鸡东县地处黑龙江省东南部，该县地形、地貌是山间冷凉气候区。耕地地力调查及质量评价是严格按照《全国耕地地力调查与质量评价技术规程》规定的程序及技术路线实施的。调查对象为基本农田保护区的耕地，调查内容为耕地地力与环境、蔬菜地地力与环境。

第二节　调查结果与分析

一、鸡东县耕地评等结果

鸡东县耕地按照农业部耕地地力等级体系标准共划分成五级地。五级耕地分布面积为：一级地总面积7 828.9公顷，占全区保护区耕地总面积的9.39%；二级地16 860.2公顷，占20.2%；三级地26 948.2公顷，占32.29%；四级地23 143.6公顷，占27.73%；五级地8 672.9公顷，占10.39%（附表3-1）。

附表3-1　鸡东县各级耕地分布面积

地力分级	地力综合指数分级（*IFI*）	土壤面积（公顷）	占基本土壤面积（%）	产量（千克/公顷）
一级	>0.85	7 828.9	9.39	>9 500
二级	0.79～0.82	16 860.2	20.20	9 000～9 500
三级	0.75～0.79	26 948.2	32.29	8 500～9 000
四级	0.71～0.75	23 143.6	27.73	8 000～8 500
五级	<0.71	8 672.9	10.39	7 500～8 000

二、鸡东县耕地土壤养分状况分析

本次调查结果表明，鸡东县耕地土壤有机质含量平均为36.8克/千克，变化幅度在14.6～73.6克/千克；鸡东县第二次土壤普查时耕地土壤有机质含量平均为54克/千克，变化幅度在19.9～191.1克/千克。

全氮含量平均为1.86克/千克，变化幅度在0.57～3.68克/千克。与第二次土壤普查的调查结果进行比较，全县全氮含量下降了0.53个百分点（原来平均含量为2.39克/千克，变化幅度在0.95～10.23克/千克）。

碱解氮平均为53.2毫克/千克，变化幅度在0.2～99.8毫克/千克。与第二次土壤普查的调查结果进行比较，全县碱解氮含量总体水平大幅度下降了，但是碱解氮的变化幅度减小了，主要集中在100克/千克以下。

鸡东县耕地有效磷平均为18.38毫克/千克，变化幅度在1.0～121.4毫克/千克。第二次土壤普查鸡东县耕地有效磷平均为7.65毫克/千克，变化幅度在0.08～51.4毫克/千克。

全县速效钾平均在121.7毫克/千克，变化幅度在23.0～410.0毫克/千克。第二次土壤普查时速效钾平均在286.8毫克/千克，变化幅度在76.8～1 278毫克/千克。

全县耕地pH平均为6.12，变化幅度在4.5～7.8。但土壤酸度多集中在5.8～7.8，占91%，耕地土壤以偏酸性为主（附表3-2）。

附表3-2　鸡东县耕地土壤养分状况统计

	有机质	全氮	碱解氮	有效磷	速效钾	pH
平均值	36.8	1.86	53.2	18.38	121.7	6.12
变化范围	14.6～73.6	0.57～3.68	0.2～99.8	1.0～121.4	23～410	4.5～7.8

三、灌溉水污染状况分析

地下水质，据1998年地下水监测资料，境内生活饮用地下水总硬度、铁、锰、铜、锌、酚、硫酸盐、矿化物、氧化物、氯化物、砷、汞、镉、六价铬、铅等均有不同程度超标（附表3-3和附表3-4）。

附表3-3　穆棱河古山桥端面水质监测值

项　目	样品总数	超出率（%）	超标率（%）	实　测		最大值超标倍数	最小值超出日期	年平均
				最小值	最大值			
pH	6		0	6.5	7.7		11.5	
悬浮物	6			5.5	333.5		1.15	98.1
总硬度	6			76.5	159		1.15	112
溶解氧	6		0	7.0	10.4		7.15	8.6
氨、氮	6	100		0.17	3.12	3.12	3.15	1.23
亚硝酸盐	6	833		0	0.086		5.15	0.032
化学耗氧量	6		83.33	5.5	13.5	1.2	1.15	7.6
生化耗氧	6		5.0	2.2	6.7	0.7	5.15	4.5

（续）

项　目	样品总数	超出率（%）	超标率（%）	实　测		最大值超标倍数	最小值超出日期	年平均
				最小值	最大值			
氰化物	6	50.0	0	0	0.038	—	1.15	0
砷化物	6	83.3	0	0	0.026	—	5.15	0.012
挥发酚	6	83.3	50.0	0	0.015	1.5	1.15	0.01
六价铬	6	0	—	—	—	—	—	0
汞	6	0	—	—	—	—	—	0
大肠杆菌（个/升）	6	100	0	50	460	—	5.15	220
细菌总数（个/毫升）	6	100	—	110	1.6×10^4	—	9.15	3.4×10^3

附表 3-4　鸡东境内地下水质监测值

项　目	样品总数	超标率（%）	实测最大值	最大超标（倍）
氨、氮	4	50	0.10	1.0
铁	4	50	7.2	23.0
锰	4	50	0.8	7.0
大肠杆菌（个/升）	2	0	1.2	—
细菌总数（个/毫升）	2	0	1.7	—

四、农业施肥现状

鸡东县各类化肥年施用量高达 24 820 吨，每公顷耕地化肥施用量达 68.94 千克，其中磷肥施用量约占化肥总用量的 51%以上，而且化肥的地域分配不平衡，平阳、向阳、永安和东海的单位面积耕地化肥用量相对较高。由于长期施用磷肥，已引起耕地土壤磷素不同程度的富集，不仅导致耕地土壤养分的不平衡，而且致使耕层土壤，特别是白浆土耕层土壤的磷呈不同程度的富集趋势。此外，全县氮肥的施用量也较大，而且以尿素为主。

第三节　种植业合理布局的若干建议

通过开展鸡东县耕地地力调查与质量评价，基本查清了全县各种耕地类型的地力状况、环境质量状况及农业生产现状，为鸡东县农业发展及种植业结构优化提供了较可靠的科学依据。种植业结构调整除了因地因区域种植外，还要与县域的经济、社会发展紧密相连。

一、国民经济和社会发展的需求

随着人民群众生活水平和消费层次的不断提高，对自身的生活质量，已由原来的数量满足型向质量提高型转变，对餐桌卫生安全的重视度不断加强，经济发达地区更为突出。大力推进农业和农村经济结构的战略性调整，使农业增效、农民增收已经成为农业和农村工作的中心任务。因此，种植业生产结构和布局的调整要以市场为导向，按市场定生产，市场需要什么就种什么，立足国内外和本地市场，大力发展优势农产品、大棚设施栽培和近郊农业。积极发挥当地自然优势，面向市场进行商品化、区域化、专业化生产，以满足人民日益增长的多种物质需要。

但也存在着一些不可忽视的问题，表现在：第一，农产品价格疲软，农产品“卖货难”，农民收入增速下滑；第二，粮食生产规模小，生产的商品粮数量少，稻米品质差，缺乏市场竞争力，种粮效益低；第三，耕地利用集约化程度低，化肥、农药施用量大，生产成本居高不下，农业经济效益低；第四，经济作物结构不合理，缺乏优势和名特优新产品，引进新品种的力度不大；第五，耕地利用缺乏宏观调控，发展方向和规模均存在一定的盲目性，这些问题均显著制约着全县农业可持续发展。

二、自然、技术、社会经济优势的发挥

鸡东县位于中纬度地区，有大陆性季风气候特点，地势复杂，气候差异较大。

鸡东县区位优越、交通发达、耕地资源质量较高。耕地调查表明，一级、二级、三级耕地占总耕地面积的61.9%，部分耕地水源清洁，符合发展无公害农产品、绿色食品、有机农业的需求。近年来，鸡东县把农业结构调整、发展效益农业，作为农业增效、农民增收，率先实现农业和农村现代化的主攻方向。通过抓基地、扶龙头、促流通、创特色、创品牌，效益农业出现了良好的发展态势。2000年全县粮经比例调整为48∶45∶7，初步形成了以粮食、蔬菜、畜禽、水果、食用菌为主导产业的发展格局。全县拥有馨禾、天亮、长庆米业，万寿菊深加工厂，大叶苏子龙头企业，对俄出口蔬菜基地；食用菌、黑木耳、山野菜生产基地；优质果品基地。

三、种植业结构的调整

为适应加入世贸组织的新形势、提高农产品竞争能力、促进农业和农村经济的持续发展，要精心规划，在农业结构调整中，品种调优、规模调大、效益调高。

（一）粮豆作物

根据耕地土壤及生态条件，提倡实行粮经作物合理轮作间作套种。

1. 水稻

（1）栽培史概述：鸡东县是在黑龙江省开发水稻生产比较早的区域之一。早在1921年，朝鲜族游民在永安乡、鸡林乡、下亮子地域，初利用小溪、河汊无坝自流灌溉，后由黄泥河，大石头河上发展到用穆棱河漫滩引用河水自流灌溉种植水稻，开始修筑简陋的灌溉工程和防洪堤坝，防止河水泛滥淹没稻田，保证水稻生产。1932年东北沦陷后，日本帝国主义为巩固其殖民统治，实行武装集团移民。在永安乡，鸡林乡沿穆棱河适于种水稻的土地掠夺为日本“开拓团”用地。日伪统治时期，水田灌溉由设在东安市（今密山市

域)，“满拓”控制（即满洲土地开拓株式会社)，由日本人组织，成立于伪满康德3年(1936年)，兴修灌溉工程，扩建原有灌区，当时境内有分散小型水田灌溉十多处，水稻面积300公顷。抗日战争胜利后，各级人民政府在恢复和发展农业生产中，组织农民修复被破坏的灌溉工程，积极发展水稻生产，到1949年水稻面积已发展到6 520公顷，平均每公顷产2 010千克左右，总产到13 105吨。新中国成立后，对原有灌区进行了整顿扩建，建立了相应的灌区管理机构，国家对灌区工程给予了大量投资，经过整顿有千公顷以上的大灌区8处，小型灌区5处，扩大了水田面积。

(2) 水稻生产的发展阶段：鸡东县水稻种植面积的高速发展始于1993年，1978—1992年平均种植9 541.8公顷，2008年已经增加到22 771公顷，16年间已增加了13 230公顷，增加了1.38倍，年平均增加826公顷，总产量由1978年的31 276吨，增加到186 836吨；增加了155 560吨，年平均增加5 185吨。这期间，各时期影响水稻生产的因素不同，水稻面积增加特点也不同，具体划分为5个阶段。

① 缓慢增长阶段。新中国成立初期，鸡东县水稻和陆稻均有种植。稻谷种植面积是增加趋势，1949—1958年平均播种面积709公顷，到1979年已发展至7 730公顷，比1949年增加了近11倍，占粮食面积的26.9%，比1949年的3.1%提高了近24个百分点。但由于受低温冷害等自然灾害的影响，不同年间稻谷单产大幅度波动，如1949—1979年，水稻最低单产每公顷为2 010千克，最多时每公顷产稻谷4 785千克，平均每公顷产稻谷3 968千克。水稻是当时最不稳定和生产风险最大的粮食作物，由此限制了水稻面积的发展。

1980—1982年，鸡东县稻谷种植面积进入稳定地缓慢增长阶段。此时稻谷种植面积很少，稻米满足不了人们的生活需要。尽管国家也采取鼓励发展生产政策，但种植面积增加幅度十分缓慢。其原因主要有3方面：第一是农业生产为集体经营，国家对粮食实行统购统销，农民的生产积极性不高；第二是水稻生产技术以直播栽培为主，稳产性差；第三是生产中主要靠人工除草，一般每个劳动力只能经营0.1～0.2公顷，除草用工量大，生产效率很低。

② 波动增长阶段。1983—1994年为波动增长阶段。此期间水稻种植面积年平均增加421公顷，1992年种植面积最大，达到13 703公顷，比1978—1982年的平均种植面积7 598公顷，增加了1.8倍。主要原因是农村实行土地经营承包制，同时出现了粮食产销管理新政策，调动了农民生产积极性。当时国家对粮食采取“定量收购”，农民按照国家规定的收购数量和价格“交足国家的，留下集体的，剩下都是自己的”。剩余稻谷农民可以议价卖给国家，稻米也可以在“自由市场”销售。特别是市场对稻米需求量大，自由市场稻米价格一般高于国家收购价格，农民种稻不愁卖，种稻效益高于其他作物。

③ 高速增长阶段。1995—1999年为高速增长阶段。这一阶段已进入粮食“丰年有余”时期，国家逐渐放开粮食收购价格，但从食物安全角度考虑，对水稻仍然采取保护价收购。农民种稻不愁卖，种稻与其他粮食作物比较经济效益高。当时，鸡东县出现了开发“种稻热”潮，五年间水稻面积增加了5 547公顷，平均每年增加1 109.4公顷。种稻面积大幅度增加，同时单产水平也大幅度提高，稻谷总产量迅速增长，结果造成鸡东县全县出现大量剩余稻谷，并开始出现大量积压问题。当时全国稻米也进入“产大于销”的过剩生

产时期，但我国剩余的主要是籼稻米，粳稻米市场并未过于饱和。黑龙江省东部及鸡东地区由于稻谷和稻米销售发展相对滞后，才导致稻谷在粮库大量积压。

④ 下降阶段。2000—2003 年为下降阶段。其中 2000—2002 下降的原因是水稻种植面积过度开发，春季水源不足，稻田缺水干旱造成的。

2003 年则不同，由于 2002 年秋季国家粮库实际采取限制收购稻谷政策，当年生产的稻谷不能卖给粮库，农民生产的稻谷只能靠市场销售，结果导致市场上稻谷销售价格大幅度降低。一般稻谷销售价格比上年低 50%左右，几乎达到 1.5～2.0 元/公顷的程度。按这个价格计算，农民种稻几乎没有效益。这是 2003 年水稻种植面积大幅度下降的根本原因。2003 年鸡东县水稻种植面积仅为 19 611 公顷，比 2002 年减少 605 公顷，下降 3%，下降幅度之大前所未有。

⑤ 新增长阶段。2004 年开始，鸡东县水稻又进入一个新的大发展时期。当年种植面积达到 21 747 公顷，2005 年又增加到 22 772 公顷，两年间比 2003 年增加 3 161 公顷，增长 16.2%，比种植面积最多的 1999 年增加 2 782 公顷，增长 13.9%。2007 年面积已增至 23 264 公顷，达到鸡东县历史上水稻面积最大时期，比 1949 年增长 16 744 公顷，增 3.6 倍；比 1979 年增长 16 131 公顷，增长 3.3 倍；比 1999 年增长 3 274 公顷，增长 16.4%。

水稻种植面积迅速恢复和大幅度增加的原因是：全国水稻种植面积连续大幅度下降，稻谷生产量低于消费量，以往库存积压稻谷迅速消耗完毕，全国出现了稻米市场需求大于供应的紧张局面，市场稻谷销售价格也大幅度攀升；“东北大米”的品牌也越来越受全国人民的喜欢，同时也受国际稻米市场涨价的影响。在这种情况下，不仅国家恢复了稻谷最低保护价收购政策，而且又在取消农业税的基础上，对稻谷生产还采取了比其他作物更优惠的鼓励生产政策，如增加水稻生产补贴和良种补贴等，又称“一免两补”。同时，市场稻谷价格也由 2002 年底 0.6 元/千克，上升到 2005 低 1.6 元/千克以上。相比之下，种水稻又成为取得效益最多的作物，农民种稻的生产积极性迅速提高。2009 年稻米销售价格继续提高，市场曾达到 4.00 元/千克的高价，预计今后种稻效益一般情况下不会大幅降低，这说明鸡东县水稻种植面积还可能继续保持增长趋势。

（3）水稻生产主要栽培技术：

① 直播技术的进展。

a. 旱直播　水稻旱直播可分为在播种机圆盘开沟器上附加控制圈以控制播种深度的浅覆土播种法；与采用种子附泥的地面上播种法两种。由于后者操作简便，播种后灌水相当于水直播田，管理方便，出苗整齐，被广泛应用而取代前者。

b. 水稻旱种　水稻旱种亦称水稻苗期旱长栽培法，要求整地保墒，播深在 3～4 厘米。播种后及时镇压引墒。种子要精选，浸种处理以利出苗整齐。待齐苗后到 3 叶期，根据水源进行初灌，缓慢建立浅水层，并除草。此法宜在洼地或春旱缺水不能及时灌溉的河川流下游稻作区采用。

c. 水直播　水直播为鸡东县长期沿用的栽培方法，老百姓俗称“漫撒子”。有撒播、条播、点播 3 种播种方法。20 世纪 70 年代前为使用除草机战胜稻田杂草危害而推广改撒播为点播、条播。由于条播播种进度快，利于确保农时，在生产中逐渐取代点播。

由于化学除草剂有效地控制了稻田杂草危害，撒播面积也随之增多。为便于撒播田的管理，1979—1981 年，牡丹江农业科研所金彻先生在明德乡红火村推广了 80～100 厘米宽幅播种，20～30 厘米作业步道的栽培方式，带动了鸡东县及牡丹江地区水稻直播技术的发展。

② 育苗移栽技术的发展。鸡东县水稻技术由直播栽培逐渐向育苗插秧栽培发展，20 世纪 50 年代插秧面积不足 1%；60 年代随着保温湿润育苗技术的推广，插秧面积逐年增加；70 年代全县插秧面积有 2 078 公顷，占水稻面积 30%左右；1984 年开始推广水稻旱育苗稀植技术，插秧面积迅速增加；1986 年达 6 149 公顷，占水稻面积的 65%；到 1995 年全县水稻插秧面积达到 90%以上。

③ 大钵体超早育苗人工摆载技术。大钵体超早育苗人工摆载技术是进入 21 世纪以来又一项超高产的水稻栽培技术。该技术的核心是采用晚熟高产品种，比当地活动积温高 100～150 ℃的优质、抗病、高产的 13 片叶品种，如东农 425、松粳 9 号等晚熟品种。设置隔寒增温苗床，于秋季上冻前，先将苗床床土挖出 30～35 厘米，整平低床、整齐床边，铺上 6～8 层的塑料膜，膜上铺 20 厘米稻壳，压实后用膜将稻壳包好封严，也可用珍珠岩代替稻壳，或用 3～5 厘米厚硬体薄板，做隔寒层，包好塑料膜，再将挖出的土填回，整平压实。选用大钵体秧盘，352 孔或 434 孔，于 3 月 5 日至 15 日扣棚，3 月 25 日至 4 月 5 日播种。鸡东县于 2006—2007 年小面积试验，公顷产量可达 11 000 千克；2008 年示范面积达 20 公顷，2009 年大面积推广，面积达 1 333 公顷。该技术的示范推广，将为鸡东县水稻的单产与总产产生推动作用。

（4）鸡东县稻米生产优势：我国粮食主食消费规律是：南方地区以稻米为主，北方地区以面食为主，黑龙江省则米面兼食。黑龙江省实际消费稻谷数量仅占生产总量的 25%左右，商品率则达 75%左右，属于典型的商品性生产。鸡东县的稻米生产有以下优势条件。

① 全部是粳稻。中国籼稻多粳稻少，人们食用习惯也不同。全国稻谷总产量的 70%左右为籼稻，粳稻约占 30%。全国喜食粳稻的人较多，约占 55%，呈增加趋势；喜食籼稻的人较少，约占 45%，呈减少趋势。目前，喜食籼稻米的人，人均稻米占有量约为 164.0 千克；喜食粳米的人，人均稻米占有量约为 57.5 千克，仅相当于喜食籼稻米的人均占有量的 35%左右。全国人均消费稻米数量呈减少趋势，但减少的是籼稻；粳稻米人均消费数量呈增加趋势。国内外粳稻生产量和商品量较少，鸡东县生产的全部是粳稻，这无疑展示出鸡东县稻米有良好的国内外市场销售前景。

② 生态环境好。鸡东县森林覆盖率高达 53.5%，有良好的农业生态环境。人口密度较小，农村工业发展相对较慢，工业排污和生活垃圾对空气、水资源和土壤资源的污染程度也少，最适合生产无公害和绿色食品。鸡东县生产的稻米全部是食用稻米，这也是鸡东县“绿色品牌”稻米较多的根本原因之一。鸡东县昼夜温差大，与南方水稻主产区相比较，没有高温障碍，精米率高，透明度好，一般情况垩白粒率低、外观品质较好。一般稻米蛋白质和直链淀粉含量较低，以及其他营养成分含量适中，也适宜发展优良食味米。

③ 化学污染少。鸡东县冬季严寒，很多病虫害的虫卵和病菌不能越冬。加之无霜期较短，水稻生育期间温度也较低，生产上常发性病虫害种类与我国南方稻区相比明显偏少。即使发生病虫害，也因病原菌和害虫基数较低。除稻瘟病等个别病害之外，为害程度

一般也较轻。为此，水稻生产使用农药数量也较少。即使是连用农药，主要是对人几乎很少产生危害的除草剂。鸡东县多数土壤属于有机质含量多，养分含量较高的黑土类型，加之农业开发时间较短，土壤肥力消耗较少，水稻生产中使用的化肥数量也较少。总之，化肥和农药带来的有毒和激素类有害物质相对也较少，这更有利于生产绿色食品。

④ 没有转基因。转基因食品对人的影响还是个有争议的问题，但作为直接食用的稻米，消费者还是有很大程度的担心。转基因对稻米销售市场和销售价格都会产生很大的负面影响。鸡东县水稻大面积种植时间较短，生产上未推广应用任何有转基因成分的水稻。加之特殊的寒冷气候条件，一般外地品种受温度限制也很难直接引种种植。可以说，鸡东县生产的水稻品种还没有任何转基因成分。为此，鸡东县生产的稻米，从生物安全角度属于绝对安全食品。这对提高稻米的商品价值，使稻米销往高消费世界市场和高消费国家都有重要意义。

⑤ 商品数量大。一个地区人均稻米消费数量是比较稳定的，稻米多了形成陈米会造成浪费，少了又会涉及食物安全问题。随着人们生活水平的提高，人们对稻米的质量要求越来越高，对稻米品质的要求还有习惯性。为此，鸡东县发挥稻米商品数量最多和绿色食品等优势，可以与缺米地区建立长期稳定的稻米供销合同。特别是稻米高消费市场，更需要在商品稻米生产地区建立这种稳定优质稻米供应基地。鸡东县与浙江省以高于市场平均价格，签订稳定的供应优质稻米的事例，就是这种生产模式的探索。

（5）鸡东县水稻再发展的趋势：根据鸡东县统计及2006—2008年平均统计数据，水稻面积是23 095公顷，根据目前的市场拉动及自然资源与水资源的发展条件，鸡东县的水稻面积发展到26 667公顷的可能性有多大呢？对此问题进行如下情况分析与预测。

① 面积增加的可能性。鸡东县无霜期短，但是夏季日照时间较长，光照资源并不少，适合水稻生长；昼夜温差较大，土壤肥沃，单季生产量不低；大平原较多，土地连片，可以种水稻的耕地资源充足，而且适合机械化大规模生产。今后能种植多少水稻，关键取决于可利用水资源状况。鸡东县地处中纬度，亚洲大陆东岸，位于三江平原南部，具有明显的大陆季风气候特征，冬季漫长寒冷干燥，夏季短促而湿润，春秋两季气候多变，气候变化无常。降水量季节间分布相差悬殊，形成了明显的干湿季节。特别是不同年际间春季变化较大，这决定了种植水稻必须具备灌溉条件。春季生产泡田整地是集中大量用水的关键时期，此时正处于春季缺水干旱期，鸡东县冬季降雪又较少。为此保证春季泡田整地用水程度决定着一个地区能不能种水稻和种植面积的多少。一般情况下，到了夏季多雨期，自然降水已经不成为影响水稻生产发展的限制因素，大量多余的水还白白流走了，有时甚至造成洪涝灾害。鸡东县水稻灌溉水资源类型不同，今后再扩大种植面积，各类灌溉水源发挥的作用也会不同。

② 水库水灌溉。这是鸡东县水稻生产灌溉最好的水资源，灌溉效益较好。哈达河水库，1958年动工，1959年9月停建，1967年5月开始续建，于1971年11月5日竣工。总库容8 860万立方米，可控水田面积1 283公顷，年平均向穆棱河放水750万立方米。半截河水库，1958年2月3日动工，1959年7月停建，1960年11月28日开始续建，1963年12月竣工，1976年至1979年8月实施加固除险施工任务。总库容量1 627万立方米，灌溉效益1 040公顷。八楞山水库，1958年初建，1960年停建，1978年第二次上马，

1981 年第二次下马，1991 年第三次重建，1997 年竣工，总库容为 9 442 万立方米，可灌溉农田 75 067 公顷。

③ 河水自流灌溉。作为灌溉水源的种植面积在鸡东县比例很大，共有 16 982 公顷，占水稻面积的 73%。鸡东县共有 9 个灌区，计划设计灌溉面积 20 793 公顷，其中已开发水田面积 19 333 公顷，尚有 1 460 公顷可开发为水田，如全部开发，预计鸡东县水田面积可达到 20 793 公顷。

④ 井水灌溉。鸡东县打井提取地区水稻种植面积 1 333 公顷，占水稻播种面积为 5.7%。全县现有机电井 956 眼，可有效控制水稻播种面积 1 000 公顷，至 2015 年还能增加机电井 200 眼；可增加水稻面积 2 000 公顷。打井种稻不仅存在水温低影响产量和品质问题，关键大面积集中打井，地下水位越来越低，单井出水量越来越少，形成地下水面积越来越小。打井种稻一般不需要特殊的大型水利工程，生产投入成本较低，适于打井种稻的地区大部分已经开发。为此，今后需要研究如何确保现有生产面积问题，继续大幅度增加打井种稻面积可能性也不大。

另外，还有一些小塘坝和小水库等蓄水灌溉种稻，但所占比例较少。这类灌溉水流大幅增加种植面积的可能性很小。

由以上分析可以看出：鸡东县水稻种植面积的多少，不取决于降水量的多少。今后发展的限制因素，主要是 5 月中旬到 6 月上中旬，水稻泡田整地和水稻生育前期的“春季干旱期”水资源的供应保证情况。这是鸡东县水稻生产发展的限制瓶颈时期，这一时期有多少稳定的供水能力，就有可能种植多少水稻。在水利资源有限的条件下，通过水利工程配套，加大水资源灌溉措施，增加打井种稻面积等措施，在 2008 年水稻面积 22 771 公顷的基础上，再增加 17%左右，增加至 26 667 公顷还是大有可能的。

⑤ 提高单产可能性。随着鸡东县水稻面积的快速增长，单产水平也大幅度增加的趋势。2004—2008 年平均单产达到每公顷 8 081 千克，比 1978—1983 年平均每公顷 4 150 千克增加了 0.95 倍。再从生产调查和高产典型试验情况看，鸡东县水稻仍然有很大提高单产的潜力。据祖世亨等人用“联合国粮农组织农业生态区划法”研究计算，黑龙江省水稻生产地区一般气候生产潜力平均每公顷 9 000 千克，这高于目前平均单产 11.37%左右。这说明加强科学研究，提高综合生产技术水平，还可以进一步提高水稻产量。

自水稻旱育稀植技术推广以后，水稻高产栽培技术不断发展和完善，如“抛秧栽培技术”“超稀植栽培技术”“两段式育苗生产技术”“大钵体超早育苗栽培技术”等。高产典型也不断呈现，如小面积测产有公顷超过 12 000 千克的高产试验，大面积生产也有每公顷超过 11 300 千克的高产典型，这些高产典型的出现，说明在鸡东县的气候条件下，实现就可能达到的产量。也说明，只要增加生产投入水平，进一步改善生产条件，有效地应用先进的实用技术，就可以大幅度提高产量。

鸡东县不同地区，不同农户，甚至相邻地块之间，产量水平相差较大，各地可以见到生长整齐一致、高产、稳产的农户，同时也可以看到水稻生育期整齐度较差，甚至杂草丛生、病害发生严重和严重倒伏造成绝产的地块。主要原因是不同农户生产技术水平差异较大。低产稻田影响了水稻平均产量水平的提高。这说明，只要完善水稻标准化生产技术规程，提高先进技术的到位率，减少低产稻田，提高水稻生产水平的一致性，就可以相应提高水稻产量。

⑥ 减灾降低损失量。鸡东县在水稻单产水平大幅度提高的同时，稳产性也大幅度提高。但是最近几年，水稻气象灾害频繁发生，单产水平变化幅度呈增加趋势。2002 年大面积发生障碍型低温冷害，2005 年和 2007 年普遍发生稻瘟病害，都给水稻生产造成重大损失。灾年发生年，不同农户之间，甚至不同田块，减产幅度差距很大。随着水稻种植面积的进一步增加和种稻时间延长，灾害的损失总量可能还会加大。为此，深入研究灾害发生规律，推广各种灾害综合防御技术，减少灾害损失，也会提高水稻单产水平。

⑦ 总产量和商品量分析。2004—2008 年鸡东县平均水稻单产为每公顷 8 081 千克。从水稻单产潜力分析可以看出，只要提高生产技术普及到位，全面实现标准化生产，近期鸡东县水稻单产提高 11.4%左右，即每公顷增加 921 千克，达到每公顷产量 9 002 千克；面积增加到 26 667 公顷，总产达到 240 000 吨的目标是可以实现的。

2. 玉米

（1）鸡东县玉米生产发展概况：

① 玉米生产历史。鸡东县大面积栽培玉米历史仅有六七十年。目前，玉米是鸡东县主要粮食作物之一，种植面积较大，分布较广，仅次于水稻，位居第二，玉米种植面积的变化趋势是 20 世纪 70 年代递增。80 年代递减、90 年代又递增，进入 21 世纪，玉米又进入新的增长阶段。1974—1981 年面积是 12 533 公顷，比 20 世纪 70 年代初期增长了 41.4%；进入 80 年代随着大豆面积迅速增长，玉米面积随之减少，1982 年减少到 7 346 公顷；经过几年跌宕起伏之后，1993 年开始又进入面积增加阶段，至 1999 年面积已发展至 21 622 公顷，面积超过水稻；而 2000 年面积又降至 9 330 公顷；进入 21 世纪，玉米种植进入一个新的发展时期，2001—2008 年，平均面积 16 649 公顷，位居水稻之后，列第二位，但随着玉米单产和效益的增加，预计 2010 年至今后的几年中，玉米面积将会有新的发展趋势。

鸡东县玉米产量波动较大，1978—1988 年平均单产为 2 472 千克/公顷，单产处于发展的波动阶段，单产超过 3 000 千克/公顷的有 3 年；单产超过 2 000 千克/公顷的有 5 年；最小的 1 年为 1981 年，单产是 570 千克/公顷；最高的一年是 1988 年，单产是 3 480 千克/公顷。1989—1999 年是玉米单产稳步发展阶段，平均单产为 6 184 千克/公顷，比 1978—1988 年的平均单产增加了 150%。进入 2000—2008 年，玉米平均单产达到 7 241 千克/公顷，比 1989—1999 年的平均单产增加了 17%，是玉米的高产稳产时期。随着玉米新品种的推广应用，缓释化肥的推广，玉米生防技术的应用，玉米通透密植技术的推广，玉米保护性耕作技术的应用，在今后的几年中，玉米单产水平还将有一个新的突破。

② 玉米生产技术演变。在玉米生产的各项技术措施中，种子遗传改良、杂交优势的利用，通过杂交种应用面积的不断扩大，增产作用最为显著。鸡东县使用玉米杂交种是从 20 世纪 60 年代中后期开始的，在此之前是农家种，70 年代应用的是黑龙江省农科院培育的双交种，因制种成本高、生育期长，受低温影响较大，产量不稳，难以大面积推广，当时主栽品种是农家种，如黄金塔和白头霜等品种，第三积温带是小粒红和当地农家品种。20 世纪 70 年代后期主栽品种是嫩单 2、嫩单 3 号；80 年代主栽品种是白单 9，搭配品种是东农 248，第三积温带主栽品种东农 248、四单 12、龙单 5 等品种，搭配龙单 3、龙单

5、牡单 101；进入 90 年代，随着先进科学技术的应用，农业栽培管理水平的提高，加之应用品种增加、生育期长、产量提高，同一积温带应用的品种比 70 年代和 80 年代应用的品种积温增加 100～200 ℃，生育期延长 5～10 天，增产 20%～30%，90 年代第二积温带主栽品种有龙单 13、龙单 16，搭配品种是白单 9、东农 248 和牡丹 201；进入 21 世纪主栽品种为吉单 522、吉单 519、伊单 59、四早 113、银河 14、龙单 38 等，试验品种有美国先锋公司生产的先玉 335、改良哈玉 2 号、强盛 31、郑单 958。总之，新中国成立初期的 20 世纪 50 年代和 60 年代种植的是农家品种，产量较低，但品质要好一些；70 年代和 80 年代主栽品种为嫩单 2、嫩单 3 等玉米杂交种，产量有了较大幅度的提高；90 年代后以吉林省的“吉字号”和黑龙江省的“龙字号”的品种为主，更具有增产效果，种植面积也不断扩大。

随着玉米杂交品种的广泛应用和科学技术的发展，玉米栽培技术也有了深刻的变化。20 世纪 50 年代和 60 年代玉米的栽培技术是农家品种原垄卡种或大垄扣种，不施肥和只施用农家肥。铲蹚管理比较粗放。20 世纪 70 年代和 80 年代玉米栽培水平有了明显提高，主要是应用早熟、高产、抗逆性强、质优的杂交种；合理整地保墒，应用深翻深松技术；适时播种催芽期坐水埯种；机械化控精密播种，合理密植；增施化肥、有机肥；配方施肥；微肥拌种、种子包衣，叶面微肥，应用植物生长素；苗前深松防旱，秋后放秋垄，防治病虫害，适时晚收。20 世纪 90 年代则在玉米栽培技术的基础上又有提高。新的栽培技术是，以选育推广适宜的中熟品种，增加制种产量，降低成本，提高种子质量为基础的“绿色革命”，同中晚熟品种进行大垄双行，行间地膜覆盖的“白色革命”，育苗移栽技术；机械化种、管、收技术；化学除草技术，以及 21 世纪以来推广的配方施肥，缓释化肥的应用，玉米通透栽培技术，玉米化控技术，赤眼蜂防治玉米螟技术，玉米地保护性耕作技术的应用。这些技术的应用把玉米栽培推向更高的水平，将使玉米的产量出现新的跨越。

玉米先进的栽培技术是刚刚引进的，在大面积上普及应用还有一定的难度。当前玉米生产的主要问题是有机肥不足，氮磷钾比例失调，品种多、乱、杂且质量不高；种植密度不足，管理较粗放，抗御自然灾害能力差，有些品种熟期偏晚，种子含水量大，遇低温冷害年严重减产。

（2）鸡东县玉米发展趋势：玉米既是粮食又是糖料和饲料，更是生产肉、蛋、奶不可缺少的饲料。随着社会主义商品经济的发展和人民生活水平的提高，人类社会对粮油、糖、肉、蛋、奶及其加工产品的需求量日益增加，玉米将有大的发展。

① 玉米用途广。

a. 加工食品　用特制玉米粉掺小麦粉可制面包、面条、人造奶粉、糕点、粉肠填料、饮料、方便食品、婴儿食品、膨化食品、玉米片等。

b. 生物制剂原料　玉米淀粉葡萄糖是生产各种抗生素，如青霉素、土霉素的主要原料和生产核苷酸、谷氨酸、赖氨酸、醇类、脂类和酶制剂等不可缺少的轻工原料。玉米代替部分大麦或全用玉米酿造啤酒，可得到品质较好的啤酒，用玉米酿造酒精还可代替汽油。

c. 制糖原料　用玉米淀粉为原料，经过先进的加工工艺，可把玉米转化成异构糖。这种糖无色透明，甜味很正，甜度是蔗糖的 1.5 倍，易被人体吸收。每 100 千克玉米生产

105 千克异构糖。

d. 榨油原料 玉米胚含油 17%～45%，是一种很好的榨油原料。玉米油含 61.9%不饱和亚油酸，还含有维生素与各种酶，易被人体吸收，具有降低胆固醇和增强免疫力等保健功能。

e. 饲料作物 玉米粒是上等饲料，每 100 千克玉米含有 135 个饲料单位，饲用价值相当于 120 千克高粱、130 千克黑麦、135 千克燕麦。玉米对猪、牛营养消化率为 100%，而燕麦仅仅是 79.8%、高粱为 88%～96%、大麦为 88%～90%，每 2～3 千克玉米壳换回 1 千克肉食；每 100 千克青贮玉米含 10 个饲料单位和 0.6 千克可消化蛋白质，等于 20 千克精饲料的营养价值。

② 玉米产量高。

a. 光合作用能力强，积累干物质 玉米是 C4 植物，比 C3 植物的光和效率高。其特点是光合作用面广，玉米每平方米叶面积造干物质 8～10 克，而大豆只有 3～5 克；玉米 CO_2 补偿点低，光饱和点高，即使是 4 万米烛光以上的光下仍能生长；光呼吸低，仅为 C3 植物的 2%～5%。由于光呼吸要消耗大量光合产物，因此 C4 植物比 C3 植物能积累物质多，产量也高。

b. 玉米单株生产力强，增产潜力大 玉米具有惊人的贮存能量的作用，1 粒 0.3 克的玉米种子，经过生长发育可生产出 50～100 粒，繁殖系数高达 1 000 倍。玉米果穗重少则 50～100 克，一般为 200 克左右，重者达 400～500 克。若按保苗 5 万株/公顷，单穗重 200 克计算，2009 年试验采用玉米密植通透栽培技术，保苗 6 万株/公顷，单穗重 250 克，产量为 15 000 千克/公顷。可见鸡东县玉米地增产潜力是很大的。

c. 玉米商品市场广阔 随着商品经济的极大发展，对玉米需求量越来越大，特别是随着现代化养殖场的运作，对玉米及其加工产品的需求将不断增加。

（3）玉米的生态适应性：鸡东县土地辽阔，主要农业区域为穆棱河两岸地势平坦和丘陵漫岗地区。耕地多，垦殖年限较短，土壤肥力高，增产潜力大。气候和土壤生态条件比较适合玉米生长发育。

① 光能资源可满足玉米生育需要。鸡东县玉米生长季节第二辐射量一般在 2 760～3 120 千焦/平方米，占年辐射总量的 63.4%～66.7%，可以满足玉米的生育需要。但由于玉米生长季节较短和受光强度、温度等因素的限制，光能利用率相对较低。

鸡东县日照资源丰富，年日照时间较长，春季日照时数增加，夏季最长，秋季逐渐缩短，冬季最短。这与玉米春季播种，夏季生长发育，秋季成熟、收获，对日照的需求相吻合。

② 热能量适宜。玉米是喜温作物，鸡东县的热量条件可基本满足玉米生长发育的需要。玉米可以利用的≥10 ℃的积温为 2 300～2 700 ℃。日平均气温高于 15 ℃日数的多少，是衡量农作物生育期内热量强度的重要标志。主要农业区作物生长日平均气温＞15 ℃的日数 120～136 天。日平均气温＞20 ℃的日数是作物旺盛生长发育的热量指标，它直接关系到作物生育、生长期、成熟、灌浆、成熟的速度和程度。鸡东地区在七八月日平均气温多在 20 ℃以上。夜间温度也多在 10 ℃以上，基本能满足玉米灌浆、成熟的需要。

③ 水分条件好。鸡东县降水集中于夏、秋两季，基本上能满足玉米生长发育的要求。

据意大利学者阿奇的研究，玉米的需水曲线与单株鲜重增长曲线相一致，玉米苗期需水较少，拔节期需水增多，抽穗前10天至抽穗后20天需水猛增，是玉米水分积累期。乳熟期仍需较多水分，此时缺水会降低粒重。蜡熟期需水减少，干燥有利于成熟。鸡东县玉米生育期5月至9月的降水与玉米的需水规律基本一致。4月下旬到5月份降水量一般在55毫米左右，基本上可以供给玉米发芽出苗需要；6月降水多不足80毫米，有利于玉米根系发育和中耕除草；7月进入雨季，降水量可达150毫米左右，对玉米抽雄、吐丝、开花、授粉十分有利；8月降水量在120毫米左右，雨量适合玉米灌浆的要求；9月是玉米成型期，需水较少，但降水量在70毫米左右，超过玉米实际需水量，常影响玉米籽粒成熟和品质。

④ 地势平坦，土壤肥力较高。鸡东县大部分土地比较平坦、开阔；耕地主要分布在平原和丘陵漫岗地区，土壤肥力较高，有利于玉米的生长发育。

玉米能适应各种土壤，但以土壤疏松、肥力较高，中性或偏酸性土壤为宜。最适宜的土壤条件是：土层深厚，活土层达30厘米以上；结构好，团聚体占40%，孔隙度55%，水稳性团粒30%以上；土壤容重为1.0～1.2毫克/立方米，土壤空气含氧量10%～15%；有机质含量在20克/千克以上，疏松，表土渗水，心土保水。鸡东县耕地的土壤肥力适合于玉米生长发育的需求，可为玉米地高产奠定良好的基础。

（4）玉米生产的障碍因子：

① 低温的冷害。鸡东县玉米低温冷害类型为延迟型。在玉米不同生育期受到比常温低4℃，持续10天的低温，即表现出抑制植株营养生长，延缓发育进程的冷害特征。鸡东县没有出现花粉败育和不结实的障碍冷害现象。

分析鸡东地区1949—1985年的气候和产量资料，在37年中发生了10个低温冷害年，每3～4年一遇，其中严重低温年冷害7次，每5年一遇。分析鸡东地区玉米产量资料中，低温年产量下降22.5%，严重年份减产34.3%。

鸡东地区冷害年低温出现期主要是5月、6月、8月这3个月，对玉米严重影响的主要是生育前期的5、6月的低温，此时为玉米低温冷害的敏感期。分析1949—1985年4～9月的气温变化，低温冷害年5月平均气温12.1℃，比常温年低1.5℃；6月平均气温17.9℃，比常温年低1.1℃；8月平均气温19.0℃，比常温年低2.1℃。5～6月低温冷害年都是严重冷害年。5～6月低温的1960年、1969年、1971年、1981年玉米产量比正常的产量平均降低42%。

② 旱涝灾害。旱涝灾害是影响鸡东县玉米生产的主要气候灾害之一，发生年玉米减产严重，涝害比旱灾减产幅度大。干旱年比平常年减产11.9%，涝年比平常年减产54.3%。

旱涝灾害的季节性变化很大，旱灾多出现在春季或初夏，涝灾在夏季和秋季，秋涝常导致玉米贪青晚熟。

旱涝灾害的地理分布趋势是南北丘陵、岗地、高平地以旱为主，中部和穆棱河两岸的平地及低平地以涝为主。鸡东县土壤属黏质或中黏质，具有深厚的黏土层，通透性较差，易发生涝害。

③ 霜冻灾害。霜冻是作物生长季节温度低到使作物受到冻害的一种低温现象，严重的霜冻对农作物生长危害较大。鸡东县南北山区，无霜期为110～120天，易受初霜、终

霜期危害，1949—1980年受不同程度霜冻危害的几率在30%左右。

（5）玉米增产新技术：

① 玉米保护性耕作技术。保护性耕作技术是在能够保证种子发芽的前提下，通过少耕、免耕、化学除草等技术措施的应用，尽可能保持作物残茬覆盖地表，减少土壤水蚀、风蚀，实现农业可持续发展的一项农业耕作技术。

② 机械化保护性耕作的技术重点有哪些。实现保护性耕作必须采用机械化这一先进的技术装备及手段为载体。机械化保护性耕作的技术重点有四项：秸秆覆盖技术；免耕、少耕施肥播种技术（技术的关键）；杂草及病虫害防治技术；深松技术。

③ 保护性耕作的作用。一是遏制风蚀，保护环境；二是减少水蚀，保护耕地，减小径流50%～60%，水蚀80%左右；三是蓄水保墒，培肥地力，减少化肥投入量10%左右；四是省工降耗，节本增效，平均减少生产工序2道以上，每公顷均综合节本增效600～1 500元。

④ 保护性耕作为什么要采用免耕播种机播种。保护性耕作的特点之一就是在不翻耕的情况下实施播种，地表覆盖多，情况较复杂，只有采用免耕播种机才能完成播种，免耕播种机可一次完成开沟、施肥、播种、覆土、镇压等多项工序。

⑤ 保护性耕作的模式。

a. 玉米连作区（玉米、玉米、玉米）铁茬播种＋垄沟深松　玉米机械收获秸秆粉碎还田（或人工收获站秆过冬，也可正常收走秸秆，根茬不动）—春季原垄原茬播种—播后镇压—药剂灭草—苗期垄沟深松—追肥封垄—秋季收获。

b. 玉米大豆轮作（玉米、大豆、玉米）　玉米机械收获秸秆粉碎还田（或人工收获站秆过冬，也可正常收走秸秆，根茬不动）—春季原垄原茬穴播大豆（或春季灭茬播双行大豆）—播后镇压—药剂灭草—苗期垄沟深松—追肥封垄—秋季收获大豆，秸秆粉碎抛洒还田—春季原垄原茬播种玉米—药剂灭草—苗期垄沟深松—追肥封垄—秋季收获玉米，秸秆粉碎抛洒还田—春季原垄原茬播种玉米。

c. 玉米密植通透栽培技术　玉米密植通透栽培技术是应用耐密、优质、高产、抗逆良种，采取科学的种植方式，改善和增加田间植株的通风透光状况，良种、良法结合，实现扩源、强流增库，以提高资源利用率来提高玉米质量，增加产量的技术体系。其技术体系内涵集中体现在应用紧凑型、半紧凑型、中矮秆品种，改变种植技术，增加种植密度和科学施肥，进而达到高产高效的目的。

⑥ 常规小垄密植栽培模式。

a. 比空技术模式　采用种植2垄或3垄玉米空垄的栽培方式。为提高土地利用率，进一步提高生产的经济效益，可在空垄中套种或间种矮棵早熟马铃薯、甘蓝、豆角等。其增产、提质、增效的核心是：能充分发挥边际优势，利用空垄来改善田间通风、透光条件，提高光合利用能力和产量；同时，由于空垄的出现，空气流动较常规小垄栽培大大增加，利于玉米脱水，降低含水量，提高品质。

b. 间作技术模式　粮粮型模式：主要选玉米与矮高粱、谷糜、小麦、早熟玉米，小杂粮等作物，采取2∶1、2∶2、2∶4、4∶4等形式间作；粮经型间作模式：主要选择玉米与甜菜、油菜、亚麻等作物，采取2∶4、4∶6、4∶8、4∶12等间作形式；粮菜型间作模式：主要选择玉米与马铃薯 2∶1 间作，玉米与白菜、甘蓝 2∶2 间作，玉米与茄子、辣椒等 2∶4 间作。

c. 大垄密植通透栽培技术模式　该技术的具体方法是：把原 65 厘米或 70 厘米的两小垄合成 130 厘米或 140 厘米的一条大垄，在大垄上种植双行玉米，玉米大行距（宽行行距）为 90～100 厘米，窄行行距（即垄上小行距）35～40 厘米，形成宽窄行栽培。株距因选用品种等因素而定，种植密度较常规栽培增加 300～400 株。大垄密植通透栽培技术有效地缓解“玉米海”通风透光性差的矛盾，其玉米大行距由过去小垄栽培的 60～70 厘米增加为 90～95 厘米或 100～105 厘米，增强边际效应，增产 8%～12%，增产抗倒伏能力、倒伏率下降 7 个百分点，田间通风透光条件的改善，有利于玉米成熟时籽粒快速脱水，可降低玉米含水量 3～4 个百分点，提高玉米品质。

d. 大垄密植通透栽培技术要点　改原垄为大垄：把原 65 厘米或 70 厘米的两条垄合成 130 厘米或 140 厘米的一条大垄。

对于没有深松基础的地块：首先将优质农家肥均匀施入垄沟内，再按垄引沟，隔一垄破一垄，将原来的两条小垄（65 厘米或 70 厘米）合成一条大垄，大垄间距 130 厘米或 140 厘米。随后用耢子将大垄耢平，用磙子镇压。播种时在大垄上播种双行玉米，两行玉米之间的距离为 40 厘米，两条大垄之间相邻两行玉米植株之间距离为 90 厘米或 100 厘米。

对有深翻基础的地块：首先将优质农家肥均匀施入垄沟内，隔一垄破一垄，将原来的两条小垄 65 厘米或 75 厘米合成一条大垄，大垄间距 130 厘米或 140 厘米，随着用耢子将大垄耢平，用磙子镇压。播种时，在大垄播种双行玉米，两行玉米之间的距离为 40 厘米，两条大垄之间相邻两行玉米植株之间的距离为 90 厘米或 100 厘米。

对平翻起垄地块：按大垄距标准 130 厘米或 140 厘米深翻起成大垄。然后用耢子耢平及时镇压，以待播种。

对大垄地块：在大垄中间先蹚开起成小垄，然后起垄及施肥，方法和垄作地相同。

e. 田间管理方法　第一，播后化学除草，选用适当的除草剂播后化学除草；第二，出苗后间苗、定苗；第三，中耕管理；第四，追肥，玉米 7～9 叶期或拔节期前进行，追肥数量较常规增加 10%～15%，追肥部位在玉米小行距之间，深度 10～15 厘米；第五，其他管理与普通玉米栽培相同。

3. 大豆

（1）鸡东县大豆生产发展概况：

① 大豆的生产历史。中国是大豆的原产地，大豆栽培有悠久的历史和优越的自然条件。黑龙江是中国大豆主产区，种植面积可达 250 万～433 万公顷，总产量为 500 万～650 万吨，种植面积和总产量均居全国第一位，占全国大豆总产量的 1/3。大豆在鸡东县是三大主栽作物中种植面积较大的作物，占全粮食面积的 23%左右，产量占粮食总产量的10%～15%。

自鸡东建县以来，大豆生产的资源优势逐步得到发挥。鸡东县已成为黑龙江省大豆重要产地和出口基地。据统计，20 世纪 70 年代大豆播种面积 7 730 公顷，年均总产达 11 673 吨，平均单产 1 513 千克/公顷；80 年代大豆播种面积 13 275 公顷，年均总产达 22 217 吨，平均单产 1 634 千克/公顷，面积比 70 年代增加 71%，总产量增加 90%，单产增加7.9%；90年代大豆播种面积是14 341公顷，年均总产达28 266吨，平均单产1 971千克/公顷，面积比80年代增加9.5%，总产量比80年代增加29.2%，单产比80年代增加20.6%；进入21世纪，大豆播种面积是16 000公顷，总产34 592吨，单产2 162千克/公顷，面积比20世纪90年代增加30.7%，总产增加22.3%，单产增加9.7%。

改革开放30年来，鸡东县大豆面积最多的年份是2008年，面积为24 687公顷；最小的年份是1980年，面积为7 473公顷。单产最多的年份也是2008年，单产2 639千克/公顷；单产最低的年份是1981年，单产为930千克/公顷。

② 大豆生产技术的演变。大豆生产技术的不断改进和提高，促进了大豆生产的发展。鸡东县多渍涝，土质冷浆，平作不利于提高地温，抗旱、防涝性差，自古以来一直采用垄作的形式耕种大豆。在栽培技术上有如下演变形式：

a. 改单行为垄上双行　垄上种植双行，有利于空间的合理利用，增加光合面积，提高光能利用率。

b. 改条播为精量点播　采用精量点播，可保证合理种植密度，使植株分布均匀，杜绝缺苗断空，提高产量。

c. 改同层施肥为分层深施肥　一般底肥深度6～16厘米，使肥料分布在上下两层，有利于根系吸收利用，提高肥料利用率。

d. 改平作深松为播种时垄底深松　改变深松部位，实际上改全面深松为垄底深松，减少机耕费用，改善土壤物理性状，促进大豆根系的生长。

e. 改单一的种子处理为多种种子处理　种子既拌微肥又拌农药或“微、药”种子包衣，省工省时，提高效率，确保苗齐、苗壮。

③ 施肥种类及方法。在施肥的种类和方法上，也发生了一系列的变化，由单施有机肥变成以化肥为主，配施有机肥；由施用氮、磷肥为主变成氮、磷、钾肥三元素配施；由单一施用大量元素的化肥变成化肥与微肥配施。近年来，又推广了测土施肥，配方施肥的方法。大豆推广了根瘤菌肥，以及生物钾肥，土壤磷素活剂也在生产上得到了应用。

④ 化学除草。在大豆田采用化学除草技术发展很快。1978年以后，在生产上应用了氮乐灵、拉索、杜尔、苯达松、拿捕净等一批豆田除草剂，并随着施药机械的改进和发展，化学除草面积逐渐扩大，1980—1986年平均每年大豆化学除草面积均在5万公顷左右，进入20世纪90年代，大豆田化学除草剂向高效、低残留、杀草谱广的方向发展，出现了乙草胺、豆磺隆、噻吩磺隆、嗪草酮以及豆乙合剂等一批新型优良除草剂，促进了大豆生产的发展。

⑤ 优良品种。一大批优良品种的育成并投入生产，对大豆生产的迅速发展起到了决定性的作用。大豆品种的更替，大体上经历了以下几个时期：20世纪50年代初，农业技术推广部门和农业科研单位整理推广了一批农家良种，如满仓金、紫花4号、元宝金，其中以满仓金推广面积最大；50年代末到60年代中期，由东北农业大学、黑龙江省农业科学院合江农业科学研究所育成的东农1号、4号，合交6号、8号以及农民选的荆山朴大豆代替了原有农家品种，使大豆产量有了大幅度的提高；60年代后期至70年代中期，合丰22号、合丰23号成为鸡东县大豆主栽品种；70年代后期至80年代中期，合丰23、合丰25号、绥农4号成为鸡东县的大豆主栽品种；80年代后期至90年代，由黑龙江省农业科学院合江农业科学研究所育成的合丰25号、合丰29号、合丰30号、合丰35号以及

黑龙江省农科院大豆所育成了黑农 37 号，黑龙江省八一农垦大学育成的垦农 4 号、垦农 5 号，绥化农业科研所育成的绥农 14 号，在鸡东县广泛种植，特别是合丰 25 号，以其高产、稳产、抗病、质佳、秆强、适应性广等特点，从推广以来，一直作为鸡东县大豆生产上的主栽品种，深受广大农户的欢迎；进入 21 世纪，鸡东县推广面积较大的品种是垦鉴 23 等优良品种。

(2) 大豆的生态适应性：大豆的生产受其生长环境条件的影响和限制，其中以土壤条件、降水情况和热量资源对大豆的影响较大。

① 土壤。大豆对土壤条件的要求不很严格，但以土层深厚、富含有机质和钙质、排水很好、保水力强的中性土壤、pH 在 6.5～7.0 最为适宜。鸡东县主要分布着草甸土、白浆土、沼泽土和暗棕壤等土壤类型，其中耕地土壤以草甸土、白浆土为主。

② 降水。大豆是需水较多的作物，形成 1 克大豆干物质需水 600～1 000 克。大豆不同生育时期对土壤中水分的要求是不同的。大豆发芽时，要求土壤水分充足，土壤含水量在 20%～24%较适宜；幼苗期比较耐旱，从始花到盛花期，大豆植株生长发育加快，需水量逐渐增大，既要求土壤相当湿润，又要求降水不过多，土壤含水量在 22%～26%较适宜；从结荚开始到鼓粒期，要求土壤水分充足，以保证籽粒发育，成熟时要求水分稍少。

鸡东县全年降水量一般 500～600 毫米，年内 7～8 月降水量多，为 240～300 毫米，基本能满足大豆需水关键时期对水分的需求。6 月是大豆缺水的时期，此时降水量多不足 80 毫米，并且有时降水量少，影响大豆的正常生长。进入 20 世纪 80 年代以后，降水量有逐渐减少的趋势，且旱、涝年交替出现，影响大豆的生产发展。

③ 温度。大豆是喜温作物，不同品种在生育期间所需的≥10 ℃的积温相差很大。鸡东地区的积温在 2 100～2 950 ℃，年平均 2 673.7 ℃。品种所需积温在 2 100～2 600 ℃可正常成熟。鸡东县年平均气温较低，但作物生长的 4～10 月平均气温都在 5 ℃以上，7～8 月平均气温一般均超过 20 ℃，适宜大豆的正常生长发育。气温日温差的季节性变化也较明显，以春季 4～5 月最大，秋季次之。全县年日温差一般在 11～12 ℃，秋季日温差较大，有利于大豆干物质的迅速积累。大豆生育期间不仅需要一定的积温，而且还要求有一定的高温日数。日平均气温＞20 ℃的日数是作物生长发育的热量强度指标。鸡东地区 7～8 月日平均气温多在 20 ℃以上，可以满足大豆生育和后期鼓粒成熟。

(3) 大豆生产的障碍因子：气候灾害是鸡东地区大豆产量不稳的主导因素。其中以低温、旱、涝、霜、冻对大豆的影响最大。

① 低温冷。鸡东地区年际间积温变幅较大，同时在年内，尤其是作物生育中，后期变化也较显著，容易受到低温冷害。低温冷害有延迟型冷害、障碍型冷害和混合型冷害。根据 5～9 月平均气温与大豆产量的相关性进行分析，大豆营养生长期 5～6 月的气温，与大豆产量相关性显著，而大豆生殖生长期的 8～9 月的气温与大豆产量相关性不显著，这说明鸡东地区大豆的低温冷害以延迟型冷害为主。低温冷害年份大豆产量明显下降，据调查鸡东地区低温冷害年大豆平均减产 23.8%（比上一年）。应积极采取防御措施，减轻低温冷害对大豆的为害。

② 旱、涝灾害。鸡东县南北地区的丘陵岗地和高平地以旱为主，中部及穆棱河两岸的平地及低洼地以涝为主。旱灾多发生在春季或初夏。涝灾多发生在夏季和秋季，秋涝往

往导致翌年的春涝为害。

旱涝灾害的发生主要与年内降水量的多少和分布不均有直接关系，旱、涝灾害的特点是：年内年际间都有旱、涝交替出现，并且年际间有连续性和周期性现象，出现频率较高。

大豆旱、涝年产量与一般年比较，大豆旱年减产 20.4%，涝年减产 51.0%，说明鸡东县涝灾对大豆的产量影响较大。

③ 霜、冻灾害。根据形成霜冻的主要条件不同，霜冻分为平流霜冻、辐射霜冻、平流辐射混合冻三种类型。鸡东地区的霜冻多属于混合霜冻，霜冻灾害有区域性的特点，热量资源不足山区易受初、终霜的为害，如南北地区的山间谷地，无霜期仅 116～120 天，易受霜冻的为害。严重的霜冻对大豆的生产为害较大，大豆幼苗期温度不低于－4 ℃时，受害较经，可迅速恢复，温度降至－5 ℃以下时，幼苗受害严重致死。大豆受初霜冻的为害较经，一般情况下上部叶片枯死，百粒重降低。

（4）大豆增产技术：

① 大豆“垄三”栽培技术。“垄三”栽培广泛适用于鸡东县的低湿地。2BJ－6 型精密播种机除具备垄体深松，分层施肥、起垄，垄上双条播，覆土镇压一次性作业的优点外，还能做到播深一致，出苗整齐，确保苗全、苗匀、苗壮。田间设计与保苗误差不超过 2%，节省种子 7.5～15 千克/公顷。

垄三栽培法的技术要点：一是前秋整地已达到标准，可于秋季进行垄底深松，分层深施肥，起垄镇压。翌年春季垄上双条精量播种；二是前秋未起垄地块，春季垄底深松，分层施肥，起垄精量点播，镇压联合作业；三是垄底深松深度，白浆土可达 25～27 厘米，在土壤水分过干或过湿的条件下，垄底深松不宜过深，以达到深施肥位置为限；四是行距 65～70 厘米，垄上小苗带 12～14 厘米，既要防止夹干土，苗床不固定，种子播深不一致，又要防止肥料或种子深入深沟内；五是分层深肥，第一层 3～5 厘米，第二层 8～12 厘米，温度较低地区，肥料较少时，第二层可浅些。

② 垄上双条精量点播。在秋翻秋耙地秋起垄的基础上或刨净玉米根茎的原垄上，用 2BJ—6 精量点播机进行播种，是鸡东县农村普遍应用的播种方法。这种方法的优点是：播种同时种下侧深施肥 4～5 厘米，种子与化肥不接触，避免烧种、烧苗；垄上小行距 12～15 厘米，植株分布均匀，个体之间有足够的生活领域，避免单株相互争肥、争水、争光，使群体均衡生长。垄上两个小行形成的冠层，能有效地截取光能，而大行尚未封垄时，大豆处于营养生长和生殖生长并进阶段，此时散射光能照射到植株下层叶片上，有利于光合作用的进行，播种覆土一次作业，防旱保墒有利于出苗；播深、覆土一致，苗出的齐，苗健壮；省种、省工，便于管理，克服了旧式扣种法缺苗断条、稀厚不均的现象。

③ 窄行密植栽培法。大豆窄行密植栽培技术是通过选用矮秆、半矮秆抗倒伏品种，缩小行距，增大播种密度的综合栽培技术。

a. 窄行密植的形式　一是平作窄行密植：也称“深窄密”、“暗垄密”。适于机械化水平高，化学除草技术成熟，有适宜的耐密、秆强，半矮秆品种的平原，中上等肥力地区。二是大垄窄行密植：也称“大垄密”“宽台密”。适宜于机械条件较好，化学除草技术成熟，有适宜品种的平川和低平地区。三是小垄窄行密植：也称“小双密”“大豆 45 厘米双条密植”。适宜有较好的深松基础，耐密、秆强的中矮秆品种，适宜的机械，较好的化学除草技术的平川地区。

b. 大豆窄行密植有哪些关键栽培技术　首先，选用矮秆、半矮秆抗倒伏品种。适合窄行密植的品种有：合丰 42、垦鉴 23、垦鉴 25、黑河 27、黑河 28、北丰 12、红丰 11、黑河 22 等。其次，在选用优良品种的基础上，搞好种子精选和种子包衣。最后，创造一个良好的土壤耕层条件，增加肥料投入。没有深松基础的地块，要进行深松整地和平翻整地。有深松基础的地块可以进行耙茬或深耕。平作窄行密植，要达到耕层深厚，地表平整，土壤细碎。用起垄机械做成宽 140 厘米的大垄，垄高 18 厘米。小垄窄行密植或 45 厘米双条深松整地后起小垄，达到待播状态，也可以整平耙细后平播后起垄。窄行密植要实现高产，还必须增加肥料的投入并合理使用，首先是增施农肥，中等肥力地块施用量为 22.5 吨/公顷以上，化肥要氮、磷、钾搭配，施用量要较常规垄作增加 15%以上，有条件的要进行测土配方施肥，要因地施用微量元素肥料。

c. 搞好化学除草　由于窄行密植栽培在生育期田间作业困难，因此必须搞好播前或播后苗前的化学除草，要根据当地杂草群落，选择效果好、污染少，对下茬没有影响的除草剂，严格技术，实现一次性的彻底除草，以防草荒。

d. 选用适合的播种机械进行精量播种　土壤温度稳定在 8 ℃以上，适时播种；按测土配方施肥或正常施肥量增加 10%，适当增加钾肥，肥料一次施入种下 7～8 厘米。

平作密植采用 2PQ－11 大豆窄行密植播种机，也可用通用机改装。行距与株距：35 厘米双条，株距 12 厘米或 30 厘米，单条株距 7 厘米。播种量：45 万粒/公顷，留链轨道，为方便后期田间管理，根据喷雾器变幅留链轨道。

大垄窄行密植采用 2BTSW－4 或桦川的桦丰 2BKM－1B 型大豆大垄窄行密植播种机，也可用通用机改装，垄上播种 5～6 行，行距 8 厘米。

小垄窄行密植机械，采用海伦生产的大豆窄行密植播种机 2BJG—2 系列，或 2BT—2 改装的窄行密植播种机。行距 45 厘米，株距 10 厘米，垄上双行。播种量：45 万粒/公顷。施肥：种下 7～8 厘米深施肥，按测土配方一次施入或正常施肥量增加 10%，适当增加钾肥。留链轨道：为方便后期田间管理，根据喷雾器变幅留链轨作业道。

e. 加强田间管理　搞好苗期深松及生育期间中耕除草，及时防治病虫害，根据长相喷施叶面肥。

6 月中旬至 7 月中旬防治蚜虫，7 月中下旬防治灰斑病，8 月上旬防治食心虫，并注意后期蚜虫防治。

叶面喷肥 1～2 次，在盛花期和鼓粒期用尿素 10 千克/公顷，磷酸二氢钾 1.5 千克/公顷，兑水 500 千克喷洒。

f. 收获　在 9 月下旬至 10 月上旬，豆叶落光，豆粒归圆，即可收获。可直接收获，也可分段收获，分段收获可节省时间。

④ 大豆保护性耕作。在干旱年份采取大豆保护性耕种播种方法，有利保墒保苗。在玉米收获后，不采取土壤耕翻措施，保存原来的垄体，当年清理好田间秸秆，上冻后，清除茬口，翌年播前再清理 1～2 遍，把垄上干土和草籽清除到垄沟中，播种时把种子播在垄台上。保护性耕种采用的是东北农业大学研制的专利播种机。

a. 大豆保护性耕作的模式　玉米机械收获秸秆粉碎还田（或人工收获秸秆过冬，也可正常收走秸秆根茬不动）—春季原垄原茬穴播大豆（或春季灭茬播双行大豆）—播后镇压—药剂灭草—苗期垄沟深松—追肥封垄—秋季收获，大豆秸秆粉碎抛洒还田。

b. 大豆保护性耕作的好处　在干旱的条件下，保护性耕种不翻动土层，沃土集中、土壤紧密，耕层土壤水分状况好，春季冻融交替期毛细管作用强烈，可供种子和幼苗生长所需要的水分。

第四节　保障措施

一、多渠道增加对农业的投入，提高农业生产综合能力

一是政府加大投入。重点是建立高标准现代农业园区、中低产田改造等农田基础设施建设；二是鼓励社会各界投资发展高优农业；三是争取金融部门对农业支持，切实解决农业龙头企业、种养殖大户贷款难的问题。

二、全面提高农业科技水平，向科技要效益

一是充实改善农技队伍结构，健全农业技术推广体系，加强蔬菜、果、菌等专业人才的建设；二是建立一批符合标准化生产的无公害蔬菜生产基地和优质农产品科技示范户，带动农户发展高优农业；三是加强与中国科学院东北地理与农业生态研究所、东北农业大学、农业科学院等合作，提高农业的科技含量；四是抓好种子种苗工程，创品牌，在产品质量、外包装和商标注册上下工夫；五是建立农产品质量标准监测体系，建立县农产品质量监测中心，实行产前、产中、产后以及加工等全程监控，最大限度地降低农业生产环境污染。

三、按生产需求调整结构，向市场要效益

一是发展创汇农业，发展万寿菊、大叶苏子、金塔辣椒、黑木耳等特产蔬菜，抢占欧美、日本、港、澳、新、马市场；二是建立批发市场，鼓励引导头脑活、信息灵、敢闯市场的运销大户打开农产品销售市场：三是强化农业信息服务，建立县、乡两级农业信息中心以及政府相关部门、产业协会、新闻媒体等为购销、种养大户提供国家有关政策、科技信息、市场价格、流通行情等，引导相关企业和农户以销定产，生产适销对路的产品。

四、加大龙头企业培植力度，加快农业产业化步伐

一是扶持馨禾米业、天缘米业、长庆米业、万寿菊深加工厂等一批已成型的龙头企业，抓紧技改，促使农产品向高档次、高附加值转化；二是培育一批未成型的龙头企业；三是催生一批龙头企业：四是借助一批外地精深加工龙头企业，采取横向联系方式，发展订单农业。

附录4　鸡东县（大豆、玉米）作物适宜性评价报告

第一节　大豆适宜性评价

一、概　　况

大豆是鸡东县的主栽作物，面积常年达3万公顷左右。大豆富含蛋白质，营养丰富，利于人体的吸收，是我国四大油料作物之一。大豆对土壤适应能力较强，几乎所有的土壤均可以生长，从土质来看，沙质土、壤土、轻碱土等都可以种植大豆。对土壤的碱度适应范围（pH）在6～7.5，以排水良好、富含有机质、土层深厚、保水性强的土壤为最适宜。大豆在田间生长条件下，每生产50千克籽粒，需吸收氮素3.6千克；磷0.6～0.75千克；氧化钾1.25千克，比生产等量的小麦、玉米需肥都多。大豆虽然可以固定空气中的游离氮素，但仅能供给大豆生育所需氮素的1/2～2/3，其余还要从土壤中吸收，因此对氮肥的需求最高。大豆需水较多，每形成1千克物质，需耗水600～1 000克，比高梁、玉米还要多。大豆对水分的要求在不同生育期是不同的。种子萌发时要求土壤有较多的水分，满足种子吸水膨胀萌芽之需。大豆是喜温作物，在温暖的环境下生长良好。发芽最低温度在6～8 ℃，以10～12 ℃ 发芽正常；生育期间以15～25 ℃ 最适宜；大豆进入花芽分化以后温度低于15 ℃ 发育受阻，影响受精结实；后期温度降低到10～12 ℃ 时灌浆受影响。全生育期要求1 700～2 900 ℃ 的有效积温。大豆是喜光作物，对光照条件好坏反应较敏感。

二、调查方法

确定指标权重

采用层次分析法确定每一个评价因素对耕地综合地力的贡献大小。

1. 构造评价指标层次结构图　根据各个评价因素间的关系，构造了层次结构图（附图4-1）。

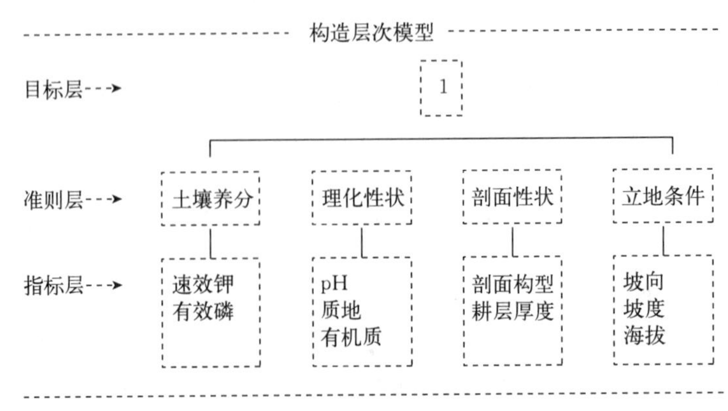

附图4-1　层次分析构造矩阵图

2. 建立判断矩阵　采用专家评估法，比较同一层次各因素对上一层次的相对重要性，给出数量化的评估。专家评估的初步结果经合适的数学处理后（包括实际计算的最终结果—组合权重）反馈给专家，请专家重新修改或确认。经多轮反复评估形成最终的判断矩阵（附图 4-2～附图 4-5）。

	土壤养分	理化性状	剖面性状	立地条件
土壤养分	1.0000	1.1111	2.5000	1.6667
理化性状	0.9000	1.0000	1.6667	1.4286
剖面性状	0.4000	0.6000	1.0000	0.2500
立地条件	0.6000	0.7000	4.0000	1.0000

附图 4-2　潜力评价判断矩阵

	速效钾	有效磷
速效钾	1.0000	0.5000
有效磷	2.0000	1.0000

附图 4-3　土壤养分判断矩阵

	pH	质地	有机质
pH	1.0000	0.8333	0.1667
质地	1.2000	1.0000	0.2000
有机质	6.0000	5.0000	1.0000

	剖面构型	耕层厚度
剖面构型	1.0000	0.1111
耕层厚度	9.0000	1.0000

附图 4-4　理化性状判断矩阵

	坡向	坡度	海拔
坡向	1.0000	1.2500	0.8333
坡度	0.8000	1.0000	0.5000
海拔	1.2000	2.0000	1.0000

附图 4-5　立地条件判断矩阵

3. 确定各评价因素的综合权重　利用层次分析计算方法确定每一个评价因素的综合评价权重。层次分析结果见附图 4-6。

层次分析结果表

层次A	层次C 土壤养分 0.331 7	理化性状 0.278 5	剖面性状 0.120 1	立地条件 0.269 7	組合权重 ΣCiAi
速效钾	0.333 3				0.110 6
有效磷	0.666 7				0.221 1
pH		0.122 0			0.034 0
质地		0.146 3			0.040 8
有机质		0.731 7			0.203 8
剖面构型			0.100 0		0.012 0
耕层厚度			0.900 0		0.108 1
坡向				0.328 2	0.088 5
坡度				0.238 7	0.064 4
海拔				0.433 1	0.116 8

附图 4-6　层次分析结果

三、调查结果

(一) 大豆耕地适宜性等级划分

鸡东县大豆耕地适宜性等级划分见附图 4-7，大豆适宜性指数分级见附表 4-1。

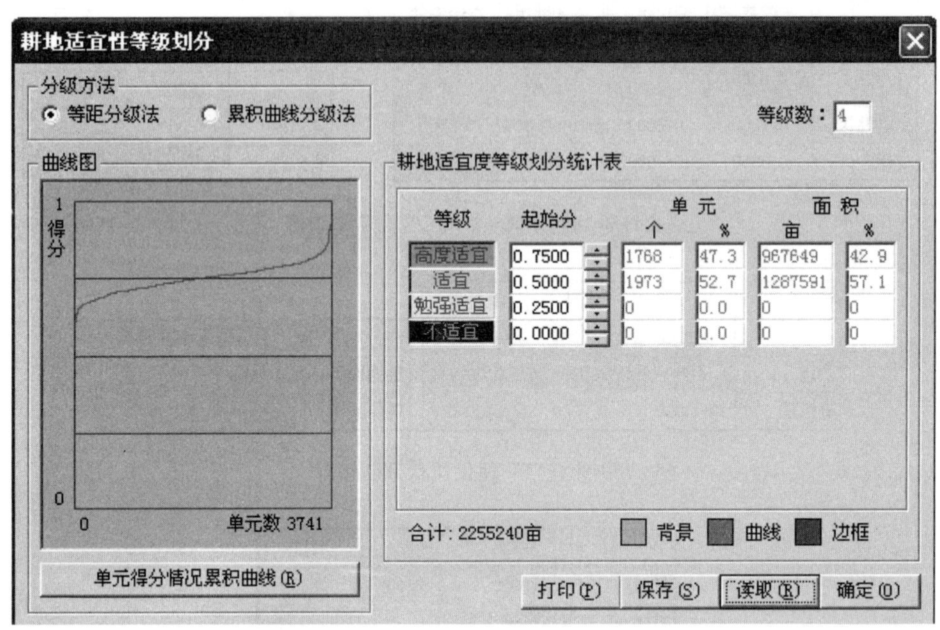

附图 4-7　鸡东县耕地大豆适宜性等级划分

附表 4-1　大豆适宜性指数分级

地力分级	地力综合指数分级 (IFI)
高度适宜	>0.75
适　宜	0.5～0.75
勉强适宜	0.25～0.5
不 适 宜	<0.25

(二) 评价结果与分析

鸡东县耕地总面积 99 701.33 公顷。本次耕地地力评价面积 83 453.8 公顷，并将大豆评价耕地面积划分为 4 个等级：高度适宜耕地 35 801.7 公顷，占耕地总面积的 42.9%；适宜耕地 47 652.1 公顷，占耕地总面积 57.1%；其他 2 个等级没有分布，大豆不同适宜性耕地地块数及面积统计见附表 4-2。

从分布情况看，鸡东县耕地全部适宜大豆种植，但高度适宜大豆种植地区所处地形平缓，海拔较低的地区主要分布在中部穆棱河冲积平原区和南北丘陵漫岗区，沿方虎公路和鸡密公路两侧最为集中，一般坡度较小，地势趋于平坦，土壤理化性状较好。有机质平均

附表 4－2　鸡东县大豆不同适宜性耕地地块数及面积统计

适应性	地块个数	面积（公顷）	所占比例（%）
高度适宜	1 768	35 801.7	42.9
适宜	1 973	47 652.1	57.1
勉强适宜	0	0	0
不适宜	0	0	0

值为 38.5 克/千克；pH 平均值为 6.2；速效钾平均值为 138.9 毫克/千克；有效磷平均值为 22.3 毫克/千克，耕层厚度平均值为 17.3 厘米；海拔高度平均值为 184 米。适宜大豆种植的地区主要分布在鸡东县南北丘陵漫岗区，接近低山丘陵地区坡度较大，地势起伏，海拔相对较高，土壤理化性状一般。有机质平均值为 35.0 克/千克，pH 平均值为 6.1，速效钾平均值为 107.8 毫克/千克，有效磷平均值为 15.9 毫克/千克，耕层厚度平均值为 15.8 厘米；海拔高度平均值为 214 米（附表 4－3）。

附表 4－3　大豆不同适宜性耕地相关指标平均值

适宜性	pH	有机质（克/千克）	有效磷（毫克/千克）	速效钾（毫克/千克）	耕层厚度（厘米）	海拔（米）
高度适宜	6.2	38.5	22.3	138.9	17.3	184
适宜	6.1	35.0	15.9	107.8	15.8	214

第二节　玉米适应性评价

一、概　　况

玉米是鸡东县主要的粮食作物，也是良好的牲畜饲料和工业原料。玉米营养丰富，是鸡东县主要的农作物之一。玉米对土壤条件要求并不严格，可以在多种土壤上种植。但以土层深厚、结构良好，肥力水平高、营养丰富，疏松通气、能蓄易排，水、肥、气、热协调的壤土或沙壤土中种植最为适宜生长，并可获得高产。玉米生育期短，生长发育快，需肥较多，对氮、磷、钾的吸收尤甚。其吸收量是氮大于钾、钾大于磷，且随产量的提高，需肥量亦明显增加；当产量达到一定高度时，出现需钾量大于需氮、磷量。玉米不同生育时期对氮、磷、钾三要素的吸收总趋势：苗期生长量小，吸收量也少；进入穗期随生长量的增加，吸收量也增多加快，到开花达最高峰；开花至灌浆有机养分集中向籽粒输送，吸收量仍较多，以后养分的吸收逐渐减少。玉米需水较多，除苗期应适当控水外，其后都必须满足玉米对水分的要求，才能获得高产。玉米喜温，是对温度反应敏感的作物。目前应用的玉米品种生育期要求总积温在 1 800～2 800 ℃。不同生育时期对温度的要求不同，在土壤水、气条件适宜的情况下，玉米种子在 10 ℃能正常发芽，以 24 ℃发芽最快。拔节最低温度为 18 ℃，最适温度为 20 ℃，最高温度为 25 ℃。开花期是玉米一生中对温度要求最高、反应最敏感的时期，最适温度为 25～28 ℃。玉米是短日照作物，喜光，全生育期都要求强烈的光照。通常在强光条件下，生长健壮，产量较高。光照不足或玉米种植密度过大，就会引起玉米茎秆细弱，叶片发黄，容易倒伏，降低产量。

二、调查方法

确定指标权重

采用层次分析法确定每一个评价因素对耕地综合地力的贡献大小。

1. 构造评价指标层次结构图 根据各个评价因素间的关系，构造了层次结构图（附图 4－8）。

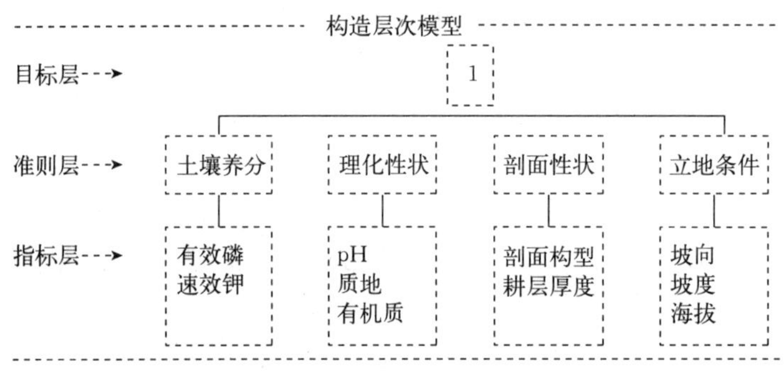

附图 4－8 玉米适宜性评价层次结构图

2. 建立判断矩阵。采用专家评估法，比较同一层次各因素对上一层次的相对重要性，给出数量化的评估。专家评估的初步结果经合适的数学处理后（包括实际计算的最终结果—组合权重）反馈给专家，请专家重新修改或确认。经多轮反复评估形成最终的判断矩阵（附图 4－9～附图 4－12）。

	土壤养分	理化性状	剖面性状	立地条件
土壤养分	1.0000	1.1111	2.5000	1.6667
理化性状	0.9000	1.0000	1.6667	1.4286
剖面性状	0.4000	0.6000	1.0000	1.0000
立地条件	0.6000	0.7000	1.0000	1.0000

附图 4－9 潜力评价判断矩阵

	有效磷	速效钾
有效磷	1.0000	0.1667
速效钾	6.0000	1.0000

附图 4－10 土壤养分判断矩阵

	pH	质地	有机质
pH	1.0000	0.8333	0.1667
质地	1.2000	1.0000	0.5000
有机质	6.0000	2.0000	1.0000

	剖面构型	耕层厚度
剖面构型	1.0000	0.1111
耕层厚度	9.0000	1.0000

附图 4－11 理化性状判断矩阵

	坡向	坡度	海拔
坡向	1.0000	1.2500	0.8333
坡度	0.8000	1.0000	1.0000
海拔	1.2000	1.0000	1.0000

附图 4－12　立地条件判断矩阵

3. 确定各评价因素的综合权重　利用层次分析计算方法确定每一个评价因素的综合评价权重。层次分析结果见附图 4－13。

	层次C				
层次A	土壤养分	理化性状	剖面性状	立地条件	组合权重
	0.3508	0.2885	0.1681	0.1926	ΣCiAi
有效磷	0.1429				0.0501
速效钾	0.8571				0.3007
pH		0.1465			0.0423
质地		0.2357			0.0680
有机质		0.6178			0.1783
剖面构型			0.1000		0.0168
耕层厚度			0.9000		0.1513
坡向				0.3374	0.0650
坡度				0.3091	0.0595
海拔				0.3535	0.0681

附图 4－13　层次分析结果

三、调查结果

(一) 玉米耕地适宜性等级划分

鸡东县耕地玉米适宜性等级划分见附图 4－14，耕地玉米适宜性指数分级见附表 4－4。

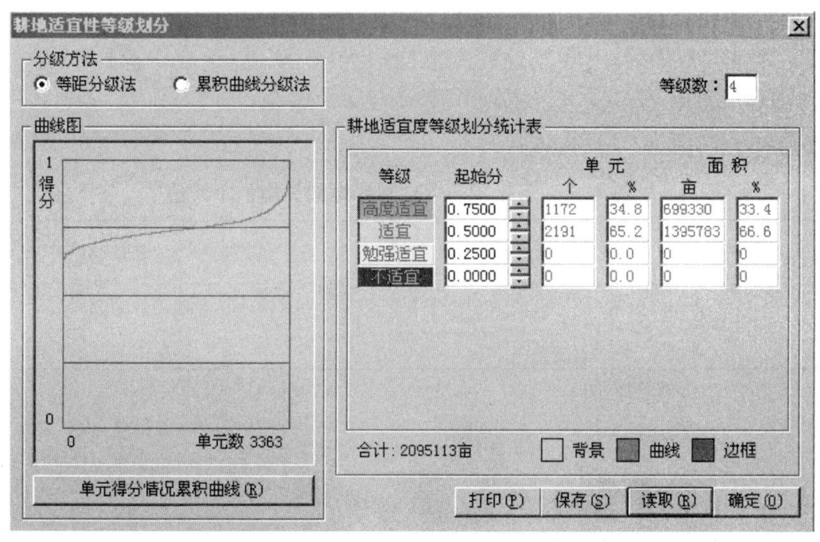

附图 4－14　鸡东县耕地玉米适宜性等级划分

附表 4-4 玉米适宜性指数分级表

地力分级	地力综合指数分级（IFI）
高度适宜	>0.75
适　宜	0.5～0.75
勉强适宜	0.25～0.5
不适宜	<0.25

（二）评价结果与分析

鸡东县耕地总面积 99 701.33 公顷，基本农田 83 453.8 公顷。本次玉米评价将全县基本农田划分为 4 个等级：高度适宜耕地 27 873.57 公顷，占耕地总面积的 33.4%；适宜耕地 55 580.23 公顷，占耕地总面积 66.6%（附表 4-5）。

附表 4-5 玉米不同适宜性耕地地块数及面积统计

适应性	地块个数	面积（公顷）	所占比例（%）
高度适宜	1 172	27 873.57	33.4
适宜	2 191	55 580.23	66.6
勉强适宜	0	0	0
不适宜	0	0	0

从分布情况看，鸡东县耕地全部适宜玉米种植，但高度适宜玉米种植地区所处地形平缓，海拔较低的地区主要分布在中部穆棱河冲积平原区和南北丘陵漫岗区，沿方虎公路和鸡密公路两侧最为集中，一般坡度较小，地势趋于平坦，土壤理化性状较好。有机质平均值为 38.5 克/千克，pH 平均为 6.2，速效钾平均值为 138.9 毫克/千克，有效磷平均值为 22.3 毫克/千克，耕层厚度平均值为 17.3 厘米，海拔高度平均值为 184 米。适宜玉米种植的地区主要分布在鸡东县南北丘陵漫岗区，接近低山丘陵地区坡度较大，地势起伏，海拔相对较高，土壤理化性状一般。有机质平均值为 35.0 克/千克，pH 平均为 6.1，速效钾平均值为 107.8 毫克/千克，有效磷平均值为 15.9 毫克/千克，耕层厚度平均值为 15.8 厘米，海拔高度平均值为 214 米（附表 4-6）。

附表 4-6 玉米不同适宜性耕地相关指标平均值

适宜性	pH	有机质	有效磷	速效钾	耕层厚度	海拔
高度适宜	6.2	38.5	22.3	138.9	17.3	184
适宜	6.1	35.0	15.9	107.8	15.8	214

附录 5　鸡东县耕地地力评价与土壤侵蚀状况及防治报告

在自然生态系统中，土壤的消失与更新速度相同，土壤处于一种平衡状态下，而农业生产在广大面积上以农田取代了森林、草原以后，则改变了自然的生态平衡。不合理的开发利用常常引起土壤的风蚀和水蚀，土壤的消失可能比更新要快，改变优越的自然环境随着植被的变化而破坏。鸡东县在发展现代农业的同时，也出现了滥用土地，不注重耕地保护的做法，使大片土壤受到侵蚀，使土壤资源受到严重损失，在自然情况下，形成 245 毫米表层土壤，需历时 300～1 000 年，甚至更长的时间，土壤的消失是最难以挽回的。鸡东县目前坡耕地 45 533 公顷，占全县耕地面积的 45.67%；其中 1.5°～5°的有 39 435 公顷。占坡耕地面积的 86.6%；5°～10°的有 5 995 公顷，占 13.2%；大于 10°的有 103 公顷，占 0.2%。据调查，鸡东县坡耕地每年流失表土达 1 113 立方米，严重的水土流失，造成土壤肥力衰退，水旱灾害频繁，农作物产量不稳，人民生活受到严重影响。

第一节　土壤侵蚀概况

一、土壤侵蚀的划分

（一）按土壤侵蚀发生的时间划分

以人类在地球上出现的时间为分界点，将土壤侵蚀划分为两人类，一类是人类出现在地球上以前所发生的侵蚀，称之为古代侵蚀；另一类是人类出现在地球上之后所发生的侵蚀，称之为现代侵蚀。人类在地球上出现的时间从距今 200 万年之前的第四纪开始时算起。

1. 古代侵蚀　古代侵蚀是指人类出现在地球以前的漫长时期内，由于外营力作用，地球表面不断产生的剥蚀、搬运和沉积等一系列侵蚀现象。这些侵蚀有时较为激烈，足以对地表土地资源产生破坏；有些则较为轻微，不足以对土地资源造成危害。但是其发生、发展及其所造成的灾害与人类的活动无任何关心和影响。

2. 现代侵蚀　现代侵蚀是指人类在地球上出现以后，由于地球内营力和外营力的影响，并伴随着人们不合理的生产活动所发生的土壤侵蚀现象。这种侵蚀有时十分剧烈，可给生产建设和人民生活带来严重后果，此时的土壤侵蚀称为现代侵蚀。

一部分现代侵蚀是由于人类不合理活动导致的，另一部分则与人类活动无关，主要是在地球内营力和外营力作用下发生的，将这一部分与人类活动无关的现代侵蚀称为地质侵蚀。因此地质侵蚀就是在地质营力作用下，地层表面物质产生位移和沉积等一系列破坏土地资源的侵蚀过程。地质侵蚀是在非人为活动影响下发生的一类侵蚀，包括人类出现在地球上以前和出现后由地质营力作用发生的所有侵蚀。

（二）按土壤侵蚀发生的速率分

1. 加速侵蚀　加速侵蚀是指由于人们不合理活动，如滥伐森林、陡坡开垦、过度放牧和过度樵采等，再加之自然因素的影响，使土壤侵蚀速率超过正常侵蚀（或称自然侵蚀）速率，导致土壤资源的损失和破坏。一般情况下所称的土壤侵蚀就是指发生在现代的加速土壤侵蚀部分。

2. 正常侵蚀 正常侵蚀指的是在不受人类活动影响下的自然环境中，所发生的土壤侵蚀速率小于或等于土壤形成速率的那部分土壤侵蚀。这种侵蚀不易被人们所察觉，实际上也不至于对土地资源造成危害。

（三）按土壤侵蚀的外营力种划分

1. 水力侵蚀类型 水力侵蚀是指在降水水滴击溅、地表径流冲刷和下渗水分作用下，土壤、土壤母质及其他地面组成物质被破坏、剥蚀、搬运和沉积的全部过程。

2. 风力侵蚀类型 风力侵蚀系指土壤颗粒或沙粒在气流冲击作用下脱离地表，被搬运和堆积的一系列过程，以及随风运动的沙粒在打击岩石表面过程中，使岩石碎屑剥离出现擦痕和蜂窝的现象，风力侵蚀简称为风蚀。

3. 重力侵蚀类型 重力侵蚀是一种以重力作用为主引起的土壤侵蚀形式。他是坡面表层土石物质及中浅层基岩，由于本身所受的重力作用（很多情况还受下渗水分、地下潜水或地下径流的影响），失去平衡，发生位移和堆积的现象。重力侵蚀的发生多在＞25°的山地和丘陵，在沟坡和河谷较陡的岸边也常发生重力侵蚀，由人工开挖坡脚形成的临空面，修建渠道和道路形成的陡坡也是重力侵蚀多发地段。

4. 混合侵蚀 混合侵蚀是指在水流冲力和重力共同作用下的一种特殊侵蚀形式，在生产上常称混合侵蚀为泥石流。

5. 冻融侵蚀 当温度在 0 ℃上下变化时，岩石孔隙或裂缝中的水在冻结成冰时，体积膨胀（增大 9%左右），因而对围限它的岩石裂缝壁产生很大的压力，使裂缝加宽加深；当冰融化时，水沿扩大了的裂缝更深地渗入岩体的内部，同时水量也可能增加，这样冻结、融化频繁进行，不断使裂缝加深扩大，以致岩体崩裂成岩屑，称冻融侵蚀，也称冰劈作用。

6. 化学侵蚀 土壤中的多种营养物质在下渗水分作用下发生化学变化和溶解损失，导致土壤肥力降低的过程称为化学侵蚀。进入土壤中的降水或灌溉水分，当水分达到饱和以后受重力作用沿土壤孔隙向下层运动，使土壤中的易溶性养分和盐类发生化学作用，有时还伴随着分散悬浮于土壤水分中的土壤黏粒、有机和无机胶体（包括他们吸附的磷酸盐和其他离子）沿土壤孔隙向下运动等，这些作用均能引起土壤养分的损失和土壤理化性质恶化，导致土壤肥力下降。在酸性条件下碳酸岩类在地表径流作用下的溶蚀也属于化学侵蚀类的一种。该区土地开发年限虽短，但对自然资源的破坏比较严重，特别是在 1931—1945 年大面积掠夺式的采伐森林，破坏草原，垦殖坡地，导致水土流失迅速发展。新中国成立以后，党和国家十分重视水土保持工作，把水土保持工作纳入到农田基本建设中来，作为一项根本性措施来抓，使水土流失得到一定程度的控制。但旧社会遗留下来的土壤侵蚀，并不是一下就能解决的，创伤依然存在，加上有关水土保持的一些政策法令未能很好地贯彻执行，以及单纯的种植业和过高的垦殖率，使土地裸露面又有扩大，土壤侵蚀不但未能根除，反而有发展的趋势。据 1981 年水土保持区划调查统计，鸡东县土壤侵蚀面积达 48 773 公顷，其中耕地侵蚀面积 45 533 公顷（水蚀 30 106 公顷，风蚀 15 427 公顷)，占总耕地面积的 45.6%，侵蚀严重的约 10 000 公顷，占耕地侵蚀面积的 21.96%。荒山荒坡侵蚀面积 3 240 公顷。

二、鸡东县土壤侵蚀的特点

一是土壤侵蚀分布面广，遍及各乡（镇）。其中永和、啥达、银蜂、向阳四个乡（镇）土壤侵蚀面积大，危害严重。

二是侵蚀沟多，沟壑密度大。而且沟长、沟宽、沟深。据县水土保持部门初步调查，全县有较大侵蚀沟 613 条。沟壑密度 0.44 千米/平方千米，而且沟长、沟宽，有的长达 2 950 米，平均宽 2.34 米，深 1.28 米。

三是坡耕地多，表土流失量大。鸡东县坡耕地 45 533 公顷，占全县总耕地面积的 73.9%。其中 1.5°～5°的有 39 435 公顷，占坡耕地面积的 86.6%；5°～10°的有 5 995 公顷，占 13.2%；大于 10°的有 103 公顷，占 0.2%。据统计，鸡东县坡耕地每年流失表土达 1 113 立方米。

三、土壤侵蚀的危害

1. 冲走表土，降低地力　土壤侵蚀使大量肥沃的表土层被冲走，黑土层减薄，地力下降。土壤中含有大量氮、磷、钾等各种营养物质，土壤流失也就是肥料的流失。据鸡东县银蜂乡鸡东大队的调查资料反映，5°以上坡耕地，每年流失表土 1.5 毫米，流失量每公顷大约十五吨。相当于每公顷流失全氮 65 千克，水解氮 7 千克，全磷 32 千克，有效磷 1 千克，全钾 43 千克，速效钾 3.5 千克，每公顷地少产粮食 1 890 千克。

2. 沟壑增多，耕地减少，影响机耕　全县有较大的冲刷沟 613 条，总长达 1 226 千米，沟蚀占地面积 155 公顷。侵蚀沟的发展，使耕地面积大块变成小块，长垄变成短垄，支离破碎，耕种不便，不利于发挥机械生产。如哈达乡太阳村，原有一块 20 公顷的耕地，由于土壤侵蚀，中间形成七条冲刷沟，将地分成几块，严重影响耕作和田间管理。

3. 淤塞河道水库，缩短水利工程寿命　土壤侵蚀使大量坡面泥沙被冲蚀、运搬后沉积在下游河道，削弱了河床泄洪能力，加剧了洪水危害。近几十年来，随着土壤侵蚀的日益加剧，不仅长江、黄河有类似情况，各地大、中、小河流的河床淤高和洪涝灾害也日趋严重。1998 年 7、8 月发生在长江干流、松花江流域的特大洪水灾害给国家造成了数亿元的损失，在很大程度上说明了由于土壤侵蚀造成河床淤高、泄洪能力下降导致洪水危害不断增大的问题。鸡东县半截河水库，设计总库容量 0.151 亿立方米，水库上游与八五一零农场和向阳乡联合村为邻，由于不合理的毁林开荒，天然植被遭受破坏，水土流失严重，大量泥土淤积水库。据实际测量，1958—1973 年，由于水土流失淤积土方为 34.5 立方米，影响蓄水、防洪能力，降低了水库工程的效益和使用寿命。

4. 加重旱涝危害　坡耕地水、土、肥流失后，土地日益瘠薄，田间持水能力降低，加剧了干旱发展。据统计全国多年平均受旱面积约 1 960 万公顷，成灾面积约 673.3 万公顷。由于土壤侵蚀，冲走了肥沃表土，使土壤理化性质变坏，透水和蓄水能力降低，导致旱不保水、涝不蓄水，既怕旱、又怕涝。

5. 风蚀危害严重 鸡东县风蚀多发生在春种时期。因风害造成毁种、补种和毁坏幼苗，年年都发生，对农业生产威胁极大。

第二节 土壤侵蚀的原因

一、自然因素

自然因素是土壤侵蚀发生、发展的潜在条件。决定土壤侵蚀发生、发展的自然因素，主要有气候、地形、土壤、地质和植被等。它们对于土壤侵蚀的影响各不相同，但又是相互制约、相互影响的。

（一）气候

气候与土壤侵蚀的关系极为密切，所有的气候因子都在不同方面和不同程度对土壤侵蚀产生影响，这种影响有直接的和间接的。一般来说，暴风骤雨是造成土壤侵蚀的直接动力，而温度、湿度、日照等因素对植物的生长、植被类型、岩石风化、成土过程和土壤性质等都有一定影响，进而间接地影响土壤侵蚀的发生和发展过程，下面就降水、风和温度对土壤侵蚀的影响加以简述。

1. 降水 降水是气候因子中与土壤侵蚀关系最密切的一个因子。因为降水是地表径流和下渗水分的来源，在土壤侵蚀的发生发展过程中，降水是破坏力的基础，降水量、降水强度、雨滴大小和雨滴下降速度等都与土壤侵蚀有关。我国气象方面规定，单位时间的降水量称为降水强度，其时间一般以日或小时为单位。按降水强度的大小，可将降雨分为小雨、中雨、大雨、暴雨、大暴雨和特大暴雨等，一日降水量超过 50 毫米或 1 小时降水量超过 16 毫米的都叫作暴雨。一般来说，暴雨以上的降水能造成严重的水力侵蚀，因为暴雨降水强度大，很快形成地表径流，暴雨雨滴大，动能大，侵蚀作用也强，所以暴雨强度越大，水土流失越严重。我国广大地区都是处于季风控制区范围内，每年由于冬、夏季风周期性的进退和交替变化，使得雨季旱季分明，雨量集中，且多暴雨，降水强度大，汛期降水量约占年降水量的 60%～75%，日降水量曾有 700～800 毫米的记录，这种惊人的特大暴雨是造成土壤侵蚀的主要自然因素。在植被遭到严重破坏的坡地上，大雨暴雨都会在坡面产生薄层水流，在运动过程中会对坡面产生冲蚀，造成面蚀，随着水流的集中，逐渐发展成沟蚀，而把整个坡面切割得支离破碎。根据黑龙江省水利厅的调查资料，1981 年鸡西、鹤岗、双鸭山三市多暴雨，一年就新增冲刷沟 1 460 条。原来 2 000 多条大沟平均沟底下切 1 米多，沟岸扩张平均 5 米多。

2. 风 风是土壤风蚀和风沙流动的动力。风蚀的强弱首先取决于风速，风速是空气在单位时间内移动的水平距离。受地面摩擦阻力的影响，离地面越近，风速越小；离地面越高，风速越大。试验研究表明，风蚀除与风速有关外，还受地面粗糙程度、土壤结构和结构的稳定性、土壤的水分状况以及植被的覆盖度等因素影响。由于风造成的风蚀之危害也是相当严重的。1934 年美国发生巨大的“黑风暴”，横扫美洲大陆，刮走了肥沃的表土，给美国人民带来了极大的灾难。我国风沙区的风蚀危害也很严重，陕北长城沿线风沙区，历史上也曾是林草繁茂的地区，由于滥垦溢伐滥牧，流沙不断扩大，到新中国成立前，森林草原所剩无几，到处是沙海一片，毛乌素沙漠近 150 年跨越长城向南推移 70 多千米，流沙已到榆林城南 50 千米的鱼河堡一带。

（二）地形

地形是影响土壤侵蚀的重要因素之一。地面坡度大小、坡长、坡形和坡向等都对土壤侵蚀有很大影响。我国是一个多山的国家，山地占全国总土地面积的 1/2，还有大面积的丘陵区。同时，我国仅是世界上黄土分布最广、发育最典型的国家。黄土高原大部分地区是丘陵起伏、沟谷纵横，地面坡度大于 25°的面积占总面积的一半以上，这就为发生强烈的土壤侵蚀提供了有利条件。

1. 坡度 水力侵蚀主要是在坡地上发生的，因此，地面坡度是决定径流冲刷能力的基本因素之一。径流冲刷力的大小决定于径流的数量（深度和速度），而流速大小主要决定于地面坡度。在一定范围内地面坡度越大，径流速度越大，水土流失越严重。

2. 坡长 坡长与土壤侵蚀关系很密切。当坡度相同时，土壤侵蚀强度决定于坡的长度，坡面越长，汇聚的径流量越大，径流速度也越大，侵蚀力也越强。天水水土保持试验站 1954—1957 年的径流小区观测资料表明，在两种坡度下，坡长 40 米的坡耕地比坡长 10 米的坡耕地土壤流失量增加 41.6%。绥德水土保持试验站 1958 年 7 月 7 日一次暴雨，坡长 60 米的坡耕地比坡长 10 米的流失增大 94%。

3. 坡形 坡形存在于自然界中，丘陵山区的地形十分复杂，总的来说可归纳为以下五类：即直形坡、凸形坡、凹形坡、凸凹形坡和台阶形坡。一般来说，直形坡上下坡度一致，下部径流集中，流速大，冲刷强烈；凸形坡上部缓，下部陡而长，土壤侵蚀严重，常以浅沟、切沟等为其主要侵蚀形式；凹形坡上部陡，下部缓，中部土壤侵蚀强烈，下部侵蚀减弱，但常有淤积现象发生；凸凹形坡，上冲下淤都很严重；台阶形坡，是凸形坡和凹形坡通过一段平地结合起来的复合形式，台阶部分侵蚀轻微，上下具有凸形和凹形的侵蚀特点，台阶边缘处容易发生沟蚀。

（三）土壤

土壤是侵蚀的对象，所以，土壤的性质，尤其是透水性、抗蚀性、抗冲性等对土壤侵蚀的发生、发展有着重要影响。

1. 土壤透水性 透水性好的土壤，入渗能力强，产生的地表径流少，土壤侵蚀轻；反之，土壤侵蚀严重。所以，土壤对水分的渗透能力是影响土壤侵蚀的主要性状之一。土壤透水性主要决定于土壤的机械组成、结构、孔隙度和土壤湿度等因素。土壤剖面构造也影响土壤透水性，如黑龙江省东部山区和半山区广泛分布一种白浆土，不但结构不良、土质黏重，而且底层有一个不易透水的隔水层，影响降水下渗，加剧了土壤侵蚀。

2. 土壤的抗蚀性 土壤的抗蚀性是指土壤抵抗雨滴打击而分散和抵抗径流悬浮的能力。土壤的抗蚀性常用分散率和分散度来表示，分散率是取 1%土壤悬浊液 1 000 毫升振荡 20 次使其分散，测定其中粉沙和黏粒的含量，以其数值与用国际方法 A 式所测定的粉沙和黏粒的数值（即用全部分散的机械分析方法来测定的粉沙和黏粒）之比。此比值绝对数越大则土壤越易流失。据 H－E·米德来顿测定结果，分散率在 5.2～15.1 为耐蚀性土壤，分散率在 13～66 为易蚀性土壤。我国黄土分散率在 23～60，属于易蚀性土壤。

分散度是以风干土壤的团粒50克，置于深1厘米的水中1小时，水中筛分以决定其分散度。对于一些团粒甚少、极易侵蚀的土壤，在野外工作中，亦可取一定量土样置于清水中，测定其全部分散的时间来表示其分散度。试验证明，黄土置于静水中，经2分20秒即可全部分散，而抗蚀性强的土壤1小时以上也不分散，所以黄土易遭侵蚀。

3. 土壤的抗冲性 土壤的抗冲性是指土壤抵抗流水或风等外力的机械破坏作用的能力。土体在静水中的崩解情况可以作为土壤抗冲性的指标之一。因为当土体吸水和水进入土壤孔隙后，若很快就崩散破碎成细小的土块，就容易被地表径流冲走而产生流失现象。另外，土壤的抗冲性与土壤的利用情况和植物根系盘结情况有关。一般来说，林地抗冲性最强，草地次之，农地最弱；有植物根系盘结的土体抗冲性就强，反之就弱。因此，提高土壤抗冲性能对防止土壤侵蚀具有重要意义。

（四）植被

植被是影响土壤侵蚀的自然因素中很重要的一个因素，植被的好坏直接影响土壤侵蚀。良好的植被覆盖地面，截持降水，分散径流，减缓流速，能减少或防止土壤侵蚀。植被一旦遭到破坏，土壤侵蚀就会加剧。在地面植被良好的情况下，大部分地区自然侵蚀是十分缓慢的，当参与了人类活动的影响，地面植被遭到严重破坏后，侵蚀的强度显著增加。所以，植被是影响土壤侵蚀的自然因素中受人类活动影响最大的一个因素。因此，通过人类活动提高地面覆盖率，是防治土壤侵蚀的重要途径之一。

二、人为因素

自然界发生的土壤侵蚀，受自然因素的影响是在漫长的时间里，在没有遭到人类不当的经济活动干扰破坏的情况下，其变化是微小的缓慢的，所以称为自然侵蚀。自从人类出现以来，就不断以自己的活动对自然界施加影响，土壤侵蚀的自然过程遭到人为的干扰和破坏，这就大大地加速了自然界演变的过程，使土壤侵蚀现象由自然侵蚀状态转化为加速侵蚀状态。现代土壤侵蚀的迅速发展和蔓延，气候、地形、土壤、地质和植被等自然因素是产生土壤侵蚀的自然基础和潜在因素，而人为的不当的经济活动是造成土壤侵蚀加剧的主导因素。目前全世界的土壤侵蚀比较严重，这并不是自然因素发生突变的结果，而是人为因素配合自然因素所造成的结果。人为的不当经济活动对土壤侵蚀的影响是十分复杂的，既有社会发展历史的原因，又有现代不合理的生产经营活动的影响。

1. 在农业生产中 鸡东县是以种植业为主的县，近百年的封建历史和落后的生产方式，以及极低的生产水平，在许多地区形成了广种薄收、掠夺式的经营方式和不合理的土地利用，都造成土壤侵蚀的加剧。新中国成立后，这种状况并未得到根本改变，有些地方还在继续发展，所以，土壤侵蚀仍然比较严重。在农业生产中，长期“以粮为纲”，大搞毁林毁草开荒，陡坡开荒种粮，这种单一的小农经济结构，是土壤侵蚀加剧的根源。由于长期实行毁林灭草、开荒种粮的方针，昔日草木苍翠茂盛的地区变成了荒山秃岭，使农业生产陷入了“越垦越穷，越穷越垦”的恶性循环之中。

2. 在林业生产上 长期以来由于森林采伐严重，植被遭到破坏，是土壤侵蚀加剧的重要原因。森林在地球上占有重要地位，森林是生物圈中最复杂的生态系统，它对人类生活有极其重大的影响。山丘地区自然生态系统保持平衡的关键是森林，特别是山丘区的天然林，具有防风固沙、削减洪峰、涵养水源、保持水土和调节气候的巨大功能。森林具有庞大的林冠，由于枝叶的截留，对降水形成了第一次平衡和分配，林内的枯枝落叶层能蓄积大量的水分，同时也能滞缓地上径流速度，林内土壤的疏松结构能促使大量的地表径流向土中渗透，减少了地表径流，从而形成了森林对降水的第二次平衡和分配。森林一旦破坏，自然生态出现"缺口"，自然环境恶化，水土流失加剧。森林在支持整个自然生态系统中起如此巨大的作用，可在相当一段时期内却未受到应有的重视和必要的保护，因而遭到了大自然的无情惩罚。乱砍滥伐，陡坡毁林开荒，毁林搞副业现象严重。据统计，1966—1981年，全县毁坏森林面积达5 484公顷，其中，乱砍滥伐的有4 952公顷，毁林开荒200公顷，毁林搞副业的有332公顷，破坏了自然植被，加重了土壤侵蚀。

3. 在人口数量上　人口无计划的增长，超过资源的负荷能力，也是土壤侵蚀加剧的重要原因根据科学家推算，公元前4000年，地球上大约有8 500万人口；到纪元初年增加到17 000万；公元1650年，世界人口在5亿左右；1650—1830年，世界人口从5亿增加到10亿；到1930年，世界人口增加到20亿；1930—1960年，增加到30亿；到1980年初，世界人口总计为45亿；目前世界人口达到60亿。客观事实告诉我们，世界上许多国家，在不同程度上出现的水土流失、资源衰退、环境污染和水旱灾害等问题，几乎无不与人口无计划的增长有关。人口急剧增长，必然加重对资源的压力，大大增加了对资源的负荷能力，人口急剧增长，需要更多的粮食和农副产品，需要更多的燃料能源，需要更多衣物和工业日用品。由于人口的压力，除了竭尽全力提高原有农田的单产，还向林地、草地要粮，致使大面积毁林草开荒，加剧了对环境的破坏。

4. 顺坡打垅地较多　据鸡东县水土保持部门提供资料，全县顺坡打垅面积达6 700公顷，助长了地表径流，加重了土壤侵蚀。

5. 开矿采煤　对地下水处理不当，矿井水乱流，造成新的冲刷沟，影响到附近农田。

6. 耕作粗放　种地不养地，土壤抗蚀性减弱，加之犁底层影响土壤的透水性，不利于土壤保土、保水和保肥。

第三节　土壤侵蚀的机制

从前面的分析知道，土壤侵蚀是在自然因素和人为因素共同作用下发生的。随着科学的发展和社会的进步，人们对土壤侵蚀的认识和了解日益深入，基本掌握了土壤侵蚀的规律和土壤侵蚀的机制，为防治土壤侵蚀提供了科学依据。

一、水蚀的机制

水力侵蚀，包括雨滴溅蚀和径流冲蚀，能量是由降落雨滴和坡面径流供给的，所以水蚀的机制也就包括雨滴溅蚀和径流冲蚀两个部分。造成土壤水蚀的根本原因—雨滴的降落，仿佛是微不足道的，然而，降落的雨滴撞击地面所累积的力量是令人吃惊的。研究结果表明，雨滴溅蚀作用是引起土壤水蚀的主要侵蚀动力，从能量有效性角度考虑土壤侵蚀，降水动能相当于径流动能的 256 倍。

（一）雨滴溅蚀

在降暴雨时，雨滴溅蚀所起的分散土粒作用是土壤侵蚀最重要的因素。N. w -哈德逊（Hudson）作过这样的试验：在两个宽 1.5 米、长 27.5 米的无覆盖小区上，进行相同的土壤处理，但在其中一个小区上遮盖两层纱网，降水时高速降落的雨滴被粉碎成细小的速度很低的水滴；在另一个小区，让裸露的土壤直接承受雨滴的打击。由于纱网遮盖的小区消除了溅蚀作用，土壤流失显著减少，仅为无遮盖小区的百分之一。由此可见，土壤水蚀就是土块被雨滴激溅分离成细小的土粒并沿分水路线转运这些土粒的过程，所以土壤水蚀主要包括土壤颗粒被分散和搬运这两个过程。

观测资料表明，在降水时，直径 6 毫米的雨滴能以高达每小时 32 千米的速度撞击土壤表面。在一般情况下，降水量大，雨滴就大，产生的动能也大。动能还与雨滴速度相关，所谓雨滴速度，一般是指雨滴在降落过程中重力与空气阻力平衡时所达到的终点速度。终点速度随雨滴的增大而增长，一般增长至 6.5 毫米左右为止，再大的雨滴直径通常是不存在的，这是由于雨滴增大，制约雨滴变形的空气阻力增大，大雨滴变形可以导致在其未达到相应于其终点速度以前就已分裂。

降水雨滴连续不断地击打地面能使土粒移动，雨滴击打土壤表面土粒能被溅起 60～90 厘米高，飞溅距离可达 1.5 米远。雨滴溅蚀强度不仅与雨滴大小、速度有关，还与地面坡度有关。当雨滴垂直撞击在平坦的土壤表面，击溅是各个方位都相等。落在坡地上的雨滴，向坡下的击溅多于向坡上的击溅，即坡下溅蚀比坡上的溅蚀要大得多。

（二）径流冲蚀

径流冲蚀是由面蚀向沟蚀发展的过程。当降水强度超过入渗强度时，地表就要产生径流，开始发生径流冲蚀。地表积水，水在地表流动，为转运被降水雨滴溅蚀松动的土粒提供了一个途径。开始时地表径流不是连片出现的，一般是水流绕过土块，溢出小洼坑，缓慢地无规则地流动，水在流动过程中把土粒带走，这就是土壤侵蚀的面蚀阶段。在某些情况下，水从漫流面上汇集到一起，形成小溪流能把地面冲成小细沟。面蚀细沟逐渐地汇到一起就进入沟蚀阶段，即地表径流发展到一定程度就开始形成较大沟槽的沟蚀阶段。

径流冲蚀包括面蚀和沟蚀两个过程，径流的深度和地面坡度所决定的水流能量是径流冲蚀发展的重要因素，长而陡的坡地上产生的径流能产生相当大的冲蚀力。

在研究土壤水蚀机制时有一点应该注意，即各类土壤对侵蚀力都有自己固有的承受能力，也就是土壤抗蚀能力。同时，地面上的枯枝落叶层和植被对阻止侵蚀起重要作用。例如，铺有枯枝落叶的地面和完全被覆盖的土壤表面能承受雨滴降落时的冲击力，同时消除了雨滴溅蚀。植物叶冠也能减小雨滴溅蚀，如谷类和大豆等密集生长的作物能截留降水，阻止雨滴直接击打地面，虽然有些雨水从叶片上流走，但大部分雨水沿着植物茎干流下，落在空隙间的雨滴，产生的分离力很小，所以雨滴溅蚀力很弱。而树木对裸露土壤的防护作用，主要是由于树下有枯枝落叶层。没有防护性覆盖，雨点能击溅土粒 0.9 米高。枯枝落叶缓和了雨点的降落，阻止和消除了击溅侵蚀。如大豆这样密集生长的作物叶子能承受降水的冲击力，使击溅减少到最小。

二、风蚀的机制

影响风蚀发生及其进程的基本因素是风，风是空气的流动。试验研究表明，当气流速度超过每小时 1.6～3.2 千米时，流动的空气就出现湍流，只有当气流是湍流时，才出现颗粒运动。由于空气的质量小，在相同速度下，风力仅为水力的 13%，但空气流动速度常大于水流速度，所以，随着风速的增加，风力也增加。一般当风速超过 5 米/秒时，沙粒开始移动，这一速度称之为起沙风速。风蚀发生时，暴露于地面的可被侵蚀的颗粒，借助顺风的力量可作短距离的滚动，这是因为被侵蚀的颗粒受地面摩擦阻力影响。滚动的速度决定于侵蚀的颗粒大小和局部风速，而滚动的旋转速度则决定于摩擦阻力。风速加大，滚动速度和旋转速度都增加，同时撞击其他颗粒，使被侵蚀的颗粒动能加大，沿着前进方向跳跃前进，遇有障碍时，常按接近垂直方向腾空跃起，其高度一般在 20 厘米以下。然后大致沿抛物线方向以 6°～12°的角度俯冲打击地面，这种冲击力可以推动 6 倍于自身直径的沙粒，或比它本身重 200 多倍的沙粒，这种跃动过程的发生，使地面沙土开始大量移动。地表空气层（空气下垫面）中混有滚动和跃动的沙粒的气流称为风沙流。风沙流的形成标志着风力侵蚀作用已经进入严重阶段。

在风蚀发生过程中，由于大气层上的风速大，且受涡动的影响，所以进入大气中的土粒常被托运至高空，随高空更大风速搬运至远方，当风静后或遇雨时回到地面，但已远离原来的地方。这种风力侵蚀称之为浮游，浮游损失的土量虽不多，但都是肥沃的表土，所以它是土壤沙化的开始。

风蚀的根本原因是风，但土壤性质、气候、地面粗糙度、植被等也是影响风蚀的主要因素。气候因素除风以外，还有降水、气温和蒸发。由于土壤颗粒间有内聚力，潮湿土壤比干燥土壤稳定，所以，土壤水分是影响风蚀的一个主要因素。土壤水分与降水、蒸发、蒸腾、风、气温有关。

三、土壤的物理、化学和生物性质

土壤的物理、化学和生物性质决定着土壤的抗风蚀能力，其中最主要的是土粒结构的稳定性、土粒的大小和土壤含水量。一般把粒径为 0.1 毫米左右的土粒称为最易侵蚀的颗粒，能使这种颗粒进入运动状态的风速大约为地面以上 0.3 米处每小时 16 千米（约为 4.4 米/秒）。粗糙的地面可降低风速，因而可降低风蚀作用，但也会增加风的湍流，从而使地面暴露到更大的风力之下。因此，粗糙面的高度变化太大时，所获得的效益就会下降。地面糙度的变化以 50～127 毫米为宜。植被可降低风速并消耗大量风能。土粒可在植被的庇护下免遭风的吹蚀。扎根土壤中的植物残体、作物残茬也可减小风蚀。

第四节　土壤侵蚀的防治

防治水土流失，保护和合理利用水土资源是改变山区、丘陵区、风沙区面貌，治理江河，减少水、旱、风沙灾害，建立良好生态环境，走农林业持续发展的一项根本措施，是国土整治的一项重要内容。防治土壤侵蚀也叫水土保持，水土保持是山区生态建设的生命线，必须采取行之有效的水土保持综合治理措施。它是改变生产条件，防止跑水、跑土、跑肥，建设高产稳产农田的重要途径。

鸡东县自建县以来，在党和政府的领导下，认真贯彻执行预防与治理兼顾，治理与养护并重，治理与利用结合，为生产服务的方针，从鸡东县实际情况出发，因地制宜，讲究实效，对症下药，兴利除害，在水土保持工作中，取得了一定的成绩。到 1981 年全县累计治理面积 13 530 公顷，其中梯田 27 公顷、横坡打垄 12 800 公顷、农田防护林 696 公顷、水土保持林带 1 公顷。但得到治理的耕地面积只是土壤侵蚀面积的一少部分，同时有些工程标准低、质量不高。因此，必须对防治土壤侵蚀的工作给予足够重视，采取有效措施，最大限度地控制水蚀和风蚀的危害。

一、保护性作物种植

（一）生物工程措施

生物工程措施是指为了防治土壤侵蚀，保持和合理利用水土资源而采取的造林种草，绿化荒山，农林牧综合经营，以增加地面覆盖率，改良土壤，提高土地生产力，发展生产，繁荣经济的水土保持措施，也称水土保持林草措施。林草措施除了起涵养水源、保持水土的作用外，还能改良培肥土壤，提供燃料、饲料、肥料和木料，促进农、林、牧、副各业综合发展，改善和调节生态环境，具有显著的经济、社会和生态效益。生物防护措施可分两种：一种是以防护为目的的生物防护经营型，如黄土地区的垣地护田林、丘陵护坡林、沟头防蚀林、沟坡护坡林、沟底防冲林、河滩护岸林、山地水源林、固沙林等；另一种是以林木生产为目的的林业多种经营型，有草田轮作、林粮间作、果树林、油料林、用材林、放牧林、薪炭林等。据有关资料记载，在林带的庇护下，可降低风速 2 米/秒左右，减少水分蒸发 4%～20%，提高土壤含水量 9%，地面温度增高 0.9～1.4 ℃，延长无霜期 3～5 天，农作物一般可增产 20%～30%，灾害年份，效果尤佳。鸡东县坡耕地坡长坡缓，应结合田间工程，营造水土保持林。坡度大的山坡，结合退耕还林，营造水平林带。荒坡撂荒地，应营造护坡林。另外，还要统筹兼顾，因地制宜，见缝插针，搞好四旁绿化。并因地制宜，大力营造固沟林，水流调节林，逐步增加林地比例，发挥森林防蚀固土、调节气候的作用。林带应以疏透结构为主。采用小网格、窄林带，网格大小，一般为 250～（1 000～1 200）米，带宽 3～5 行。

（二）农业技术措施

水土保持农业技术措施，主要是水土保持耕作法，是水土保持的基本措施。它包括的范围很广，按其所起的作用可分为三大类：

1. 以改变地面微小地形，增加地面粗糙率为主的水土保持农业技术措施 拦截地表水，减少土壤冲刷，主要包括横坡耕作、沟垄种植、水平犁沟、筑埂作垄等高种植丰产沟等。

2. 以增加地面覆盖为主的水土保持农业技术措施 其作用是保护地面，减缓径流，增强土壤抗蚀能力，主要有间作套种、草田轮作、草田带状间作、宽行密植、利用秸秆杂草等进行生物覆盖、免耕或少耕等措施。

3. 以增加土壤入渗为主的农业技术措施　疏松土壤，改善土壤的理化性状，增加土壤抗蚀、渗透、蓄水能力，主要有增施有机肥、深耕改土、纳雨蓄墒，并配合耙耱、浅耕等，以减少降水损失，控制水土流失。

防治土壤侵蚀，必须根据土壤侵蚀的运动规律及其条件，采取必要的具体措施。但采取任何单一防治措施，都很难获得理想的效果，必须根据不同措施的用途和特点，遵循如下综合治理原则：治山与治水相结合，治沟与治坡相结合，工程措施与生物措施相结合，田间工程与蓄水保土耕作措施相结合，治理与利用相结合，当前利益与长远利益相结合。实行以小流域为单元，坡沟兼治，治坡为主，工程措施、生物措施、农业措施相结合的集中综合治理方针，才可收到持久稳定的效果。

在一个流域内，将治理坡耕地和治理荒山荒坡、沟壑紧密结合起来，实行防治兼顾，综合治理。采用一些必要的工程措施，如截流沟、蓄水池、水库等，既保护农田又受益农田。

此外，要重视预防工作。这是防治土壤侵蚀的根本措施。林业建设应实行“以营林为基础，造营并举，采育结合，综合利用的方针”。防止采育失调，确保青山常在，永续利用。要合理调整农、林、牧三者的比例关系，建立新的而又合理的生态平衡系统，有效地控制土壤侵蚀。

二、保护性作物的合理布局

（一）保护性作物布局

农作物按它们的水土保持效能分为三大类：中耕作物，如玉米、高粱、棉花、马铃薯、烟草等，行株距离较大，植株对地面的覆盖度小，经常中耕松土，连年种植常促使土壤结构破坏，导致径流量和冲刷量加大，而引起土壤侵蚀；密植作物，如小麦、大麦、莜麦、谷子、糜子、大豆、花生等禾谷类和豆类作物，保持水土的作用较好；二年生与多年生牧草，如草木樨、苜蓿、沙打旺、小冠花等，覆盖面积大，时间长，能缓冲雨滴冲击地面，根系能穿插挤压土壤，形成团聚体，有大量有机质还田，改良土壤结构，使土壤具有良好的渗透性，水土保持作用最大。在种植制度中栽培密植作物、多年生牧草等有利于水土保持。在作物布局中，应尽可能避免防侵蚀能力差的作物长期连作。在可能条件下，最好把防侵蚀作用强的牧草同一年生作物结合起来。美国早期研究资料表明，中耕作物插入密播作物，在中等坡地上能有效地控制径流和侵蚀，每年每公顷土壤侵蚀吨数，休闲田为140吨，连作棉花田为50吨，玉米与覆盖作物二年轮作田为25吨，玉米、棉花、小麦与胡枝子轮作田为20吨。我国甘肃天水水土保持试验站1951—1957年进行草田轮作对比试验，轮作地的冲刷量平均减少26.2%；在山区坡地土，为了保持水土，一般是坡上部造林，中下部种植果树，坡底种植一年生作物。

（二）间作、混作和套作

间混套作可以增加地面覆盖度，延长覆盖时间，减轻水土流失，是山区丘陵保持水土的重要措施。据陕西延安水土保持站1957年的资料，苏丹草单作时，覆盖度为70%；与草木樨间作时，覆盖度为90%。覆盖度的增加可减弱雨水对土壤的冲击，减少水土流失。据天水水土保持试验站（1956）测定，扁豆与青稞混作比扁豆单作时的水土流失量要少90%。

在平原风沙区，除建立农田防护林以外，营造刺槐等薪炭林，发展泡桐，实行农桐间作，发展苹果、梨、葡萄、枣、桃、杏等果树，实行果农间作；发展紫穗槐、柠条、簸箕柳、沙柳等灌木，乔、灌、草等相配合，种植绿肥牧草；发展沙打旺、草木樨、苜蓿、田菁等，选择适沙性较强的避风沙较好的小麦、谷子、棉花、花生、瓜类等作物，实行粮、经、菜、肥间作轮作。建立起林草农复合结构，增加植被覆盖，利用植物防风固沙，改善田间小气候，稳定近地面大气层水热动态，是风沙区农田保护的根本措施。

平原风沙区种植基肥牧草，实行粮肥间作，也是稳产增收的有效措施。草类、灌丛防风固沙效果明显，“寸草遮丈风”，就是在2～3米高度内的起沙风中，贴近地表的流沙，只要有“寸草”生长，就可以被截留下来而不至于有移袭危害。封沙育草，栽植灌木，可以固定风沙流，变成灌丛沙堆。河南开封县刘堂牧场1980年在54公顷飞沙地上种植沙打旺，每公顷产鲜草15 000～30 000千克，适应性好，生命力强，在风沙危害严重的情况下，不少禾苗干枯，而沙打旺却生长茁壮。

（三）带状种植

带状种植就是条带种植，是沿着坡地等高线划分成若干条带，在各条带上交互和轮流种植密生作物与疏生作物或牧草。这样，在空间上是带状间作，在时间上是草田轮作。保护性作物覆盖着地面，能防止雨水对地面的冲击，减缓径流，拦截泥沙，阻拦疏生作物带冲下来的水土，防止土壤侵蚀。带状种植的条带最好符合等高线，在坡度较大时，最好和梯田相结合。在地陡、雨量多而强度大、土壤紧实吸水性能小的地区，条带应窄一些；相反，条带应宽一些，例如，坡度为12°～15°时，可设置10～20米宽的条带，坡度为15°～20°时，条带宽度只宜5～10米。

三、保护性耕作

（一）等高耕作法

在坡耕地上耕作播种沿等高线进行，所形成的等高垄型与作物作为减缓水向下流动的障碍物，可以减少径流，减少水蚀，增加土壤水分，起到保土保水的作用，在缓坡地作用较大。美国早期许多研究资料表明，等高耕作比顺坡耕作减少水蚀25%～76%。陕西延安水平沟种植法就是沿等高线用山地犁开沟，沟深6.27～6.33米，幅宽0.53～0.66米，可以加深耕作层，拦截径流，减少土壤冲刷，起到保水、保土、保肥、保墒和抗旱、抗寒、抗倒伏的作用。据测定，当坡面小于20°时，在普通降水情况下，水平沟与平作比较，径流减少80%左右，土壤冲刷减少90%左右。它适用于25°以下的山坡地，宜种糜谷、小麦、豆类、马铃薯等作物。这种耕作法投资小，方法简单，见效快，易普及推广。

（二）横坡垄作法

实际生产中由于地形复杂，完全等高耕作很难实现，在垄作区多数采用沿大坡向横坡起垄，通过耕作在地面上形成沟和垄，能更有效地控制土壤侵蚀的一类耕作法。适于在较大坡度的耕地采用。我国东北地区因温度低，垄作时作物种植在垄台上，易增加地温。西北地区也称作沟垄种植法，因干旱严重，种植垄沟，顺沟种植，深播浅盖，播后镇压，适宜于川、台、垣、坝和水平梯田。能拦淤泥，蓄水保墒，加深耕层，改良土壤。据陕西汉中水保站多年试验，横坡等高沟垄种植可减少径流 64%，减少泥沙冲刷 92.9%，一般作物增产 30%。

（三）垄向区田

垄向区田的技术原理是根据垄向坡度的大小筑不同距离的土挡，将每一滴雨水保留在它降落的地方。不论横坡垄或顺坡垄，只按垄向坡度确定挡距，随坡度大小调整挡距，以提高单位面积耕地拦储降水的能力。主要技术要点：

① 根据坡度选取挡距。

② 秋起垄，春季随播种随筑挡，保水性能最佳，也可在中耕后进行筑挡。

③ 土挡高度低于垄顶 2 厘米，底宽 20 厘米为宜。

④ 筑挡后马上踩紧压实。

⑤ 运用垄向区田的耕地坡度以小于 6°为宜。

（四）残茬覆盖耕作法

在地表保留足够数量的作物残茬或秸秆，以保护土壤，减少大量的土壤损失。植物残留物缓和了雨滴冲击地面的力量，减少了地面板结的可能性。残留物吸收大量地面水，延迟了地表的水流，这使水分有更多的时间渗入地下。据美国威斯康星州研究，在 6°坡地上，头年用切碎的玉米秆部分覆盖地面，第二年减少土壤侵蚀 77%。国外一般是在联合收割机上装上秸秆切碎机和撒布机，在收割作物的同时就把秸秆切碎，撒在地面上，然后用相应的农机具进行耕作。控制土壤侵蚀所需要的作物残茬量随土壤和坡度而不同，一般每公顷需小谷物残茬 3 360～6 720 千克。小谷物、牧草残茬的效果是玉米残茬的两倍，我国不少地区也在试验研究残茬覆盖耕作法。

（五）免耕法

免耕法由于留有作物残茬保护地面，可降低地表风速，防止土壤迅速干燥，又不翻动土层，土壤受风蚀影响较少。

（六）蓄水聚肥改土耕作法

先从坡耕地下方（或梯田埂）地边开始，沿等高水平方向将 30 厘米宽的耕层土壤翻到田块内侧，然后用铁锨挖一锨深的生土加高边埂，沟内底土再用锨或用犁深翻一遍，第一沟内侧 66 厘米左右宽耕层土壤全部填入沟内，即完成第一条种植沟在第一条种植沟内侧 30 厘米宽生土上先用锨深翻或畜力深翻；再从其内侧取 30 余厘米宽一锨深生土翻入外侧生土上培起第一条生土埂，开出第二条种植沟，取土后的第二沟再用锨深翻，将其内侧 66 厘米左右宽的耕层土壤填到沟内即完成第二种植沟。这样依次挖沟筑埂，完成 1 公顷约需人工 150 个。如人畜配合作业比全部人工操作可提高工效 1.5 倍左右。

采用此法耕作的地表，沟埂相间，沟宽及埂底宽各约 33 厘米，沟内活土层厚度达 50

厘米左右，埂高13～16厘米，埂顶宽13～20厘米。熟土沟内集中施用肥料，以种植春播秋收作物为主。生土埂加施化学肥料，种植豆类或绿肥作物压青，利于加速土壤熟化，改良培肥土壤。多年多点试验示范结果表明，在梯田上蓄水聚肥耕作法比常规耕作玉米、高粱、冬小麦一般增产32.3%～81.0%，最低增产27.3%，玉米、高粱最高增产达一倍多；在坡地上采用此法耕作比常规耕作玉米、高粱一般增产56%～118.8%，最高增产1.5倍多（玉米），最低增产50.7%。

蓄水聚肥耕作增产的主要原因是创造了沟埂交替的凹凸微地形，其埂阻拦地表径流，沟内由于活土层深厚利于降水入渗和蓄墒，有的坡度较大的坡地还在沟内每隔一定距离筑土挡拦水。据山西水土保持研究所在典型地块试验，1978年7月1日至9月7日连绵阴雨，共降水430.7毫米，随后测定土体贮水量，梯田玉米地蓄水聚肥耕作0～100厘米土层贮水量与常规耕作相近，而100～200厘米土层前者较后者多贮水53.7厘米。在种植玉米的坡地上由于蓄水聚肥耕作避免了地表径流的发生，0～200厘米土体贮水量比常规耕作多108.6厘米。

蓄水聚肥耕作对防止坡耕地水土流失效果极为显著。如中阳县胡家岭1981—1982年共发生9次径流，产流降水量共330.7毫米，在坡度16°、坡长10米的耕地上，采用蓄水聚肥耕作未发生水土流失，而对照常规耕作田每公顷流失水970立方米，冲走表土253吨；在坡度21°、坡长20米的耕地上，蓄水聚肥耕作每公顷仅流失水99立方米、流失表土7.7吨，比对照田分别减少91.6%和97.4%。1981年上述两种坡度的玉米地，蓄水聚肥耕作比常规耕作分别增产66.4%～68.9%和101.5%。

四、营造护田林带

东北地区各地春季皆有大风，尤以西部大风天气较多，7～8级大风少者50多天，多者80～90天，风沙侵蚀较重，一般而言，均应营造护田林带。护田林带通常由主林带与副林带组成。主林带方向一般与当地主要风害方向垂直，副林带则与主林带垂直或近于垂直，两者交叉成网，林网网眼就是规划的农田。近年提倡小网窄带，即林带宽度宜窄，每带树行数宜少，网眼宜小。一般要求两带的间距应不超过成年树高的20～25倍，以增强防风效果。例如，某一以小叶杨为主的林带，成年树高20～22米，则主林带间距可设为500米，副林带间距可设为500～800米，网眼面积将达25～30公顷，即5 625～6 750公顷。如主林带植树4行，行距2米，则林带宽8米；加1行灌木则宽10米；副林带植树2～3行，则宽4～8米，这种情况林带所占面积为6 000～8 800米^2，即135～195公顷，占总网眼面积的2%～3.5%。国内外研究资料认为，农田防护林面积占地5%左右，粮食产量并不因占地减少而降低；相反，还能增产16%～20%。

林带结构关系到气流流向和防风效果。一般要求通风结构，允许30%～50%气流从林带底部通过，避免林带背风面产生强大的涡流，从而引起作物倒伏或冬季积雪过多。比较理想的林带通风度为30%上下，所谓林带通风度即该林带垂直方向透光面积占总面积的百分率。

五、水利工程措施

（一）坡面治理工程

按其作用可分为梯田、坡面蓄水工程和截流防冲工程。梯田是治坡工程的有效措施，可拦蓄90%以上的水土流失量。梯田的形式多种多样，田面水平的为水平梯田，田面外高里低的为反坡梯田，相邻两水平田面之间隔一斜坡地段的为隔坡梯田，田面有一定坡度的为坡式梯田。坡面蓄水工程主要是为了拦蓄坡面的地表径流，解决人畜和灌溉用水，一般有旱井、涝池等。截流防冲工程主要指山坡截水沟，在坡地上从上到下每隔一定距离，横坡修筑的可以拦蓄、输排地表径流的沟道。它的功能是可以改变坡长，拦蓄暴雨，并将其排至蓄水工程中，起到截、缓、蓄、排等调节径流的作用。

① 调整坡地垄向，改顺坡垄为横坡垄。采取等高打垄，等高横耕的方法，控制坡耕地水土流失。根据最近几年水土保持科研网点的观测资料，3°坡地横垄比顺垄径流量减少32%～39%，冲刷量减少44%～53%。一般1.5°～3°的缓地，采用横打垄的办法，可基本控制土壤侵蚀。5°～6°坡耕地，改垄后应配合田间防冲措施和排水工程，还可以基本上控制土壤侵蚀。

② 修梯田。这是治理坡耕地土壤侵蚀的一项根本性措施。对于鸡东县丘陵漫岗，坡长坡缓，土地连片，土层又厚，7°～8°的坡耕地，应以修缓坡梯田为主。这种梯田能减缓地面坡度，缩短坡面径流线的长度，分割坡面的汇流水量，能有效地防治侵蚀沟的发生和发展。对于山区坡陡流急，地块零星，土层又薄，7°～8°的坡耕地，应以修水平梯田为主。工程质量应达到等高等宽，地平、埂实、底土疏松，表土不乱，确保修一块增产一块。8°以上坡耕地应退耕还林。

（二）沟道治理工程

主要有沟头防护工程、谷坊、沟道蓄水工程和淤地坝等。沟头防护工程是为防止径流冲刷而引起的沟头前进、沟底下切和沟岸扩张，保护坡面不受侵蚀的水保工程。首先在沟头加强坡面的治理，做到水不下沟。其次是巩固沟头和沟坡，在沟坡两岸修鱼鳞坑、水平沟、水平阶等工程，造林种草，防止冲刷，减少下泻到沟底的地表径流。在沟底从毛沟到支沟至干沟，根据不同条件，分别采取修谷坊、淤地坝、小型水库和塘坝等各类工程，起到拦截洪水泥沙，防止山洪危害的作用。

（三）小型水利工程

主要为了拦蓄暴雨时的地表径流和泥沙，可修建与水土保持紧密结合的小型水利工程，如蓄水池、转山渠、引洪漫地等。

附录 6 鸡东县耕地地力调查与质量评价工作报告

鸡东 1965 年建县，因行政区域位于鸡冠山以东而得名。鸡东县隶属于黑龙江省鸡西市，东与密山市相连，北与七台河市、勃利县接壤，西与林口县、穆棱市和鸡西市 3 个区为邻，南与俄罗斯搭界，中俄陆地边界线长 111 千米。地处中纬度，属大陆性气候，具有明显的季风气候特征。鸡东县地理位置优越。全县有 3 个乡（镇）与俄罗斯接壤，县城距省城哈尔滨 500 千米，距档壁镇口岸 100 千米，距吉祥口岸 230 千米，距绥芬河口岸 250 千米，距鸡西市区 15 千米，国家铁路线密集，国家公路方虎线横贯东西。鸡西机场位于鸡东县哈达镇，为国内支线机场，飞行区等级为 4C 级。2009 年 10 月 16 日，机场正式开航。经济不断发展。近年来，鸡东县经济发展十分迅速。工业已初步形成以劳动密集型和资源加工型为主的煤化工、电气热、矿产资源精深开发、医药药材、建材、粮食产品精深加工六大产业格局，特别是乐贤焦化有限公司、宝泰隆焦化有限公司等一批煤炭生产加工企业已经成为促进县域经济快速发展的重要支柱。有精煤、焦炭、炭黑、平绒布、中成药、酒类等 100 多种产品。农村经济全面发展，农业产业化已初具规模。馨禾米业集团、福顺祥粮油公司、东海富强粮油有限公司、万寿菊深加工厂等一批农产品加工龙头企业，绿色大豆、水稻、玉米、蔬菜、万寿菊、生猪等农副产品基地已经形成并不断发展壮大。对外开放取得重大突破，有精制大米、白酒、迪卡猪、石材等 30 多种产品出口到俄罗斯、日本、韩国、利比亚等国家。

一、目的意义

近年来，随着鸡东县经济的快速发展，工业点源、农业面源污染严重，对农产品质量建设造成了一定的负面影响。因此，开展鸡东县耕地地力调查与质量评价，对于确保全县的粮食安全、搞好农产品质量建设、提升农产品质量安全水平和农产品市场竞争能力、引导农业产业结构战略性调整、提高农业效益、保持农村稳定、促进农业可持续发展具有十分重要的现实意义。耕地地力的概念是指耕地的基础地力，是由耕地土壤的地形、地貌条件、成土母质特征、农田基础设施及培肥水平、土壤理化性状等综合构成的耕地生产力。利用 GIS 技术开展耕地地力调查和质量评价的科学研究和实践，一方面为鸡东县土壤肥料信息系统和精准农业体系的建立提供信息储备，实现土壤信息交流与共享；另一方面对于摸清鸡东县的土壤资源的家底，合理利用和科学管理土地资源，促进鸡东县人口、资源、环境和社会经济的持续、稳定和协调发展具有十分重要的理论和实践意义。

二、工作组织

（一）组织协调

本次的耕地地力调查受到县委县政府的高度重视，首先成立了耕地地力调查与质量评价的领导小组，由主管县长亲自任组长，农委主任、推广中心主任任副组长的领导机构，下设办公室（在农业技术推广中心）。

领导小组负责组织协调、制订工作计划，落实人员，安排资金，指导全面工作。办公室负责具体日常工作，制订耕地地力调查与评价的工作方案及耕地地力开展的其他各项工作。参加耕地地力调查与质量评价的有领导小组、野外调查小组、分析测试小组、专家评价小组、报告编写小组，各小组有分工、有协作，各有侧重，并且在野外调查中，各乡（镇）的农技推广站的人员及各包村干部配合做好耕地地力调查和测土配方施肥工作。

（二）开展业务技术培训，严把质量关

耕地地力调查是一项时间紧、技术性强、质量要求高的一项业务工作。为使参加调查、采样、化验的工作人员能够正确的掌握技术要领，顺利地完成野外调查和化验分析工作，黑龙江省土壤肥料管理站（简称土肥管理站）集中培训了化验分析人员，又分批次的培训了推广中心主任和土肥站站长，根据省土肥管理站的要求，鸡东县充分领会省里的精神，集中的培训了县里参加此项工作的技术人员，并建立了县级耕地地力与质量评价技术组，多次开会讨论在实际工作中遇到的问题，并以中国科学院东北地理与农业生态研究所、黑龙江极象动漫影视技术有限公司和省土肥管理站为专家顾问，不懂、不会的问题及时向专家请教，并得到了专家们的大力支持，尤其是在数据库的建设、数字化的处理方面、软件的应用程序得到了相关部门的鼎力相助，使工作顺利地开展下去。

在外业采样之前，培训之后，外业组全体人员又进行了一次野外实地演练，逐项进行采样方法、GPS 的使用、采样的部位、调查表的填写、样品的留取、样品的标签（内、外各 1 张）等有关事项的演练，做到精准无误，高标准、高质量地完成该项工作。

（三）收集各种资料

在开展耕地地力调查与质量评价的过程中，按照黑龙江省土肥管理站《调查指南》的要求，收集了鸡东县有关的大量基础资料。主要有鸡东县的土壤图、土地利用现状图、行政区划图、地形图，县气象、农机、水产、农业档案、统计、林业、国土等相关部门提供了大量的图文信息资料，为调查工作的顺利开展提供了有利支持。

三、主要工作成果

通过实施该项目，形成以下对当前和今后一个时期农业产生积极广泛而深远影响的工作成果。

（一）文字报告

1.《鸡东县耕地地力调查与质量评价工作报告》。

2.《鸡东县耕地地力调查与质量评价技术报告》。

3.《鸡东县耕地地力调查与质量评价专题报告》：

（1）《鸡东县耕地地力调查与土壤改良利用报告》。

（2）《鸡东县耕地地力调查与平衡施肥报告》。

（3）《鸡东县耕地地力调查与种植业布局报告》。

（4）《鸡东县耕地地力调查及作物适宜性评价》。

（二）黑龙江省鸡东县耕地质量管理信息系统

（三）数字化成果图

1. 鸡东县耕地地力等级图。

2. 鸡东县耕地土壤养分图：

（1）鸡东县全氮分布图。

（2）鸡东县全磷分布图。

（3）鸡东县全钾分布图。

（4）鸡东县碱解氮分布图。

（5）鸡东县有效磷分布图。

（6）鸡东县速效钾分布图。

（7）鸡东县有效铁分布图。

（8）鸡东县有效锰分布图。

（9）鸡东县有效铜分布图。

（10）鸡东县有效锌分布图。

（11）鸡东县大豆适宜性分布图。

（12）鸡东县玉米适宜性分布图。

（13）鸡东县土壤有机质分布图。

3. 鸡东县土地利用现状图。

4. 鸡东县行政区规划图。

（四）纠正错误

1. 纠正《鸡东县土壤》书错误 1 处。

2. 纠正土壤图错误 3 处。

3. 纠正土地利用现状图 1 处。

四、主要做法与经验

（一）主要做法

鸡东县的耕地地力调查，在黑龙江省土肥管理站的指导下，在县委县政府的正确领导下，在各协调部门的大力配合下，在全体参加工作人员的齐心努力下，历时三年多的时间，圆满地完成了全县耕地地力调查与质量评价工作。在工作中，根据上级的总体工作方案和《耕地地力调查评价指南》，农业技术推广中心对各项具体工作内容、质量标准，都严格按要求实施。还多方征求意见，尤其是对参加过农业区划和第二次土壤普查的农业退休老专家，请他们对全县评价指标的选定、各参评指标的评价及权重等，提建议和看法，并多次召开专家评价会，反复对参评指标进行多次的研究探讨，尽量接近实际水平，提高对地力评价的质量。具体方法如下：

（1）建立县域耕地资源数据库。

（2）建立耕地地力评价指标体系。

（3）确定评价单元，即耕地地力评价单元。

（4）建立县域耕地资源管理信息系统。

（5）评价指标数据标准化与评价。

（6）综合评价。

（二）主要经验

本次的耕地地力调查，将 GIS 技术引入到耕地地力评价中，实现了数据、资料的统一管理，规范了数据标准；实现了评价单元的自动划分，提高了工作效率和准确度；建立的数据库可以通过试验数据、遥感资料及时更新，增强了成果应用程度，对评价数据的整理具有明显的优势，为今后的测土配方施肥工作奠定了良好的基础，将对农业新技术的推广、精准农业的开展起着巨大的推动作用。通过耕地地力调查与评价工作，对全县种植业结构的调整是一个很好的参考指标，它可以准确有效地根据不同地理环境、水文地质、不同的养分分布，很直观有效地改变种植的作物，适宜发展高效农业，减少农民对生产成本的投入，并获得较高的产量和效益。尤其通过这次的评价，一部分中低产田显露出来，根据低产土壤状况，可以采取人为的有效手段进行改造，使低产的土壤变高产土壤，趋利避害。目前鸡东县的中低产土壤主要是暗棕壤土类，薄层、部分中层的白浆土类，一些低地的、薄层草甸土和沼泽土，通过人为的改造都可以变为高产田土壤。

耕地地力评价工作是提高农业科技含量的重要手段，也是在今后相当一段时间内值得农业科技人员掌握和运用的一项行之有效的工作方式，通过地力评价和计算机软件的进一步开发，让广大的科技人员和农民掌握简而易行的操作方式，极大地促进了农业生产的稳步发展。

五、资金使用分析

鸡东县项目资金使用主要包括物资准备、资料收集费、野外调查交通差旅补助费、会议及技术培训费、分析化验费、资料汇总费、专家咨询及活动费、技术指导与组织管理费、图件数字化制作费、项目验收及专家评审费九大部分。见附表 6－1。

附表 6－1　资金使用情况汇总

支　出	金额（万元）	构成比例（%）
物资准备及资料收集	5	10.0
野外调查交通差旅补助费	7	14.0
会议及技术培训费	5	10.0
分析化验费	11	22.0
资料汇总及编印费	5	10.0
专家咨询及活动费	4	8.0
技术指导与组织管理费	4	8.0
图件数字化及制作费	9	18.0
合计	50	100

六、存在的突出问题建议

(1) 有些图件资料由于年限久远、人员变动大、涉及部门多，收集起来相当困难。

(2) 由于本次耕地地力评价工作大量运用了计算机软件程序，有些软件对于农技人员来说应用起来还有一定的难度，希望在以后的工作中能加强这方面的培训工作。

我们的耕地地力调查只是一个简单的过程，有很多的东西还没有做到位，由于人员的技术水平、时间有限，在数据的分析调查上还不够全面，有待进一步的深入细化，纳入日常工作去做，缺啥补啥。成果的应用上也只是一个简单开始，在今后的工作和生产上，有待进一步的研究利用，使耕地地力调查与评价工作更好地转化为生产力。更好地服务于农业生产，给各级政府部门的领导提供科学依据，指导服务于农业生产。

今后应加强此项工作人员的配备和培训工作。随着科技的进步，社会经济的发展，农业的基础地位显得越来越重要，应不断加强对农业科技的投入，对人民生活水平的提高，对保护耕地地力、保护土壤的生态环境，生产产品质量的安全，使质量效益型农业生产不断地向前发展，都有着重要的意义。

七、鸡东县耕地地力调查与质量评价工作大事记

1.2006 年 9 月 2 日鸡东县农业局召开测土配方施肥协调会，鸡东县 11 个乡（镇）的主管农业领导和农业服务中心主任参加，会议由鸡东县农业技术推广中心主任汪殿荣主持，鸡东县农业局局长张云清作了讲话，鸡东县农业技术推广中心土肥站申惠明讲解了采样技术方案。

2.2006 年 10 月 5 日开始了测土配方施肥“秋季行动”即第一次外业采样工作，此次行动采样 4 000 个，历时 20 天，鸡东县电视台作了报道。

3.2007 年 8 月 10 日黑龙江省土壤肥料管理站辛洪生科长带有关专家到中心检查项目落实和执行情况

4.2007 年 9 月 27 日，鸡东县土壤肥料管理站长申惠明等同志到北京学习。

5.2007 年 10 月 5 日，开始第二次外业调查采样工作，历时 20 天。

6.2007 年 11 月 3 日，全面开始室内的土样化验工作。

7.2007 年 12 月 17 日，在黑龙江省土壤肥料工作总站召开了项目对接会，总站站长胡瑞轩就耕地地力评价工作做了全面部署，与会专家对耕地地力评价技术工作进行了技术培训。

8.2007 年 12 月 23 日，鸡东县“耕地地力调查与质量评价”工作领导小组到鸡东县农业技术推广中心与有关同志共同研究工作方案。

9.2008 年 3 月 25 日，鸡东县土壤肥料管理站申惠明等同志到鸡东县土地局、统计局、水利局等单位收集有关资料和图件。

10.2008 年 5 月 19 日，黑龙江省土壤肥料管理总站站长胡瑞轩、副站长王国良检查指导“耕地地力调查与质量评价”落实和土样化验工作。

11.2008年6月15日，申惠明等到扬州、北京、石家庄参加由农业部农业技术中心组织的培训会，重点培训地理信息系统。

12.2008年9月10日，鸡东县研究第一次外业的准备工作。

13.2008年9月18日，开始第一次项目外业调查工作。外业工作开始前，首先进行了培训。参加培训的有鸡东县土壤肥料管理站的所有技术人员和8个乡（镇）抽调上来的技术人员。会议由鸡东县农业局局长张云清主持，政府副县长沈涛作了重要讲话。农业技术推广中心主任汪殿荣就项目的主要技术路线、GPS的使用方法、外业工作需要注意的事项等内容进行了培训。鸡东县电视台作了报道。会后，分组进行了外业调查，总共历时16天。

14.2008年11月1日，第二次外业调查和土样采集工作，历时21天。

15.2009年2月9日，土样化验工作全部结束。

16.2009年3月25日，在黑龙江省土壤肥料管理站召开第二次专家联席会议，主要研究指标体系的打分、数据筛选等，并在会上明确了项目的工作报告、技术报告和各个专题报告撰写任务。参加会议的有总站站长胡瑞轩及相关领导，各项目县土壤肥料管理站站长，鸡东县土壤肥料管理站申惠明，中国科学院东北地理所赵军教授等。

17.2009年4月5日，所有图件数字化结束。

18.2009年9月10日，完成耕地地力评价图。

19.2009年10月10日，黑龙江省土壤肥料管理站副站长王国良带领省有关专家到农业技术推广中心进行该项目检查验收。

20.2009年11月13日，项目工作报告、技术报告、各个专题报告的初稿完成，并进行了统稿。

21.2009年12月26日，聘请黑龙江省土壤肥料管理站有关专家进行了项目的预检验收工作。

图书在版编目（CIP）数据

黑龙江省鸡东县耕地地力评价/高淑杰，申惠明，陈然主编．—北京：中国农业出版社，2019.7
ISBN 978-7-109-25308-7

Ⅰ.①黑… Ⅱ.①高… ②申… ③陈… Ⅲ.①耕作土壤-土壤肥力-土壤调查－鸡东县 ②耕作土壤-评价-鸡东县 Ⅳ.①S159.235.4②S158

中国版本图书馆 CIP 数据核字（2019）第 044805 号

HEILONGJIANGSHENG JIDONGXIAN GENGDI DILI PINGJIA

中国农业出版社出版
（北京市朝阳区麦子店街 18 号楼）
（邮政编码 100125）
责任编辑　杨桂华　廖　宁

中农印务有限公司印刷　　新华书店北京发行所发行
2019 年 7 月第 1 版　　2019 年 7 月北京第 1 次印刷

开本：787mm×1092mm　1/16　　印张：13.25　　彩插：7
字数：330 千字
定价：108.00 元

鸡东县行政区划图

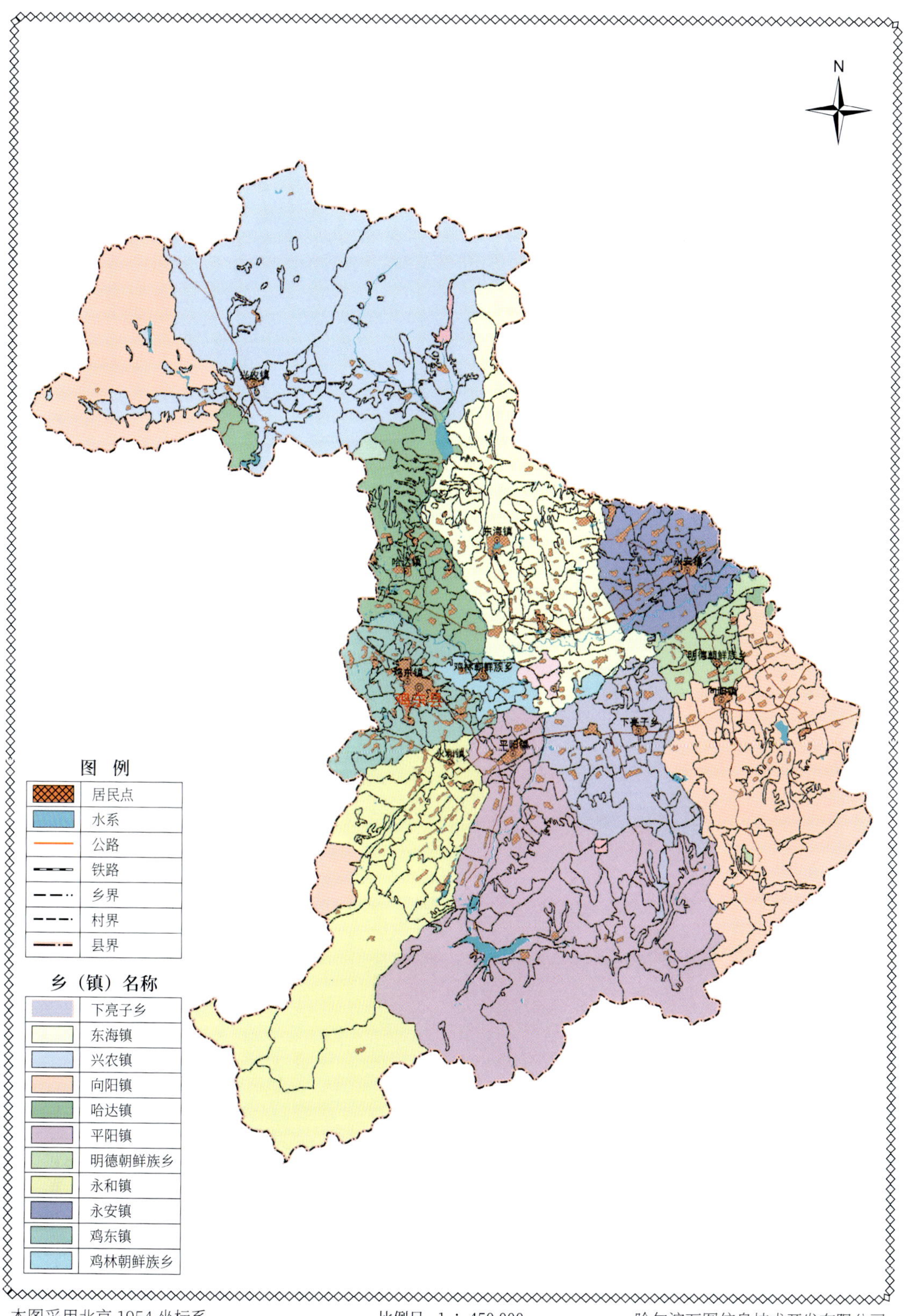

本图采用北京 1954 坐标系　　比例尺　1 ： 450 000　　哈尔滨万图信息技术开发有限公司

鸡东县土壤图

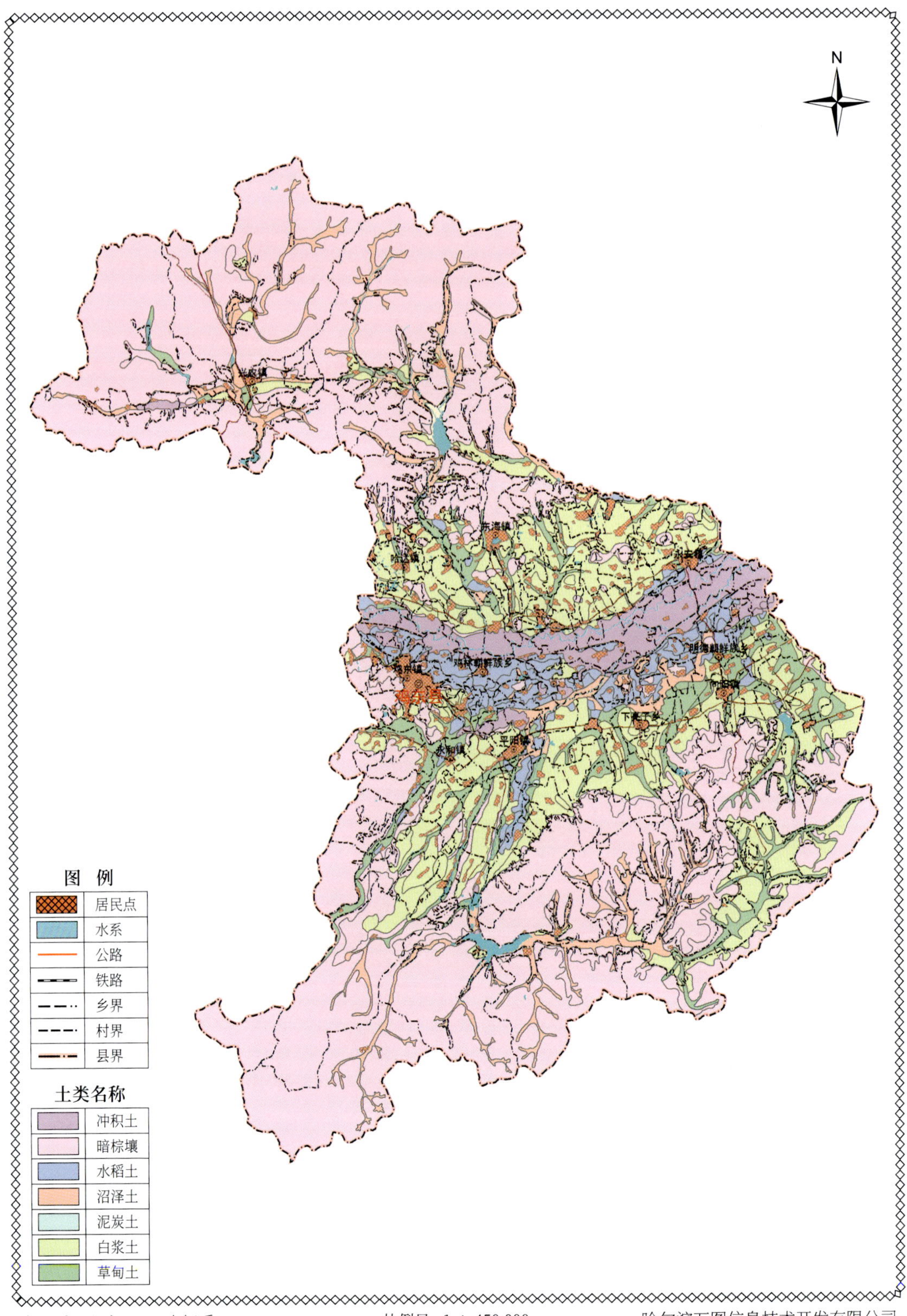

本图采用北京 1954 坐标系　　比例尺　1 ： 450 000　　哈尔滨万图信息技术开发有限公司

鸡东县耕地地力等级图

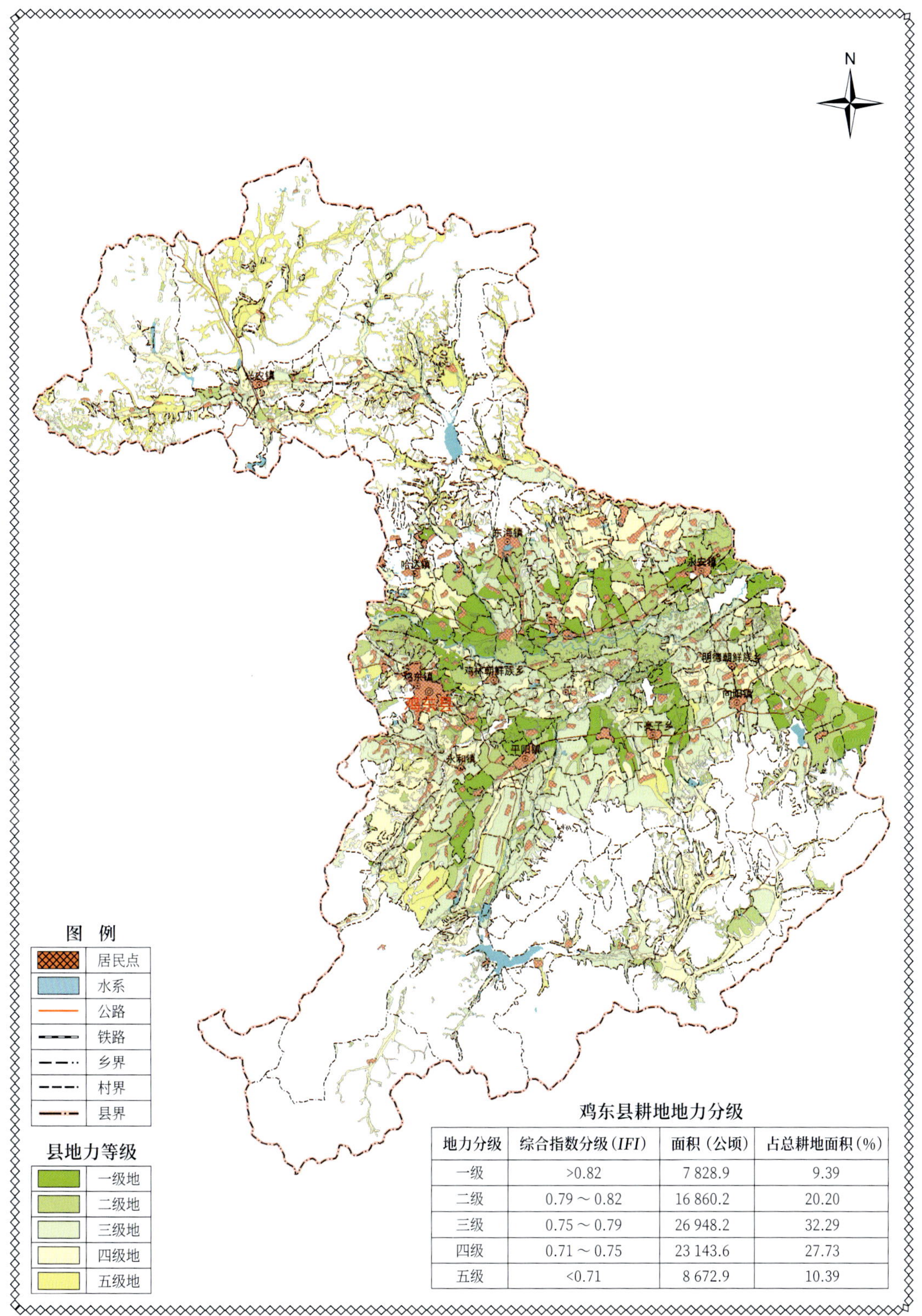

鸡东县耕地地力分级

地力分级	综合指数分级（*IFI*）	面积（公顷）	占总耕地面积（%）
一级	>0.82	7 828.9	9.39
二级	0.79～0.82	16 860.2	20.20
三级	0.75～0.79	26 948.2	32.29
四级	0.71～0.75	23 143.6	27.73
五级	<0.71	8 672.9	10.39

本图采用北京 1954 坐标系　　比例尺　1 ：450 000　　哈尔滨万图信息技术开发有限公司

鸡东县耕地土壤有机质分级图

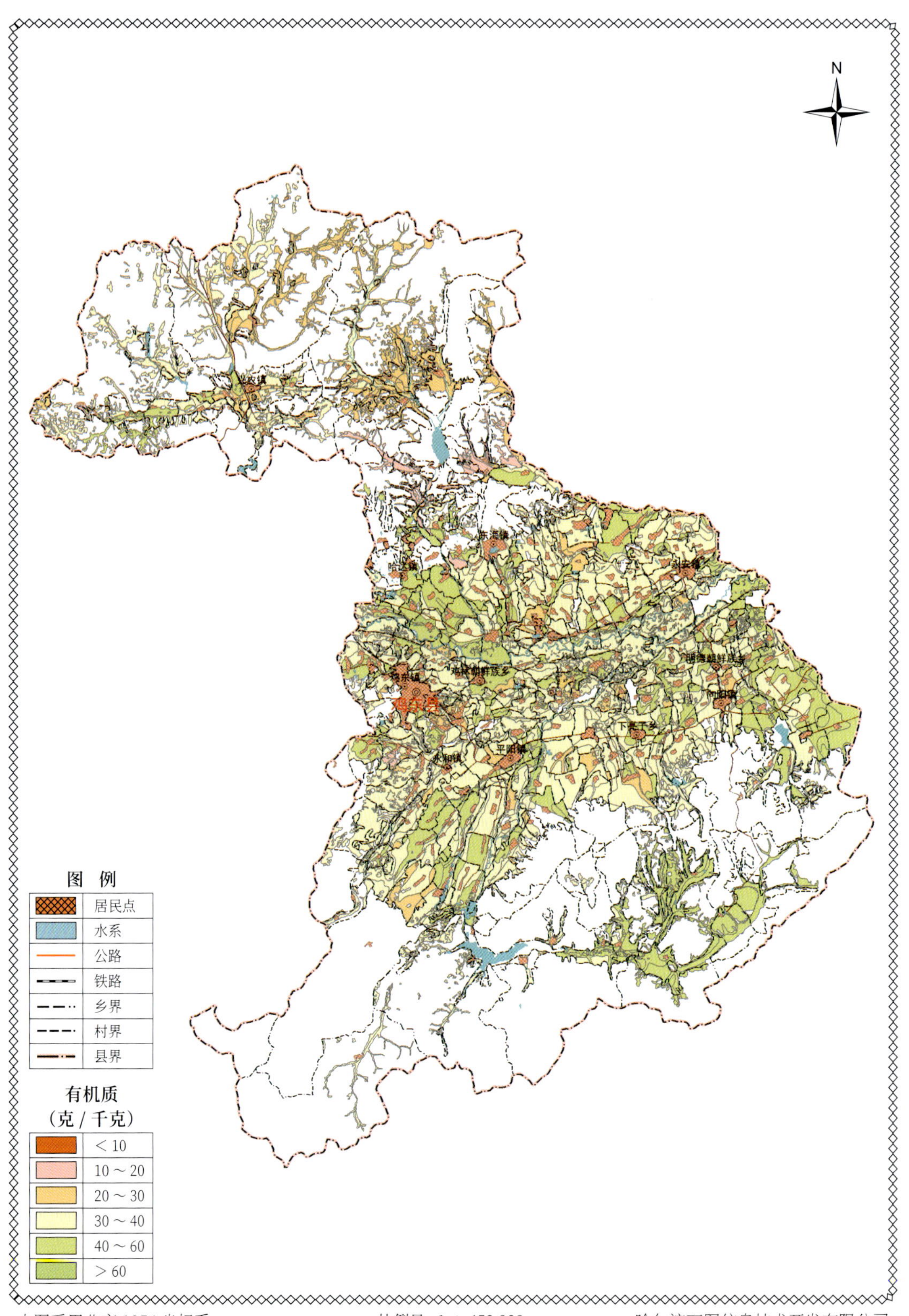

本图采用北京 1954 坐标系　　比例尺 1 ： 450 000　　哈尔滨万图信息技术开发有限公司

鸡东县耕地土壤全氮分级图

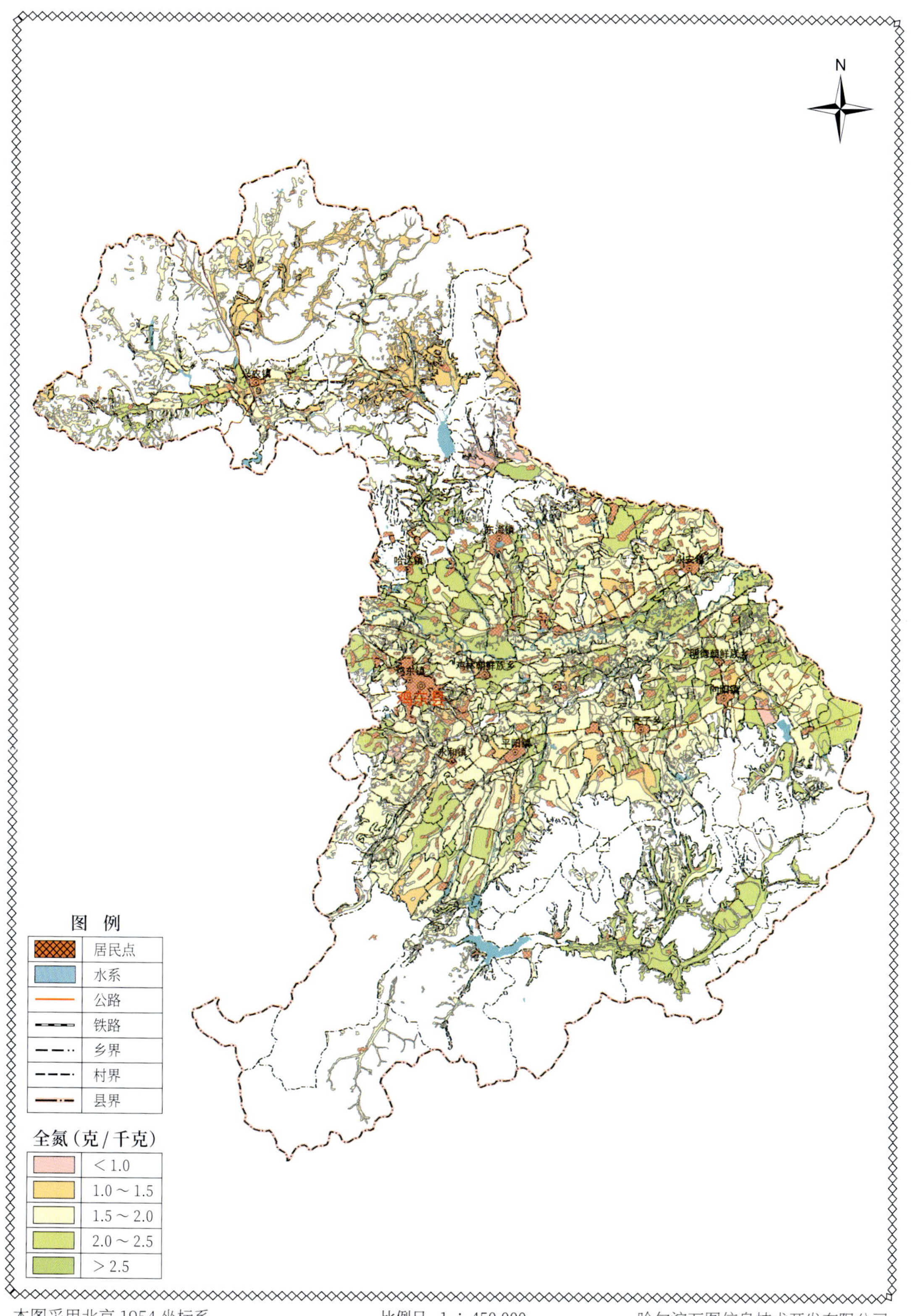

本图采用北京 1954 坐标系　　比例尺　1 ： 450 000　　哈尔滨万图信息技术开发有限公司

鸡东县耕地土壤全钾分级图

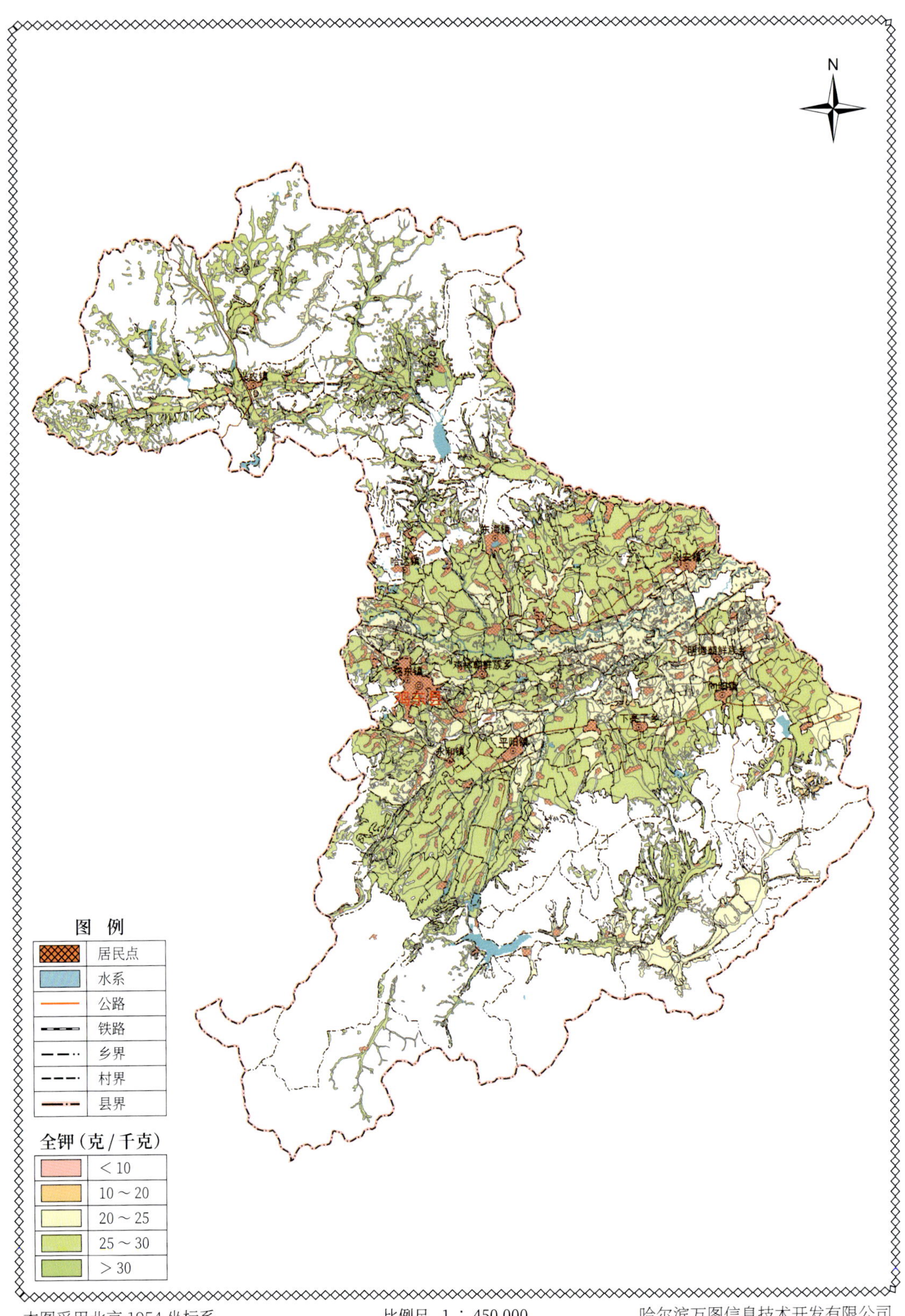

鸡东县耕地土壤 pH 分级图

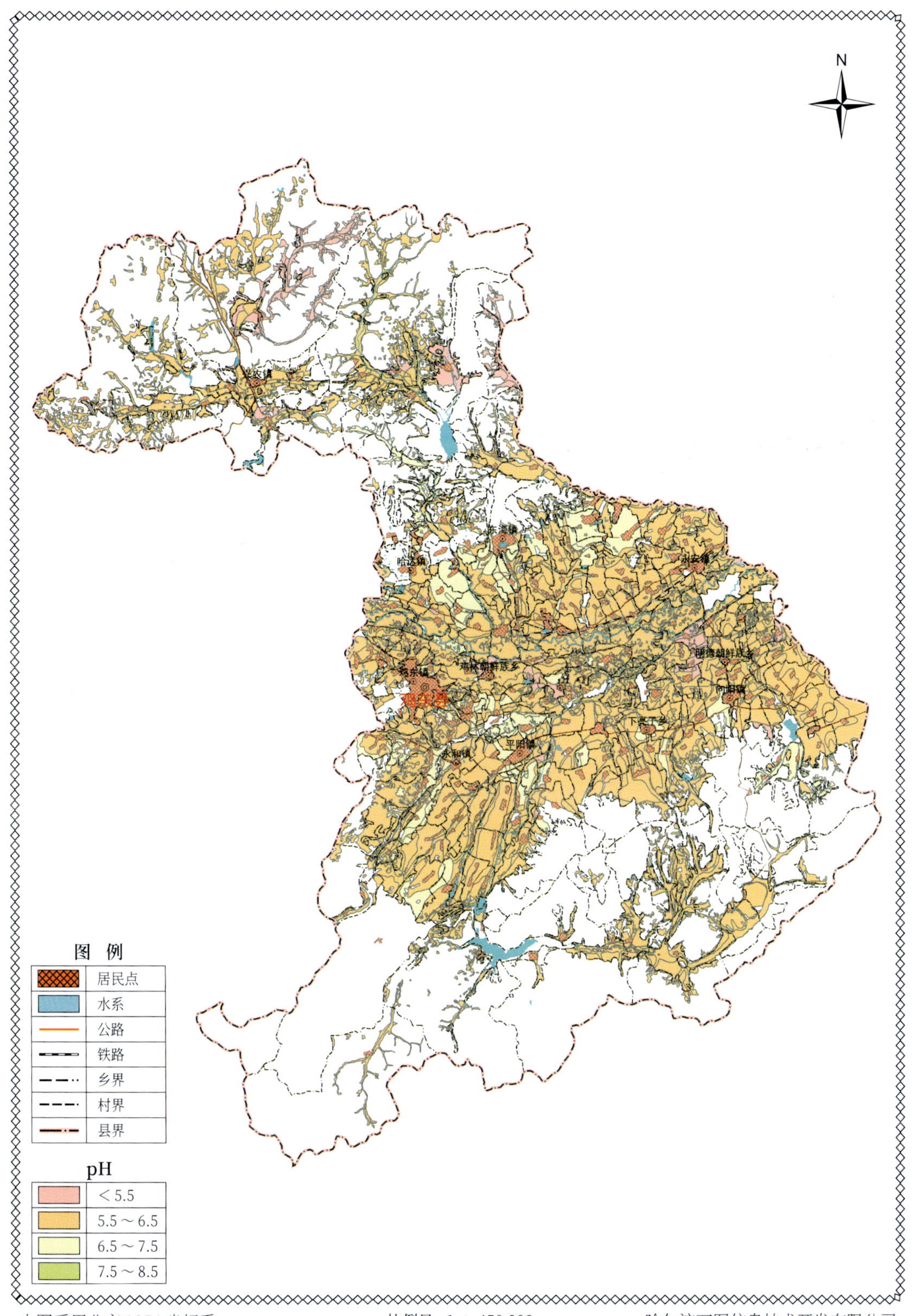

本图采用北京 1954 坐标系　　比例尺　1 ∶ 450 000　　哈尔滨万图信息技术开发有限公司

鸡东县耕地土壤有效磷分级图

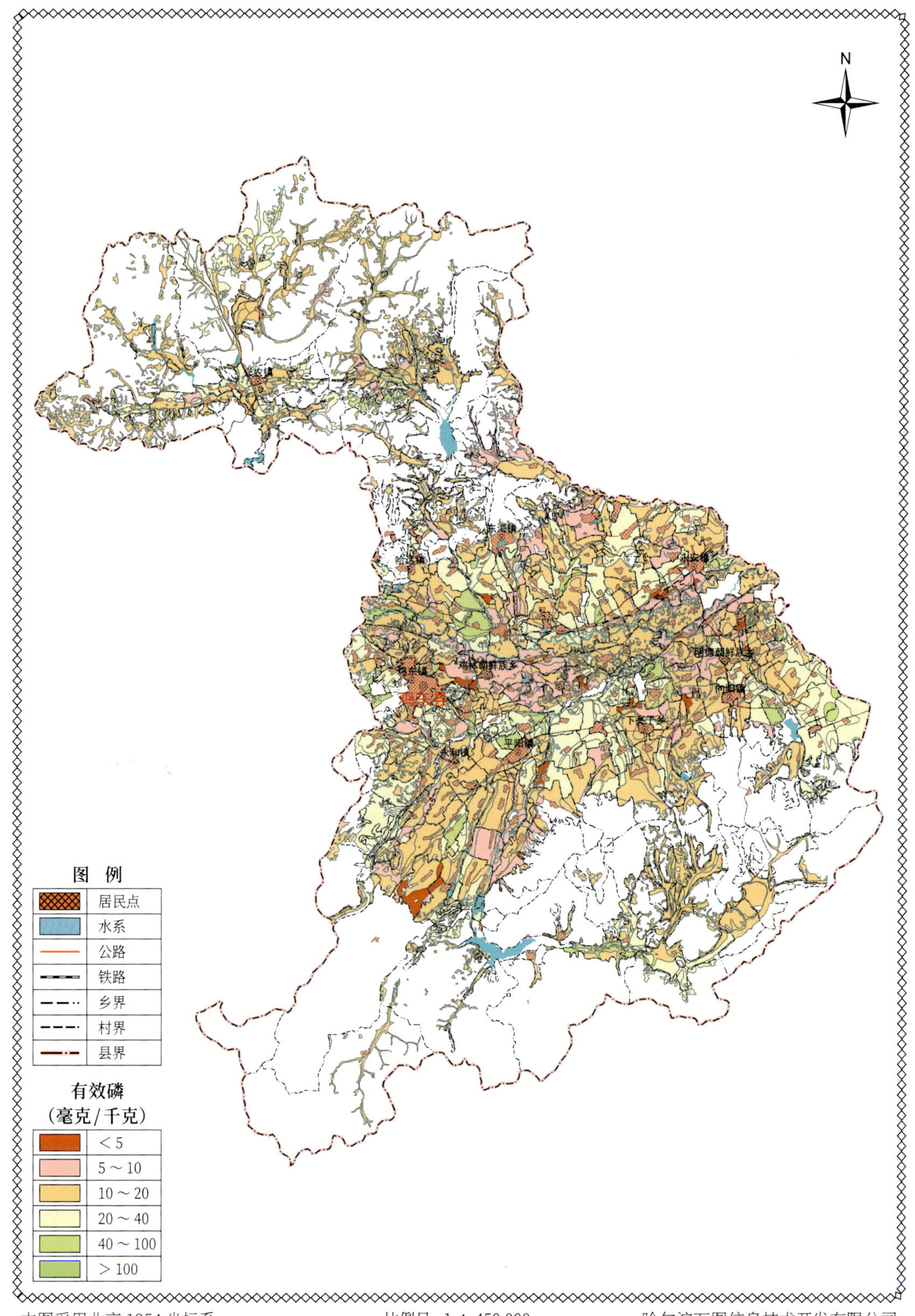

本图采用北京 1954 坐标系　　比例尺　1：450 000　　哈尔滨万图信息技术开发有限公司

鸡东县耕地土壤速效钾分级图

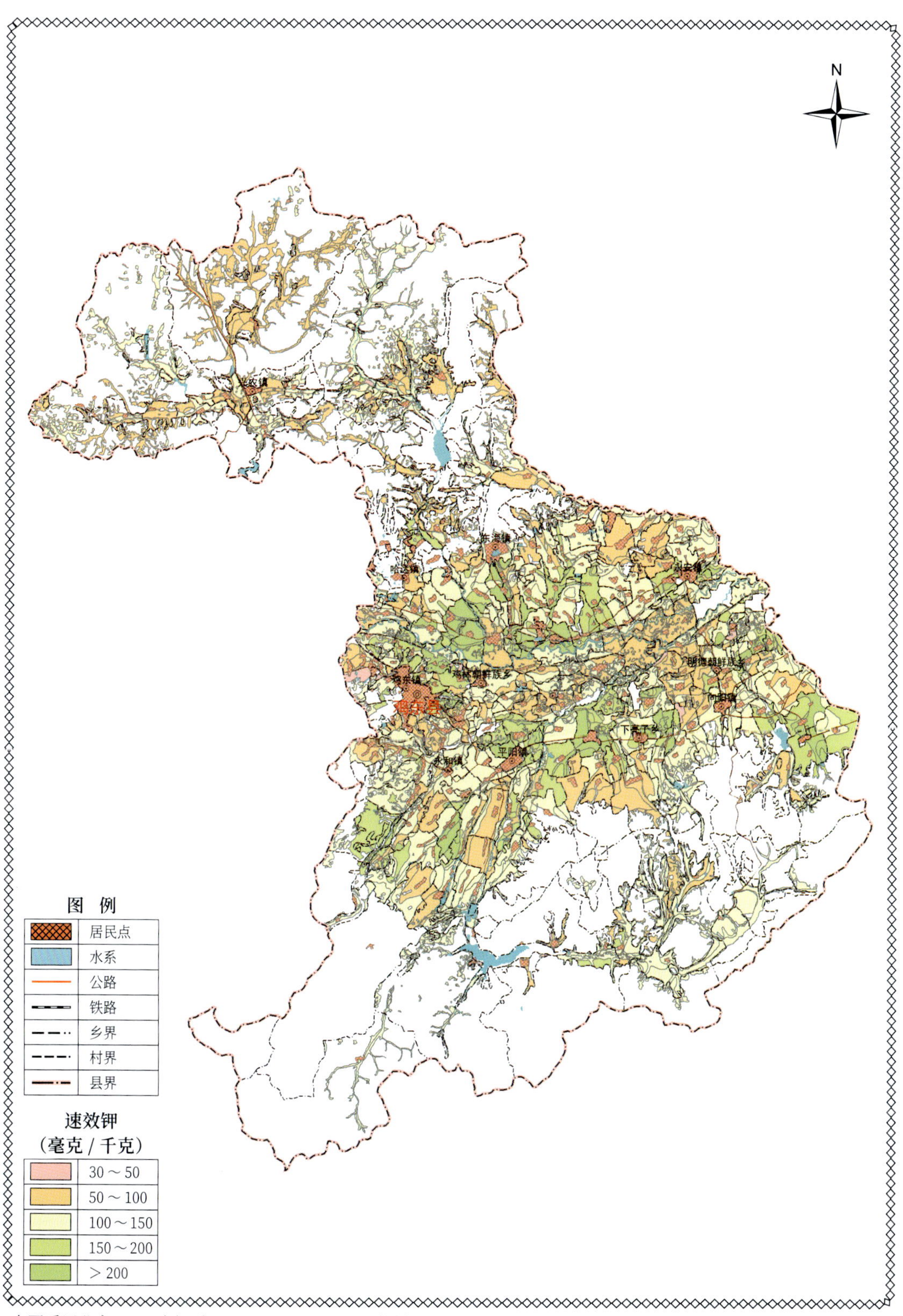

本图采用北京 1954 坐标系　　比例尺　1 ： 450 000　　哈尔滨万图信息技术开发有限公司

鸡东县耕地土壤有效铜分级图

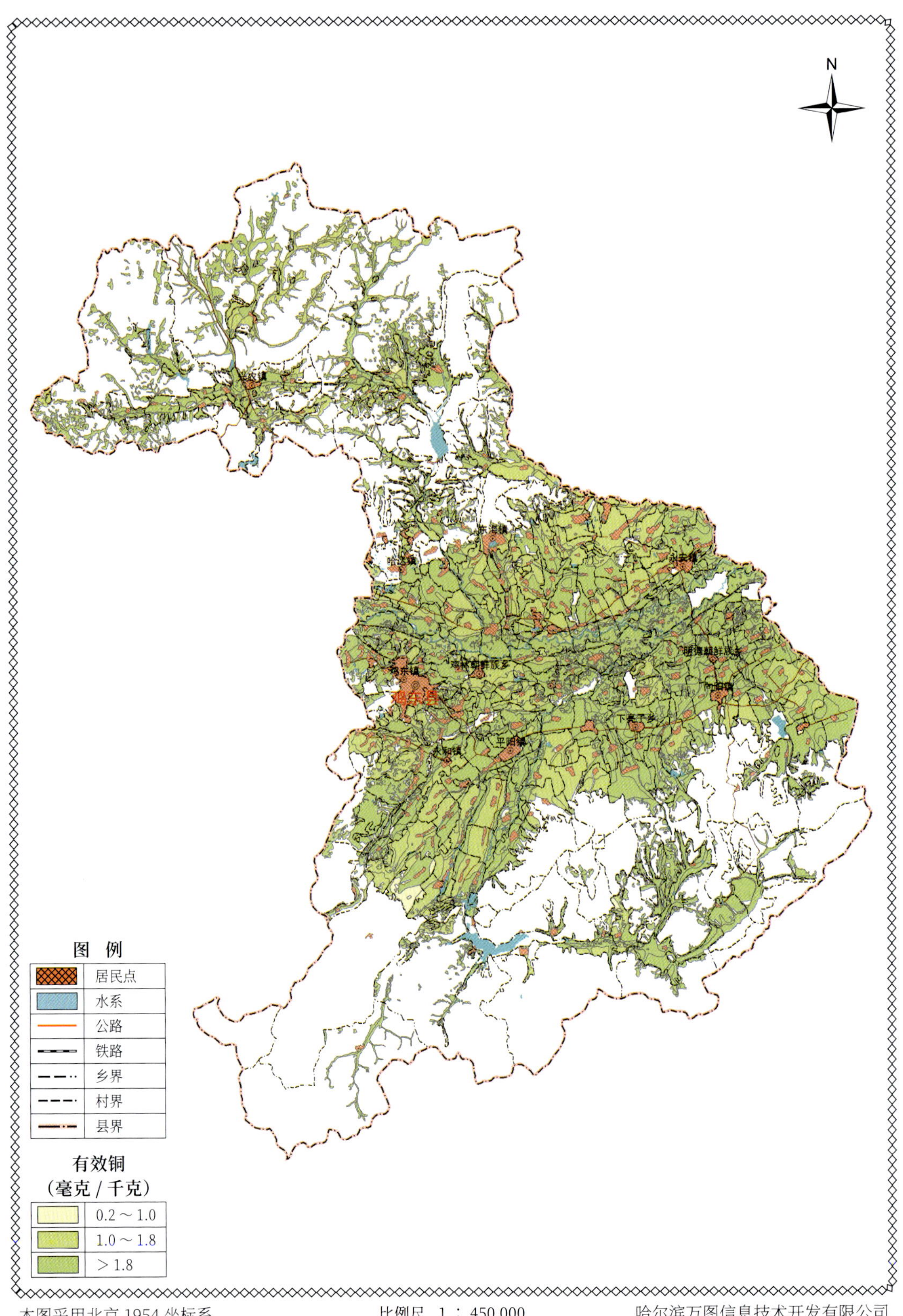

本图采用北京 1954 坐标系　　比例尺　1 ： 450 000　　哈尔滨万图信息技术开发有限公司

鸡东县耕地土壤有效铁分级图

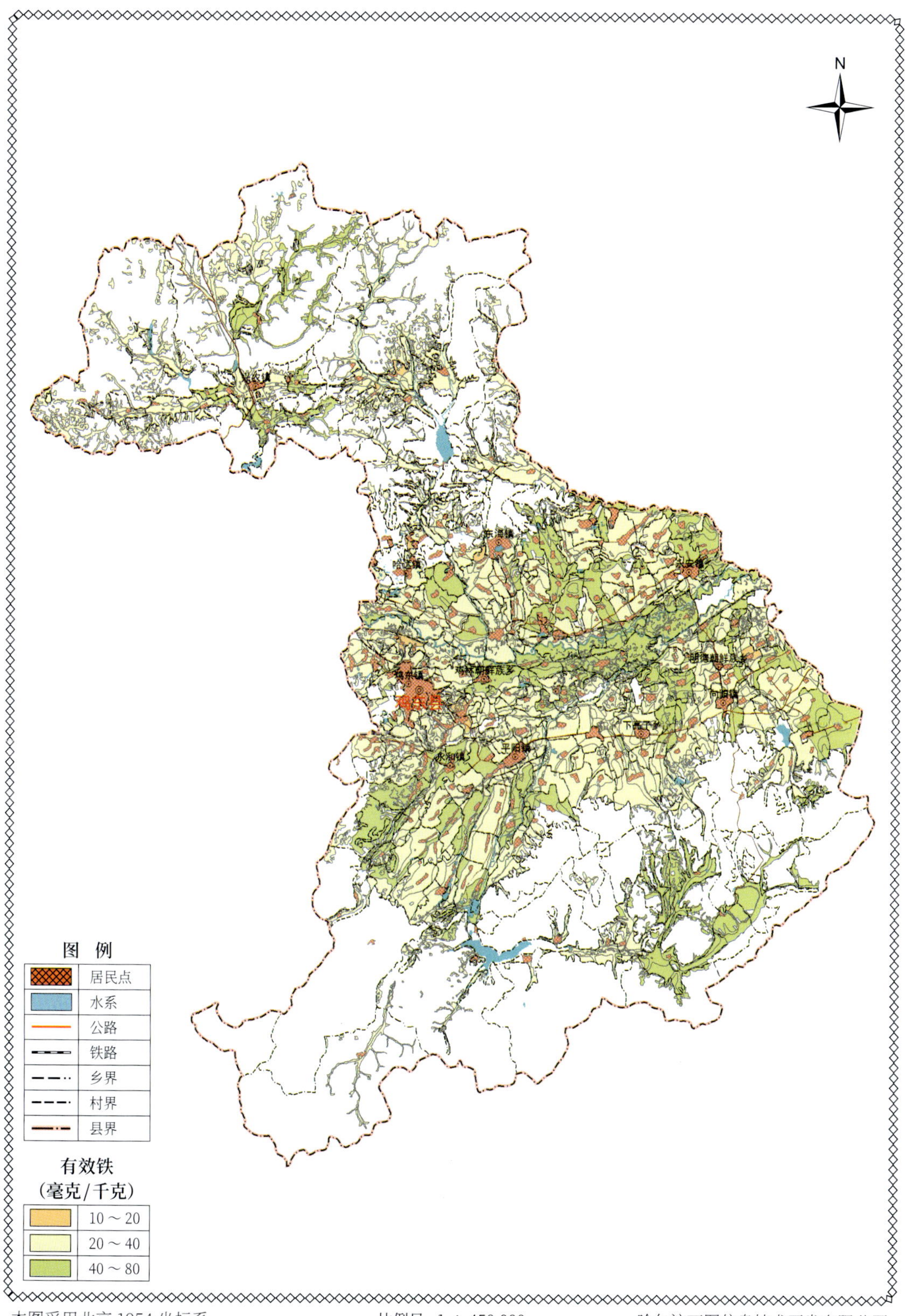

本图采用北京 1954 坐标系　　比例尺 1 ： 450 000　　哈尔滨万图信息技术开发有限公司

鸡东县耕地土壤有效锰分级图

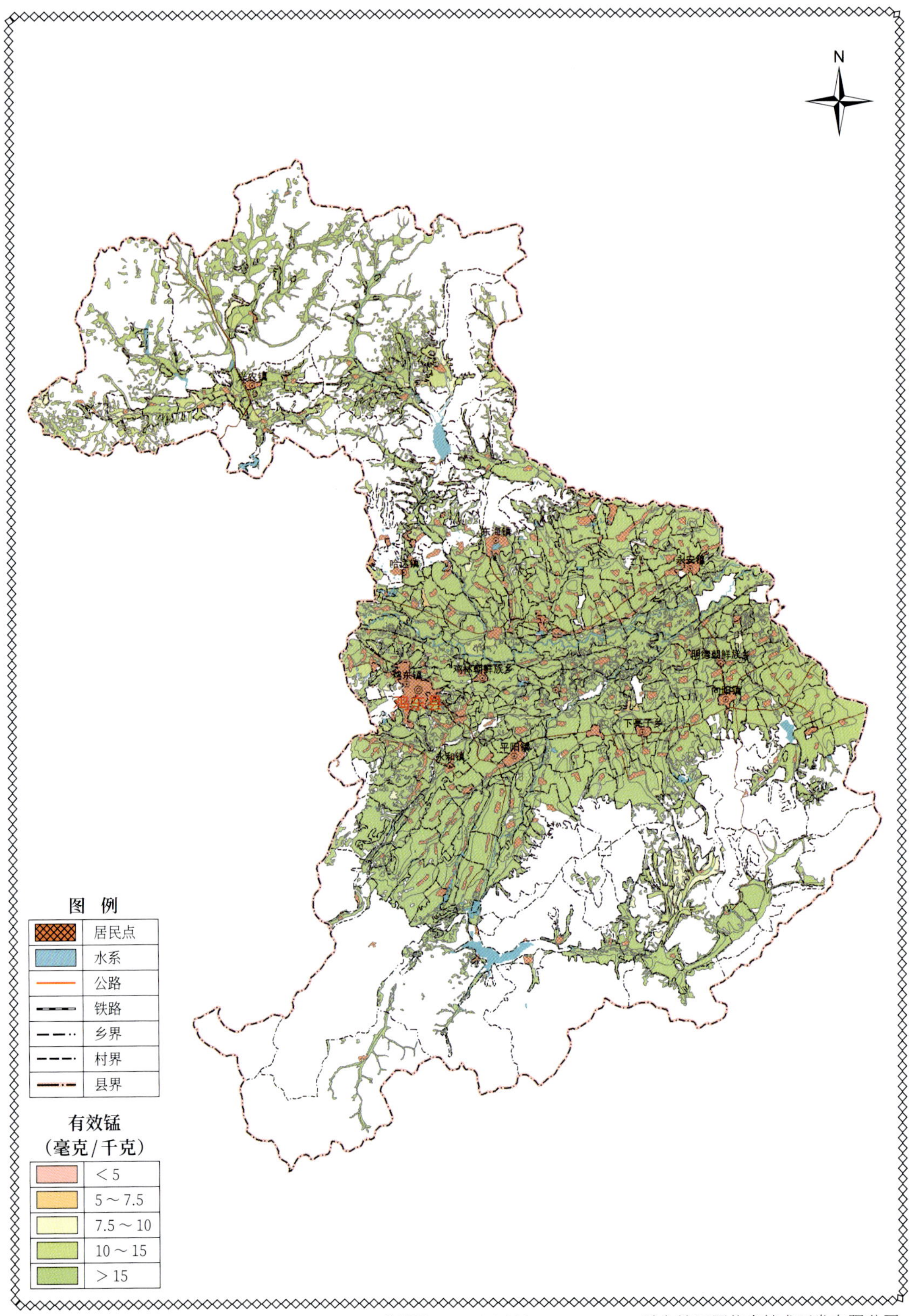

本图采用北京1954坐标系　　比例尺 1：450 000　　哈尔滨万图信息技术开发有限公司

鸡东县耕地土壤有效锌分级图

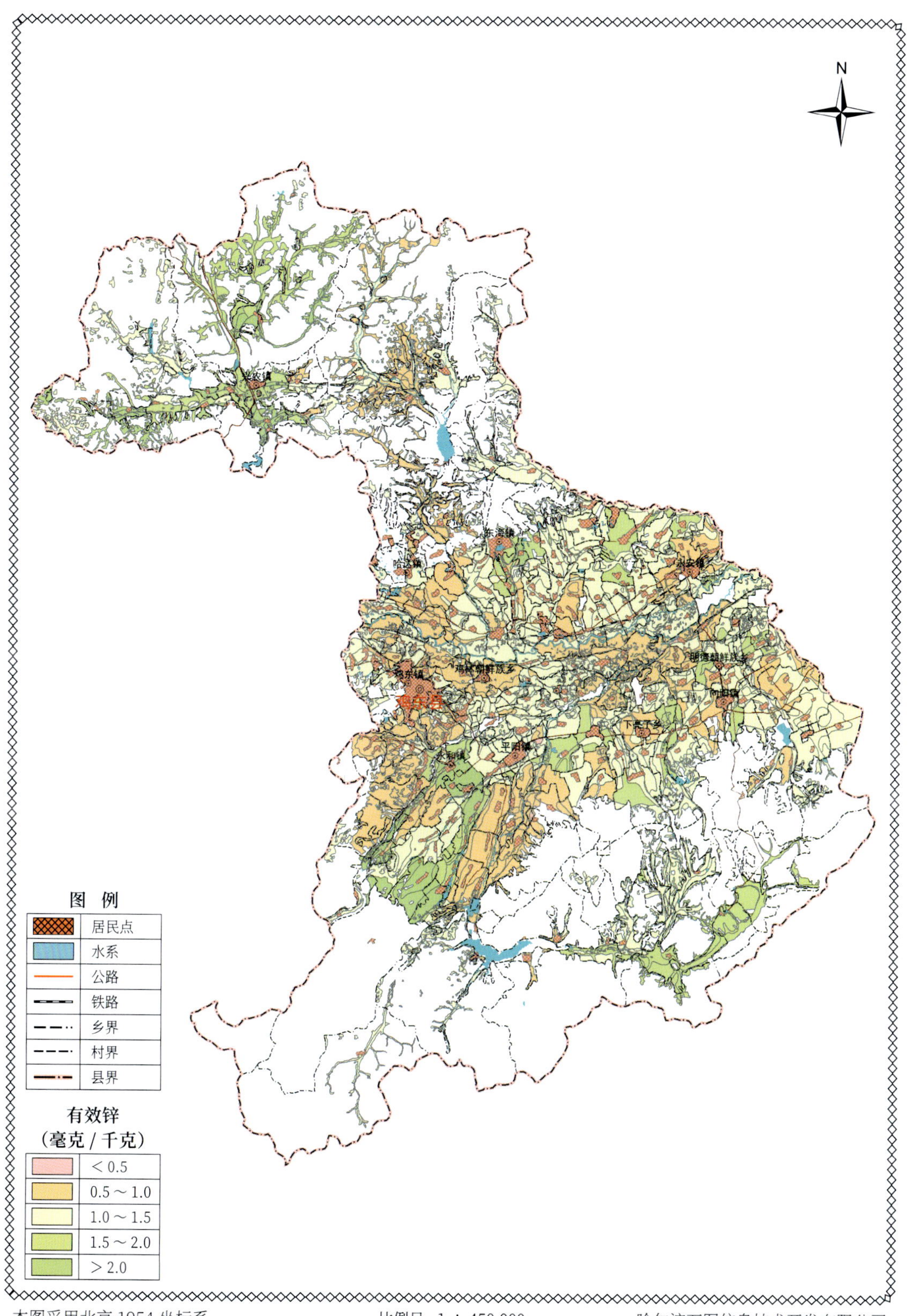

鸡东县玉米适宜性评价图

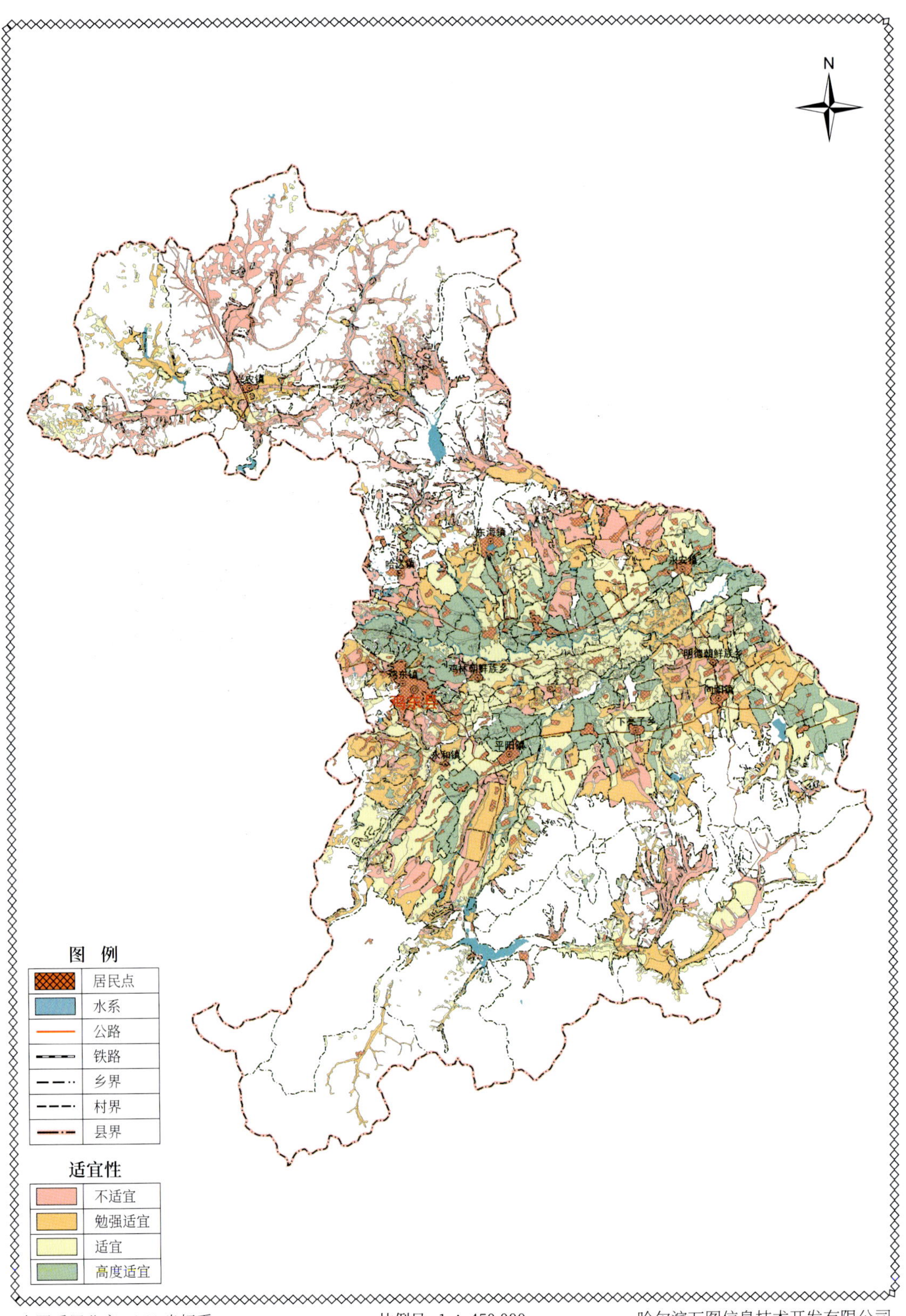

本图采用北京 1954 坐标系　　比例尺 1 ： 450 000　　哈尔滨万图信息技术开发有限公司